Horch, da kommt ein Auto, spöttelte man zu Beginn des 20. Jahrhunderts, nicht nur, wenn ein **HORCH** aus Reichenbach oder später Zwickau über Sachsens Straßen holperte. Man gab den ratternden Ungetümen keine große Zukunftschance. Doch die Pessimisten täuschten sich, die Automobile waren nicht mehr aufzuhalten. Bald gab es Benzin nicht mehr nur in der Apotheke.

Angetrieben vom Erfindergeist und der Risikobereitschaft junger Wissenschaftler, Techniker und Unternehmer wurde **DAS KLEINE WUNDER** bald zum großen Wunder, das Auto zum bestimmenden Transportmittel und die Zschopauer Firma **DKW** zu einem weltberühmten Unternehmen. Der Weg ins automobile Zeitalter hatte begonnen, sächsische Firmen gehörten zu den Schrittmachern.

Ob auf zwei oder auf vier Rädern, die Menschen fanden schnell Gefallen an den Möglich-keiten individueller Mobilität. Der Fahrzeugbau in Sachsen glänzte in den zwanziger Jahren wie ein **DIAMANT** aus Chemnitz. Aus über 80 Fahrzeugschmieden kamen Nobel-karossen und Nutzfahrzeuge, Fahrräder und Motorräder – darunter Modelle, die noch heute zu den schönsten der Welt gehören.

Die Industrieregion zwischen Leipzig, Dresden, vor allem aber Chemnitz, dem Erzgebirge und dem Vogtland wurde zu einem Motor der Motorisierung. Bis in die kleinen Städte – wie Plauen, wo der **VOMAG** gebaut wurde – verzweigte sich die Fahrzeugindustrie und gab tausenden Menschen Arbeit. Doch die Weltwirtschaftskrise blieb nicht ohne Wirkung, erzwang eine stärkere Konzentration.

n rasendem Tempo jagte ein Modell das andere, wurden neue Geschwindigkeitsrekorde aufgestellt. Und fast immer hatten Sachsen ihre Hände mit am Schalthebel. Der von den Nazis angezettelte Krieg stoppte diese Entwicklung. Bald aber fuhren wieder Autos und Motorräder – wie die **Zschopauer BK 350** – aus Sachsen auf den Straßen, stellten die Menschen wieder kleine und große Wunder auf zwei, drei und vier Räder.

Die nächste, diesmal vom Volk selbst veranlasste Wende war nicht weniger dramatisch. Doch wieder bewiesen die Frauen und Männer aus dem Freistaat Mut, Erfindungsreichtum und Opferbereitschaft. Inzwischen ist das Land zwischen Elbe und Mulde – wie hier bei **NEOPLAN** in Plauen – wieder dabei, sich einen Spitzenplatz im Fahrzeugbau und der Zulieferindustrie zu erobern.

Hinter allen wirtschaftlichen Erwägungen aber stehen vor allem Geschichten von Menschen, die Autos und Motorräder gebaut, gekauft, gefahren, jahrelang auf sie gewartet, sie verflucht und geliebt haben. Geschichten, wie sie neben allen möglichen Ersatzteilen beim alljährlichen **WINTERTREFFEN** der Motorradfahrer in Augustusburg ausgetauscht werden.

Solchen Geschichten spürt auch dieses Buch nach, Geschichten von Erfolgen und
Niederlagen, von Autofahrern und Fußgängern, von der Vergangenheit, der Gegenwart
und der Zukunft der Fahrzeugindustrie in Sachsen – Geschichten von der Liebe zu den
„Kutschen ohne Pferde", wie sie in der **WERKSTATT** von **GEORG REINHARD** in Reichenbach gepflegt wird, der einem alten Audi Imperator zu neuem Glanz verhilft.

Geschichte in Geschichten – das ist es, was bleibt, was uns die Vergangenheit für die Zukunft mit auf den Weg gibt – ganz gleich, ob wir diesen Weg fahren oder laufen. Geschichten zum Schmunzeln und Nachdenken, zum Bedauern und zum Mut machen. Denn auch ein Auto wie der **F 9** vor dem Kalkwerk im erzgebirgischen Lengefeld ist nicht nur ein Auto – sondern ein Stück Menschengeschichte, in die dieses Buch entführt

Von **0** *auf* **100**

Hundert Jahre
Autoland Sachsen

Chemnitzer Verlag

Herausgeber und Redaktion:
Matthias Behrend, Eberhard Bräunlich,
Prof. Clauss Dietel, Ulrich Hammerschmidt,
Matthias Heinke, Jens Kraus, Dr. Werner Lang,
Dr. Klaus Walther (Leitung), Matthias Zwarg.
Fotokonzept:
Ulf Dahl, Wolfgang Schmidt
Gestaltung/Layout:
Dieter Kannegießer

© 2001 Chemnitzer Verlag
3. Auflage
Produktion:
Westermann Druck Zwickau GmbH
ISBN 3-928678-70-1

Inhalt

Vorwort

„Ich war noch nicht sechzehn Jahre alt, als ich vor nunmehr über fünfzig Jahren auf die Wanderschaft ging, die Landstraße stromaufwärts des Rheins...".
So steht es in der Autobiographie von August Horch. Und in jener Zeit, um 1880 begann die Geschichte einer einzigartigen technischen Entwicklung. Der Traum von der Mobilität des Einzelnen wurde Wirklichkeit. Atomkraft, Flugzeug, Raketen sind vielleicht spektakuläre Entwicklungen des 20. Jahrhunderts, aber nur das Auto ist zu einem Fortbewegungsmittel geworden, das heute Millionen Menschen besitzen und nutzen können. Und eben jener August Horch und seine Zeitgenossen haben Anteil an den ersten Stunden seiner Geburt. Auch dieses Land, Sachsen, ist seit langem ein Stück Autolandschaft.

Vielleicht hat es mit Louis Tuchscherer angefangen, der seine „Kutsche ohne Pferde" 1880 in Chemnitz konstruierte. Mit August Horch, der nach Reichenbach kam, und mit Rasmussen und seinem DKW-Werk in Zschopau. Bald kamen die großen Autozeiten, die Jahre der Silberpfeile, als im Chemnitz-Zwickauer-Raum die bedeutendste Autoindustrie Deutschlands wuchs. Und dann die Zusammenbrüche, die Kriege, Neuanfänge und Hoffnungen. Verknüpft mit den historischen Ereignissen wurde das Auto zum Symbol des 20. Jahrhunderts, seiner Wunder und seiner Gefährdungen.

Es ist eine Geschichte mit vielen Bildern und Geschichten, und Millionen Menschen unseres Landes, unserer Landschaft haben an solchen Geschichten mittelbaren und unmittelbaren Anteil.

Unser Buch „Von 0 auf 100" schildert Episoden und Anekdoten aus diesem sächsischen Auto-Jahrhundert. Wie es begann, und was vielleicht daraus werden kann. Es ist kein Lexikon, es ist ein Buch, das Geschichte lebendig macht, indem es von ihr erzählt, indem es die Bilder aufblättert aus jener Frühzeit und unseren Tagen, indem es die Leserinnen und Leser unterhält und ihre eigenen Erinnerungen auffrischt. Damit sie mitleben im künftigen Autoland Sachsen.

Auftakt:
Die Kutsche ohne Pferde

Es sind nicht nur die bekannten Namen, die am Anfang unserer Autogeschichte stehen: Wer weiß etwas von Louis Tuchscherer, geboren 1847 im erzgebirgischen Dorf Schönheide, den schon sehr früh der Gedanke an eine Kutsche ohne Pferde umtrieb? Die Chemnitzer Schriftstellerin Hanna Klose-Greger (1892 – 1973) hat diesem Erfinderschicksal einmal nachgespürt. In ihrem gleichnamigen Buch schildert sie ein Stück dieser Biografie.

Eines Tages betrat ein junger Mann, nicht viel älter als Louis Tuchscherer, die Werkstatt. „Benz ist mein Name", stellte er sich vor, „Karl Benz. Ich bin auf der Durchreise hier. Ihre Werkstatt wurde mir als eine sehr neuzeitliche empfohlen." Er nannte den Namen zweier Stadtväter, die ihn hergesandt hatten. „Vor allem interessiere ich mich für Ihre Kutsche, die ohne Pferde fahren soll", fügte er mit einem höflichen Lächeln hinzu. „Woher haben Sie erfahren, dass ich mich mit dem Problem beschäftige?" fragte Louis.

„Nun, davon spricht die ganze Stadt", war die Antwort. „Es ist ja noch im Entstehen", wehrte Tuchscherer bescheiden ab, doch gleichzeitig wurde ihm bewusst, was für eine bedeutungsvolle Erfindung durch seine Kenntnisse und seine Geschicklichkeit gedieh. „Ja, es ist eine Kutsche, die durch eigene Kraft angetrieben werden soll", erläuterte er, während er den fremden Besucher zu ihr hinführte. Er zog die Verdeckung herunter. „Ich stehe auf dem Standpunkt, es kann keine unlösbare Aufgabe sein, einen Wagen maschinell fortzubewegen."

Benz sah ihn einen Augenblick verblüfft an, dann fragte er wie beiläufig: „Und wie denken Sie sich die Fortbewegung, Herr Tuchscherer?"

„Ich bin dabei, mir einen Motor zu bauen, nur über den Antrieb bin ich mir noch nicht im Klaren. Was meinen Sie dazu, Herr Benz?"

Der Fremde äußerte sich nur unbestimmt, doch erkundigte er sich sehr eingehend nach dem Motor. Louis, erfreut über so viel Sachverständnis und Kenntnis der neuesten maschinellen Einrichtungen, erklärte ihm haargenau jedes Teil, nahm sogar auseinander, was auseinander zu nehmen ging.

„Wo haben Sie die einzelnen Teile herbezogen?" fragte Benz.

„Die gieße ich mir alle selbst."

„Sie verwenden in der Hauptsache Rotguss und Bronze?"

„Natürlich, um vor Rost sicher zu sein."

Benz fand sehr anerkennende Worte für die sorgfältige Arbeit. Er unterhielt sich noch eine Weile mit Louis, der, redselig geworden, ihm lachend vom ersten Versuch mit der Draisine erzählte. Einmal beim Aufblicken gewahrte Louis seinen Bruder am Fenster vor dessen Werkstatt, wie er ihm geheimnisvolle Zeichen machte. Was wollte er denn? Er sollte doch warten, bis er Zeit hatte. Jetzt war ihm das hier wichtiger!

Kaum hatte Benz das Haus verlassen, da kam Eduard zum Bruder heraus. „Nimm mir's nicht übel, Louis, aber du bist ein Esel! Zeigst einem Fremden alles, was du in jahrelanger Arbeit erschaffen hast – wenn der nun hingeht und dir deine Erfindung wegnimmt, alles nachmacht?"

Louis war schon durch die Einleitung verärgert. „Wie du auf solche Gedanken kommen kannst!" schalt er ungeduldig. Was musste Eduard ihm gleich wieder die Laune verderben!

Von neuem begab er sich an seine Versuche. Es war ein liegender Zweitaktmotor, den er seinem Wagen einbaute. Vorübergehend hatte er an eine der neuen Gasmaschinen gedacht, aber wie sollte er während der Fahrt das Gas erzeugen? Womit sollte er den Motor antreiben, das war die große Frage. Er kam auf die Idee, Pulver in den Zylinder einzuspritzen – die Wirkung war verheerend! Ein kanonenartiger Donner erschütterte die Luft, die ganze Nachbarschaft lief zusammen, Haus und Werkstatt waren erfüllt von Schrecken und Geschrei. Nur Tuchscherers Gesellen lachten sich eins: „Er wird das ganze Ding noch in die Luft sprengen!" Bei ihnen wurde die „Kateridee" ihres Meisters sowieso immer mehr Anlass zu Ulk und Späßen.

Louis ließ sich durch das Zetern und Spotten um ihn her nicht aus der Ruhe bringen. Er untersuchte den Motor und konnte feststellen, er war heil geblieben. Alles andere spielte für ihn keine Rolle. Tuchscherer stellte weitere Versu-

che mit Petroleum an. Die Explosionen erfolgten zwar mit viel Puffen und Krachen, aber er erreichte, was er wollte, der Motor lief!

Im Jahre 1880 hielt Tuchscherers „Kutsche" blank geputzt vor der Tür des Hauses Hauboldstraße 21. Dreiunddreißig Jahre war Louis alt. Jetzt war er mit seinem Wagen fertig. Er hatte ihn ausprobiert bis zuletzt; er wusste, dass er noch seine Mucken hatte; er hatte verbessert, was er konnte – aber heute wollte er nun zum ersten Male mit seiner Frau und seinen beiden Schwestern spazieren fahren. In ihrem schönsten Sonntagsstaat erkletterten die Frauen die Sitze. Sonst schwang sich nur der Kutscher vorn auf den Bock, sagte „Hü", und die Pferde zogen an. Tuchscherer aber hatte einen Sitz hinten im Wagen und die vorn sitzenden Schwestern hatten dadurch freie Sicht. Es war wirklich etwas Sonder-

bares, eine solche Kutsche ohne Pferde! Die Leute aus der Nachbarschaft standen rings herum und hatten viel zu lachen und zu spotten.

„Es geht los", sagte Louis Tuchscherer. Plötzlich fing es an zu rattern und zu puffen. Die Frauen hielten sich erschreckt an den Lehnen fest. Marie sah sich ängstlich nach ihrem Mann um. Er stand hinter dem Wagen, puterrot im Gesicht vor Anstrengung und zerrte an einem Riemen. Gleich darauf schwang er sich neben sie, rückte an einem Hebel, und mit einem Satz sprang der Wagen los! Der Fahrer ergriff die Lenkstange, die noch immer einer abgeschnittenen Deichsel glich, und steuerte durch die Straße. Wenn ihm nur niemand über den Weg lief! Er brauchte es nicht zu fürchten. Vor dem fauchenden, puffenden, ratternden Ungeheuer rissen alle aus. Mütter nahmen ihre Kinder an sich. Zwischen Drohen und Spott, zwischen Staunen und Furcht rumpelte der merkwürdige Wagen mit ohrenzerreißendem Lärm, aber mit immer gleichbleibender Geschwindigkeit hindurch. Louis auf seinem hohen Sitz war froh, als er die Häuser hinter sich hatte. Stolz fuhr er seine Kutsche. Seine Konstruktion bewährte sich. Der Riemen, den er gezogen, setzte ein Schwungrad und die Nockenwelle in Bewegung. Durch den Hebel an der Seite kuppelte er, indem er den Treibriemen von einer leerlaufenden Scheibe auf die Scheibe des Motors schob. Dadurch wurde die Welle der Hinterräder in Umdrehung gesetzt, und das erste Automobil fuhr. Es fuhr auf der Straße nach Glösa zu, eine Wegstunde von der Werkstatt entfernt!

Die Frauen hatten keinen uneingeschränkten Genuss an der Fahrt. Durchgerüttelt und verängstigt hielten sie sich fest. Das war auch ihr Glück, denn plötzlich wären sie beinahe von ihren Sitzen geflogen. Mit einem Ruck hielt der Wagen! Louis sah, dass die Pferde eines entgegenkommenden Wagens scheuten. Doch sein Anhalten nützte nichts mehr, die Pferde gingen durch! Louis erste Fahrt erntete wenig Beifall. Die Geschichte von dem sonderbaren Wagen sprach sich herum, man zeigte den Besitzer bei der Polizei an. Die Polizei fand jedoch keine Vorschrift, die sie verpflichtet, gegen den Inhaber einer Kutsche vorzugehen, die ohne Pferde fuhr. Wenn er Sachschaden damit anrichtete, hatte er dafür aufzukommen, das war selbstverständlich. Es war auch eine ganz schöne Rechnung, die der Fuhrmann des durchgegangenen Gespanns aufgesetzt hatte. Und da half nichts, Louis mußte zahlen!

1901–
1910

1901–1910 Es war soweit – Autos wurden gebaut. Nun auch in Sachsen, dem kleinen Land, das große Marken hervorbringen sollte. Der Anfang war schwer, es gab mehr Fragen als Antworten. Wie sollten Menschen und Güter schnell, billig, bequem und dennoch sicher befördert werden? Postkutschen fuhren zu langsam, die Eisenbahn erreichte nicht jeden Ort. Die Straßen waren bessere Feldwege, Benzin führte nur die Apotheke und Verkehrsregeln gab es so gut wie keine. Kaum einer wusste, wie so eine Benzinkutsche funktionierte und schon gar nicht wie man sie fahren sollte. Den Kutschern und Polizisten waren die lärmenden Vehikel ein Dorn im Auge, ihre Fahrer wurden schikaniert. Doch die ließen sich nicht beirren, genauso wenig wie die Autohersteller. Vom Vogtland bis zum Zittauer Gebirge, von der Leipziger Tieflandbucht bis zum Erzgebirge knatterten bald die Motoren.

Es gehörte unternehmerischer Mut dazu, sich den Herausforderungen zu stellen. Manche der Autopioniere brachten Erfahrungen aus dem Maschinenbau oder der Fahrradherstellung mit, andere gingen ahnungslos zu Werke. Erfinder, Tüftler, und auf ihre Art Genies waren sie alle. Nicht jeder beherrschte das rasch wachsende Geschäft. Mancher, der vom Boom profitieren wollte, erlitt kläglich Schiffbruch. Die anderen experimentierten weiter, verwarfen und probierten auf's Neue. Bald stellten sich erste Kunden ein. Geschäftsleute und Landärzte entdeckten die neumodischen Auto-Mobile als Reisefahrzeug, Sportsleute als Rennwagen und Fabrikanten und Arbeiter, jeder auf seine Art, als Einkommensquelle. Angeregt von der vorpreschenden Automobilindustrie wuchsen Zulieferbetriebe heran, stellte sich die Fahrzeugindustrie vom Pferdefuhrwerk auf das Auto um, wie der königliche Hofwagenbauer Gläser in Dresden. Je besser die Autos wurden, desto schneller freundeten sich die Menschen mit dem neuen Verkehrsmittel an. Zwischen Mittweida und Limbach nahm ein Omnibus seinen Betrieb auf. Automobilklubs entstanden in Dresden, Chemnitz, Görlitz und anderen Städten, Motorfahrervereine wurden gegründet, Leipzig veranstaltete jedes Jahr im Kristallpalast eine Automobilausstellung, auf der Strecke Dresden – Leipzig – Oschatz – Dresden fand 1906 die erste Sachsenrundfahrt statt, ein Horch-Wagen siegte bei der berühmten Herkomer-Fahrt ... Der Durchbruch war geschafft. Autos wurden gebaut. Ein neues Zeitalter hatte begonnen.

Seite 21: Gegen Ende des Jahrzehnts wurde dieser Horch-Tourenwagen in so genannter Phaeton-Bauweise vorgestellt. Mit seinen ca. 28 PS konnte man recht flott unterwegs sein.

ADRIA (Kamenz) ALGE (Leipzig) ARI (Plauen) ATLAS (Leipzig) **AUDI** (Zwickau) AVOLA (Leipzig) BAMO (Bautzen) BARKAS (Hainichen/Chemnitz) **BECKER** (Dresden) **CHEMNITZER MOTORWAGENFABRIK** (Chemnitz) DIAG (Leipzig) **DIAMANT** (Chemnitz) DKW (Zschopau) **DUX** (Leipzig) EBER (Zittau) EISENHAMMER (Thalheim) ELFE (Leipzig) ELITE (Brand-Erbisdorf) ELSTER (Mylau) ESWECO (Chemnitz) FRAMO (Frankenberg/Hainichen) **GERMANIA** (Dresden) HARLÉ (PLauen) HASCHÜTT (Dresden) HATAZ (Zwickau) HEROS (Nieder-oderwitz) HIECKEL (Leipzig) HILLE (Dresden) HMW (Hainsberg) **HORCH** (Reichenbach/Zwickau) HUY (Dresden) IDEAL (Dresden) JCZ (Zittau) JURISCH (Leipzig) KFZ-WERK „ERNST GRUBE" (Werdau) KOMET (Leisnig) KSB (Bautzen) LAUER & SOHN (Leipzig) LEBELT (Wilthen) **FAHRRAD- UND MOTORWAGEN-FABRIK** (Leipzig) LIPSIA (Leipzig) LOEBEL (Leipzig) **MAF** (Markranstädt) MAFA (Marienberg) MELKUS (Dresden) MOLL (Tannenberg) MOTAG (Leipzig) MZ (Zschopau) MuZ (Zschopau) MZ-B (Zschopau) **NACKE** (Coswig) NEOPLAN (Plauen) NETZSCHKAUER MASCHINENFABRIK (Netzschkau) OD (Dresden) OGE (Leipzig) ORUK (Chemnitz) OSCHA (Leipzig) PEKA (Dresden) PER (Zwickau) PFEIFFER (Rückmarsdorf) **PHÄNOMEN** (Zittau) PILOT (Bannewitz) PORSCHE (Leipzig) POSTLER (Niedersedlitz) **PRESTO** (Chemnitz) **REISIG/MUK** (Plauen) RENNER (Dresden) ROBUR (Zittau) RUD (Dresden) SACHSENRING-AWZ (Zwickau) **SATURN/STEUDEL** (Kamenz) SCHIVELBUSCH (Leipzig) SCHMIDT (Fischendorf) SCHÜTTOFF (Chemnitz) SPHINX (Zwenkau) STEIGBOY (Leipzig) STOCK (Leipzig) TAUTZ (Leipzig) **TIPPMANN & CO** (Dresden) UNIVERSELLE (Dresden) **VOGTLAND-WAGEN** (Plauen) VOMAG (Plauen) VW (Mosel/Dresden) **WANDERER** (Chemnitz) WELS (Bautzen) WOTAN (Chemnitz/Leipzig) ZEGEMO (Dresden) ZETGE (Görlitz) ZITTAVIA (Zittau)

Ein Ungetüm fährt durch Werdau

Haft für Falschparken

In seiner Autobiographie „Ich baute Autos", erzählt August Horch nicht nur von seinen Anfängen als Autokonstrukteur, sondern auch von den mancherlei Fährnissen, die Automobilisten um die Jahrhundertwende zu leiden hatten.

„Eigentlich war alles unser Feind. Sogar bisweilen der Staat selber. Was zum Beispiel der Pflasterzoll in Bayern an Ärger gekostet hat, geht in keinen Sechszylinder. Was haben wir nicht alles an Indianerstückchen aufgestellt, um uns von diesem ganz ungerechten Pflasterzoll, der uns außerdem immer und immer aufhielt, zu drücken! Mit der Stadt Hof in Bayern habe ich einmal dieserhalb einen erbitterten Streit durchgefochten.

Welche Mühen und Plagen kostete es, sich den nötigen Betriebsstoff zu verschaffen! Man erhielt ihn, wie ich schon einmal sagte, nur in Apotheken und in Drogerien. Eine Katastrophe war es, wenn man keinen Reserve-Benzinbehälter mit sich führte und auf einsamer Straße ohne Benzin sitzenblieb. Welche Schlachten mussten wir mit der Polizei führen, die damals den Automobilverkehr mit einer gespenstigen Verständnislosigkeit gegenüberstand! Welche Unsum-

August Horch lernte sein Handwerk bei Gottlieb Daimler und Karl Benz. Benz (im Bild links, mit seinem kaufmännischen Mitarbeiter Josef Brecht) hatte 1886 ein Patent für ein „Fahrzeug mit Gasmotorenbetrieb" bekommen, das erste Automobil der Welt. Diese dritte Ausbaustufe des Benz Patent-Motorwagens deutet bereits die zeitlose Modernität offener Verdecks an.

men von Strafgeldern mussten wir aufbringen für irgendwelche Übertretungen, meistens für Schnellfahren. Und der Begriff Schnellfahren wurde von jeder Polizeibehörde vollkommen willkürlich ausgelegt. Nach ihrer Ansicht fuhr man immer zu schnell."

Und wenn man sich heute noch erzählt, dass von den Strafgeldern der unglücklichen Autofahrer ganze Ortschaften neu ausgebaut worden sind ... ich zweifle nicht im mindesten daran.

Mit welchen ergrimmten Augen die Behörden um die Jahrhundertwende herum das Automobilwesen betrachteten, davon möchte ich einige Beispiele geben. Die Unterlagen dazu wurden mir von Frau Hertel, der Gattin meines lieben Freundes Willibald Hertel aus Werdau, zur Verfügung gestellt. Er hatte den Mut gehabt, sich nicht nur ein Auto zu kaufen, sondern auch mit ihm zu fahren.

No. 740/II   Werdau, den 11. Februar 1889

Herrn Willibald Hertel, hier.
Auf Ihr Gesuch vom 9. vorigen Monats zum Befahren der Strassen mit einem Patent „Benzin-Motorwagen" mit elektrischer Zündung, System Benz & Cie. in Mannheim, wird Ihnen hiermit die Genehmigung für die Strassen, die eine geringere Breite als 11 Meter 30 cent. (20 Ellen) haben, versagt. Nachverzeichnete Gebühren sind binnen acht Tagen anher zu entrichten.

Der Stadtrat. gez. Seidel.
Kostenverzeichnis: 3 Mark Gebühren.

No. 1617/II   Werdau, den 6. April 1889

Herrn Willibald Hertel
in Werdau.
Auf Ihre Eingabe vom 17. und 18. Februar d.J. eröffnen wir Ihnen, dass der Verkehr mit Benzinmotoren hier vorläufig nicht beschränkt werden darf. Vorausgesetzt und verlangt wird nur, dass mit der gehörigen Vorsicht gefahren wird und der Leiter des Wagens des Lenkens vollkommen kundig und mit der Konstruktion vertraut ist.

Der Stadtrat. gez. Seidel.

Crimmitschau, den 12. Juni 1900

An den Eisengiessereibesitzer
Herrn Willibald Hertel in Werdau.
Es ist wiederholt zu bemerken gewesen, dass Sie Ihren Automobilwagen unbeaufsichtigt auf den Strassen und Plätzen der Stadt Crimmitschau stehen lassen. Es sammeln sich alsdann eine grosse Anzahl Kinder und Erwachsene an, diese spielen an dem Gefährte und setzen die Pfeife an dem Gefährte in Tätigkeit. Dies führt zu Unzuträglichkeiten. Sie werden daher veranlasst, Automobilwagen niemals unbeaufsichtigt auf den Strassen und Plätzen hier stehen zu lassen. Längeres Stehenlassen, auch unter Aufsicht, ist nicht gestattet, vielmehr ist das Gefährt dann in ein Gehöft einzubringen. Für jeden Fall der Zuwiderhandlung gegen diese Verfügung wird eine Geldstrafe bis zu 30 Mark oder Haft verhängt werden.

Die Stadtpolizeibehörde. gez. Reichardt.

V.S. 404/1900

Crimmitschau, den 20. Juni 1900.

An den Eisengiessereibesitzer...

Von Ihrer Zuschrift haben wir Kenntnis genommen, wir sehen uns aber dadurch in keiner Weise veranlasst, an unserer Ihnen am 13. Juni 1900 behändigten Verfügung irgend etwas zu ändern. Wir weisen Sie übrigens noch darauf hin, dass andere Städte noch viel schärfere Vorschriften getroffen haben.

Die Stadtpolizeibehörde. gez. Reichardt.

Herrn Eisengiessereibesitzer
Willibald Hertel in Werdau.
Nach hier erstatteter Anzeige des Gendarm Benndorf, hier, sind Sie am 15. d. Mts. mit Ihrem Motorwagen übermässig schnell durch die hiesige Stadt gefahren. Die Übertretung wird erwiesen durch den Lehrer Schmidt hier.

Es wird deshalb hiermit gegen Sie auf Grund von Paragraph 366,2 des Reichsstrafgesetzbuches eine Geldstrafe von 3 Mark, an deren Stelle im Falle Ihrer Zahlungsunfähigkeit eine Haftstrafe zu treten hat, festgesetzt und haben Sie hierüben die entstandenen Kosten an 1 Mark 10 Pfennig an hiesige Ratssporteleinnahme zu bezahlen.

Sollten Sie sich durch diese Verfügung beschwert fühlen, so können Sie innerhalb einer Woche nach deren Behändigung bei der Polizeibehörde schriftlich oder mündlich oder beim Herzoglich Sächsischen Amtsgericht zu Schmölln schriftlich oder zu Protokoll des Gerichtsschreibers auf gerichtliche Entscheidung antragen, widrigenfalls gegenwärtige Strafverfügung gegen Sie vollstreckbar wird.

Gössnitz, den 21. Juni 1900.
Der Stadtrat. gez. Schnabel.

An Herrn Eisengiessereibesitzer
Willibald Hertel in Werdau.
Laut Anzeige haben Sie am 29. August 1900 Abends von 1/2 9 - 1/2 10 Ihren Automobilwagen, trotz des Verbotes auf dem hiesigen Marktplatz stehen lassen. Beweismittel: Schutzmann Lossnitzer als Zeuge.

Auf Grund der Bekanntmachung vom 24. August 1900 wird daher gegen Sie hierdurch eine Geldstrafe von 2 Mark und die Bezahlung der erwachsenen Verlänge mit der Massgabe festgesetzt, dass im Falle der Uneinbringlichkeit der Geldstrafe Haft in der Dauer von 2 Tagen zu treten hat.

Crimmitschau, den 6. September 1900.
Die Stadtpolizeibehörde. gez. Dr. Pusch.

Also: Drei Mark für schnelles Fahren, zwei Mark für Falschparken, gute Zeiten also für Autofahrer. Gute Zeiten? Immerhin wurden auch zwei Tage Haft angedroht.

Klaus Walther

Vom Primus zum Pares

Aufstieg und Niedergang des ersten sächsischen Automobilherstellers

Nein, die Rede ist nicht von August Horch, der 1902 aus Köln nach Reichenbach kam. Die Rede ist von Emil Hermann Nacke. Der heute fast vergessene Pionier des Automobilbaus wurde 1843 in Groß-Wiederitzsch bei Leipzig geboren. Nachdem er am Dresdner Polytechnikum Maschinenbau studiert hatte, arbeitete Nacke als Ingenieur im Lokomobilbau. Eine Reise durch Frankreich und England bestärkte ihn vermutlich darin, ein eigenes Unternehmen zu gründen. Zunächst trat er als Mitinhaber in eine Fabrik für Zelluloseherstellung in Schlesien ein. Bald darauf gründete er eine eigene Fabrik in Coswig bei Dresden. In Wahrheit aber schlug sein Herz für den Maschinenbau. 1891 gründete er im Coswiger Ortsteil Kötitz einen Betrieb, in dem er Maschinen und Vorrichtungen für die Papierindustrie herstellte. Im Jahr 1900 begann er, in diesem Werk Autos zu entwerfen, die ab 1901 serienmäßig produziert wurden.

Die ersten dieser Motorwagen erhielten den Namen „Coswiga". Es handelte sich dabei um offene Tourenwagen ohne Windschutzscheibe, bei denen die Kraft vom Vierzylindermotor über Ketten auf die Hinterachse übertragen wurde, ein Prinzip, das auch Daimler bei den ersten Mercedes' verwendete. Spätere Typen waren entweder als sogenannte Phaeton-Wagen ausgeführt, also offene Autos mit klappbarem Verdeck, oder als Limousinen mit festem Kastenaufbau. Im Laufe der Zeit wurden die Typenbezeichnungen nüchterner, die Coswiger Autos hießen schlicht Tourenwagen 7/18, 19/40 PS oder Lastkraftwagen 1000 … 4000 Kilogramm. Zum Merkmal der

Nacke-Lastwagen wurde der komplizierte Schneckenantrieb der Hinterachse. Welch guten Ruf die Autos aus Coswig hatten, belegt eine Bestellung, die ca. 1909 einging. Das Königliche Oberstallamt in Dresden orderte einen Jagd-Omnibus für zwölf Personen. Hofwagenbaumeister Gläser in Dresden fertigte die Karosserie, Nacke lieferte das Fahrgestell und den 24-PS-Motor. Die Qualität der Fahrzeuge aus der Fabrik für „Automobil-, Luxus- und Lastwagen Coswig i. Sa." sprach sich bis nach Afrika herum. 1913 bestellte sich der äthiopische Kaiser Menelik II. einen

Die Qualität der Nacke-Autos überzeugte auch Monarchen (Modell von 1914).

Jagdomnibus des sächsischen Königs.

14/35-PS-Personenwagen –, man war eine Weltfirma geworden. Ein besseres Prestige als königliche Aufträge konnte sich Nacke nicht wünschen. Zudem gehörte er dem Vorstand des Vereins Deutscher Motorfahrzeug-Industrieller an. Keine Frage, er hatte es geschafft, er war ganz „oben" – Nacke on heavens door sozusagen. Aber trotz dieser ausgezeichneten Referenzen und eines verhältnismäßig umfangreichen Lieferprogramms von fünf Fahrzeugtypen in der Größenordnung von 18 bis 55 PS gelang im Personenwagenbau nicht der große Durchbruch. 1913 wurde entschieden, die PKW-Fertigung zugunsten der besser florierenden Lastwagenfertigung aufzugeben. Wie richtig dieser Entschluss war, zeigte sich ausgerechnet während des Ersten Weltkrieges.

Zu Kriegsbeginn waren in ganz Deutschland noch keine 10.000 Lastwagen zugelassen, viel zu wenig, als dass sie den Nachschub an die Front hätten sicherstellen können. Dieser Nachschub aber wurde dringend benötigt, denn aus dem geplanten Blitzkrieg war inzwischen ein verlustreicher Stellungskrieg geworden. Wie viele andere Fahrzeugbauer gehörte nun auch Nacke zu jenen Herstellern, deren Konstruktionen der Destruktion dienten. Der Staat subventionierte den Bau kriegstauglicher Fahrzeuge, was manchem Hersteller, wie zum Beispiel der Vomag in Plauen, einen nicht geahnten Aufschwung brachte.

Nach dem Krieg verfolgte die Fabrik von Emil Nacke den eingeschlagenen Weg als Lastwagenproduzent weiter. Die Modellpalette reichte in den Jahren 1920 – 1928 vom 2,5-Tonner, dessen Vierzylinder-Motor 35 PS mit einem Hubraum von 4250 Kubikzentimeter bis zum Sechszylinder-Brummer mit fünf Tonnen Nutzlast, der bei 9025 Kubikzentimeter Hubraum 70 PS auf die Straße brachte. Die Wagen waren auf Wunsch mit verschiedenen Spezialaufbauten lieferbar. Das Programm reichte von Feuerwehrfahrzeugen über Langholztransporter, Kipper, Omnibusse bis hin zu Brauereifahrzeugen mit Anhänger samt Bremserhäuschen. Obwohl Nacke-Laster als zuverlässig galten und bis nach England und Indien geliefert wurden, erwiesen sich die ökonomischen Zwänge als stärker. 1929, im schlimmen Jahr der Wirtschaftskrise, ließ sich der Niedergang der Firma nicht mehr aufhalten. Im Jahr darauf beendete der erste sächsische Automobilhersteller seine Produktion für immer. Am 30. Mai 1933 starb Emil Herrmann Nacke, der erste sächsische Autopionier.

Jens Kraus

Verkehrssünderin. *Berta Benz, Ehefrau des Automobilbauers Karl Benz gilt als erste Verkehrssünderin. Sie unternahm aus Werbegründen eine Probefahrt übers Land, die jedoch nur in Fabriknähe gestattet war.*

Kanonenkönig. *Die ersten Wartburg-Fahrzeuge lernten bereits 1898 das Laufen. Der Gründer der Fahrzeugfabrik Ehrhardt hatte schon vorher mit der Produktion von Geschossen das notwendige Kapital zusammengebracht. Fans nannten ihn neben Krupp den zweiten deutschen Kanonenkönig.*

König und Chauffeur

Von der Schwierigkeit, ein Auto zu fahren

„Wer bist du?"
„Ich bin Ihr Chauffeur, Herr Puntila" ...
„Und wo kommst du jetzt her?"
„Von draußen. Ich wart seit zwei Tagen
im Wagen."
(aus: Bertolt Brecht: Herr Puntila und sein Knecht
Matti)

Die Autobesitzer unter den oberen Zehntausend hatten ein Problem: Sollten sie selber den Wagen lenken, oder sollten sie das teure Stück einem Bediensteten anvertrauen? Sportliche Fahrer ließen sich das Auto von einem „Ankurbeljungen" anwerfen und übernahmen selbst das Steuer. Nach der Fahrt wurde der dreckige Wagen im Hof zum Reinigen abgestellt. Dumm war nur, dass die Kiste unterwegs gelegentlich stehenblieb und man nicht wusste, wie sie wieder in Gang zu bringen war. Und überhaupt! Es war ein mühseliges Geschäft, die tausenderlei Hebel zu bedienen und dabei alle paar Meter „Aus dem Weg!" schreien zu müssen und aufzupassen, dass man den Bauern nicht dauernd die Gänse überfuhr oder schlimmer noch, in ein Pferdefuhrwerk hineinprasselte. Nein, so wie sie es in Frankreich machten, das war das Richtige. Wie hieß so ein komischer Mensch doch gleich, den man da einstellen musste? Richtig, einen Chauffeur brauchte man. Aber wo sind heutzutage noch gute Leute, die meisten wollen einen doch nur ausnutzen.

Der letzte sächsische König, Friedrich August III., auch der Leutselige genannt, hatte dieses Problem nicht. Zwar umfasste 1906 sein Fuhr-

park 160 Wagen, aber bewegt wurden sie von Pferden. Und für die gab es Kutscher. Das war schon seit Jahrhunderten so. Der König hielt nicht viel von Autos. Wenn er in die Stadt wollte, ließ er sich mit seiner Equipage kutschieren, für weite Reisen benutzte er die Eisenbahn. Mit seiner Ansicht befand er sich anfangs in erhabener Gesellschaft mit anderen Regierungsoberhäuptern. Königin Victoria hatte das Auto als ein „unruhiges und ganz und gar unangenehmes Beförderungsmittel" bezeichnet, in Frankreich sprach der französische Staatspräsident ausgerechnet auf der Ersten Internationalen Automobilausstellung 1898, von Autos als hässlich und übelriechend, und Kaiser Wilhelm II. ärgerte sich über diese Fahrzeuge, weil sie seine Pferde scheu machten. Er verlangte gar polizeiliche Überwachung und äußerte zu Bülow: „Ich möchte am liebsten jedem Chauffeur mit Schrot in den Hintern schießen." Mit anderen Worten – die Majestatis waren in Pluralis nicht amüsiert von den im Volksmund als „Stinkkästen" abgetanen Vehikeln.

Immerhin, nach seinem Regierungsantritt 1904 kaufte Friedrich August III. schließlich doch das erste Automobil für den sächsischen Hof. Es war ein Mercedes mit einer Höchstgeschwindigkeit von 55 Stundenkilometern. Bei

Mit der ersten Autodroschke, die 1903 in Berlin zugelassen wurde, war auch ein neuer Beruf entstanden: der des Chauffeurs.

seiner ablehnenden Haltung dem Automobil gegenüber war es undenkbar, dass der König den Mercedes, wenn er überhaupt damit zu fahren geruhte, selbst durch Dresdens Straßen lenken würde. Wie andere Herrschaften bediente sich nun auch Majestät eines Chauffeurs. Weil aber niemand am sächsischen Hof Auto fahren konnte, stellte Mercedes den Fahrer.

Der Schofför, wie es gelegentlich auch geschrieben wurde, sollte bald ein gefragter Beruf werden, wie dem 1907 erschienenen „Leitfaden für Automobilbesitzer, Chauffeure und solche die es werden wollen", zu entnehmen ist. Dort heißt es unter anderem: „Es gibt wohl kaum einen Beruf, der sich so schnell entwickelt hat, wie der Chauffeur-Beruf ... Nun ja, schließlich handelte es sich um eine Vertrauensstellung. Dem „Herrenfahrer" wurde nicht nur das teure Luxusgefährt anvertraut sondern auch das Leben des Besitzers, seiner Angehörigen und Verwandten. Aber mehr noch: Wenn es den Herrn nächtens noch einmal aus dem Haus zog, musste die gnädige Frau nicht unbedingt wissen, vor welchem Etablissement der Fahrer stundenlang gewartet hatte; umgekehrt galt es, sich gegen das Lady-Chatterley-Syndrom zu wappnen – man sieht, auf den Chauffeur lauerten viele Gefahren. Freilich, viel Zeit für Eskapaden wird ein Fahrer nicht gehabt haben. Die Technik hatte genug Tücken, sie wollte gewartet und gereinigt werden, und etwas zu schrauben gab es immer. Großer Wert wurde deshalb darauf gelegt, dass der Chauffeur Betriebsstörungen des Wagens schnell mit den richtigen Handgriffen beheben konnte, anstatt sich durch „unnützes Abmontieren aller möglichen Teile und planloses Herumsuchen auszuzeichen". In einer behördlichen Prüfung musste der angehende Wagenlenker sein fahrerisches Können unter Beweis stellen: langsam und schnell fahren, wenden, durch verkehrsreiche Straßen steuern. Dass sich dennoch „im Dienst" Vorkommnisse ereigneten, die zu

„von den Tageszeitungen unglaublich entstellten und übertriebenen Automobilunfällen Anlass" gaben, schreibt der Verfasser den Prüfern zu. Diese von der Behörde bestellten Sachverständigen würden es oftmals nicht so genau nehmen. So würde die Prüfung mitunter von Personen abgenommen, die selbst nicht die geringsten Kenntnisse vom Automobil besäßen, ja die nicht einmal selbst Auto fahren könnten. Hier seien im Interesse der Verkehrssicherheit wirkliche Sachverständige nötig, die durch ihr Studium und ihre gesammelten Erfahrungen mit peinlichster Sorgfalt und entsprechender Schärfe prüften.

Ausgebildet werden konnten sie an der Technischen Hochschule in Dresden. Hier gab es seit dem Jahr 1900 Vorlesungen und Versuche zur Automobiltechnik, sicher nicht auf Wunsch Friedrich August III., der Ehrendoktor war, aber zumindest mit seiner Erlaubnis. Der König übrigens musste sich doch noch mit dem neuen Verkehrsmittel anfreunden. Obwohl er die Meinung vertrat: „Ich genne doch meine Dräsdner, die duhn mir nischt", brauchte er im November 1918 dringend ein Auto als Fluchtfahrzeug.

Jens Kraus

Chronik 1901–1910

30. 1. 1901 Rudolf Caracciola, deutscher Automobilrennfahrer, geboren

25. 3. 1901 In Nizza geht der Stern von Mercedes auf. Erster großer Sieg des Rennwagens mit 57,96 Stundenkilometern

25. 3. 1901 Vorführung des ersten Zwei-Takt-Dieselmotors in Guide Bridge, Manchester

26. 5. 1901 Beginn der Internationalen Automobilausstellung in Wien

29. 6. 1901 Bei der Automobilfernfahrt Paris – Berlin um den Kaiserpreis Wilhelm II. siegt der Franzose Henri Fournier

1902 August Horch lässt sich in Reichenbach nieder

24. 5. 1903 In Stuttgart wird die Deutsche Motorrad-Fahrer-Vereinigung (DMV) als Vorläufer des ADAC gegründet

23. 7. 1903 Das erste Auto von Ford wird in New York verkauft. (Acht PS, 950 Dollar)

September 1903 Die schwedische Maschinenfabrik Scania beginnt mit der Fertigung von Kraftfahrzeugen

1903 August Horch stellt ein Fahrzeug mit einem Vier-Zylinder-Motor vor (fürs Getriebe erstmals Chrom-Nickel-Stahl verwendet)

17. 12. 1903 In North Carolina kommt es zum ersten Flug einer von Menschenhand gesteuerten Maschine, die sich durch eigene Kraft in die Luft erhebt. Ein Doppeldecker der Gebrüder Wright hebt zwölf Sekunden von der Erde ab

10. 5. 1904 Gründung der Horch und Cie. Motorenwerke AG

29. 8. 1904 Auszüge aus „Horchs Arbeitsordnung": Wer über fünf Minuten bis 15 Minuten zu spät zur Arbeit kommt, hat 25 Pfennig Strafe zu zahlen. Wer 15 bis 30 Minuten zu spät kommt, zahlt 40 Pfennig. (Stundenlohn seinerzeit: 34,5 Pfennige)

24. 11. 1904 Test des ersten Raupenschleppers: Holt-Dampfzugmaschine Nr. 77 in Kalifornien

Dezember 1904 Die aus privater Initiative entstandene Chauffeurschule am Technikum in Aschaffenburg gilt als erste deutsche Fahrschule

Dezember 1904 Die Firma Renault hat einen hydraulisch wirkenden Stoßdämpfer eingeführt

Juli 1905 In St. Louis/Missouri wird die erste für die Verkehrsregelung zuständige Polizeitruppe eingeführt

15. 11. 1905 Der Genfer Frédéric Dufaux fährt mit seinem Rennwagen einen neuen Geschwindigkeitsrekord von 156,52 Stundenkilometern

Dezember 1905 In Frankreich nähert sich die jährliche Gesamtproduktion von Kraftfahrzeugen mit Benzinmotor der 1500-Stück-Grenze

1906 AEG stellt als Autozubehör einen elektrischen Zigarrenanzünder vor

16. 4. 1906 Frankreichs Physik-Nobelpreisträger Pierre Curie kommt bei einem Autounfall ums Leben

Juni 1906 Ferenc Szisz (Ungarn) gewinnt auf Renault bei Le Mans das erste Grand-Prix-Rennen des Automobilsports

1. 10. 1906 Automobilverordnung vereinheitlicht die Kfz-Kennzeichnung in Deutschland

10. 6. 1907 Die bisher längste Autofahrt startet in Peking. Italienischer Sieg am 10. August in Paris

30. 9. 1907 Vom 1. 10. 1906 bis 30. 9. 1907 sind auf dem Gebiet des Deutschen Reiches 13 Kraftfahrer tödlich verunglückt

1. 10. 1907 In den 26 Bundesstaaten des Deutschen Reiches werden die Kennzeichnungen der Kraftfahrzeuge vereinheitlicht

12. 2. 1908 Sechs Automobilisten starten in New York zum ersten Autorennen rund um die Erde. Sieger nach fünf Monaten: der Deutsche Hans Köppen auf Proton

30. 5. 1908 Das erste Auto mit Kompressormotor – Great-Chadwick-Six – fährt beim „Giant's Despair Hillelimb" (Bergrennen)

16. 7. 1909 August-Horch-Automobilwerke GmbH in Zwickau gegründet

1908 Das erste Modell „T" – ein zweisitziger Roadster – verlässt die 1903 gegründete Ford Motor Company in Detroit (USA). Preis: 850 Dollar

14. 10. 1909 Bernd Rosemeyer, deutscher Autorennfahrer, geboren

Hört, hört, das
Zeitalter der Auto-
mobile hat begon-
nen, scheint diese
formvollendete
Hupe eines Horch
zu rufen.

1911–
1920

1911–1920 Die Autohersteller legten zu. Das romantische Bild vom Firmengründer, der Fabrikant, Konstrukteur, Kaufmann und manchmal auch Arbeiter in einer Person war, gehörte der Vergangenheit an. Rationelle Fertigung und Spezialisierung der Zulieferer hieß das Gebot der Stunde. Der Einsatz war höher geworden, der Markt größer. Wer auf sich hielt, stieg ins Exportgeschäft ein, Audi und Horch unterhielten Filialen in Nord- und Osteuropa; Nacke lieferte nach Indien und nach England. In Sachsen gab es 1914 nach dem statistischen Jahrbuch 2739 Krafträder, 6348 Personenwagen und 1008 Lastwagen. Autos und Motorräder waren salonfähig geworden – der sächsische Landtag plante, ein staatliches Großunternehmen für Personen- und Güterverkehr zu schaffen. Und dann: Krieg! Arbeiter und Angestellte erhielten den Einberufungsbefehl, manch einer kam nie wieder; in den Fahrzeugbetrieben mussten nun Frauen und Lehrlinge die Drehbänke bedienen. Vor dem Krieg hatten manche Hersteller Nutzfahrzeuge hergestellt, jetzt drängte die Heeresverwaltung auf mehr Autos. Sogenannte Drei-Tonnen-Regel-Lastwagen wurden gebaut, mit genormten technischen Daten. Subventionen bescherten Heereslieferanten kräftige Dividenden. Die Betriebe konnten nur unter Schwierigkeiten produzieren. Rohstoffe gab es kaum, man war vom internationalen Markt abgeschnitten. In der Materialnot wurden Eisenreifen statt Gummireifen aufgezogen, Privatfahrten eingeschränkt. Dann November 1918 – Sturz der Monarchie, es kam zu Streiks und Unruhen, die Mark verlor an Wert, die Menschen hungerten und froren. Viele hatten keine Arbeit.

Aber es gab auch Hoffnung. In Zschopau wandte sich der Däne Rasmussen dem Bau kleiner Zweitaktmotoren zu, die Firmen Dux, Magirus, Presto und Vomag bündelten ihre Kräfte im Deutschen Automobil Konzern (D.A.K.), das Leben ging weiter.

Seite 33:
Der 1916 für die sächsische Armee hergestellte Horch-Lastwagen mit 3 Tonnen Nutzlast erfreute sich auch im zivilen Bereich großer Beliebtheit. Bemerkenswert ist die ausklappbare Bergstütze an der Unterseite des Fahrzeuges, die ein Zurückrollen wirkungsvoll verhinderte.

ADRIA (Kamenz) ALGE (Leipzig) ARI (Plauen) ATLAS (Leipzig) **AUDI** (Zwickau) AVOLA (Leipzig) BAMO (Bautzen) BARKAS (Hainichen/Chemnitz) BECKER (Dresden) CHEMNITZER MOTORWAGENFABRIK (Chemnitz) DIAG (Leipzig) DIAMANT (Chemnitz) DKW (Zschopau) **DUX** (Leipzig) EBER (Zittau) EISENHAMMER (Thalheim) ELFE (Leipzig) **ELITE** (Brand-Erbisdorf) ELSTER (Mylau) ESWECO (Chemnitz) FRAMO (Frankenberg/Hainichen) GERMANIA (Dresden) HARLÉ (PLauen) HASCHÜTT (Dresden) HATAZ (Zwickau) HEROS (Niederoderwitz) HIECKEL (Leipzig) HILLE (Dresden) HMW (Hainsberg) **HORCH** (Reichenbach/Zwickau) HUY (Dresden) IDEAL (Dresden) JCZ (Zittau) JURISCH (Leipzig) KFZ-WERK „ERNST GRUBE" (Werdau) KOMET (Leisnig) KSB (Bautzen) LAUER & SOHN (Leipzig) LEBELT (Wilthen) FAHRRAD- UND MOTORWAGEN-FABRIK (Leipzig) LIPSIA (Leipzig) **LOEBEL** (Leipzig) **MAF** (Markranstädt) MAFA (Marienberg) MELKUS (Dresden) **MOLL** (Tannenberg) MOTAG (Leipzig) MZ (Zschopau) MuZ (Zschopau) MZ-B (Zschopau) **NACKE** (Coswig) NEOPLAN (Plauen) NETZSCHKAUER MASCHINENFABRIK (Netzschkau) OD (Dresden) OGE (Leipzig) ORUK (Chemnitz) OSCHA (Leipzig) PEKA (Dresden) PER (Zwickau) PFEIFFER (Rückmarsdorf) **PHÄNOMEN** (Zittau) PILOT (Bannewitz) PORSCHE (Leipzig) POSTLER (Niedersedlitz) **PRESTO** (Chemnitz) **REISIG/MUK** (Plauen) RENNER (Dresden) ROBUR (Zittau) RUD (Dresden) SACHSENRING-AWZ (Zwickau) **SATURN/STEUDEL** (Kamenz) SCHIVELBUSCH (Leipzig) SCHMIDT (Fischendorf) SCHÜTTOFF (Chemnitz) SPHINX (Zwenkau) STEIGBOY (Leipzig) STOCK (Leipzig) TAUTZ (Leipzig) TIPPMANN & CO (Dresden) UNIVERSELLE (Dresden) **VOGTLAND-WAGEN** (Plauen) **VOMAG** (Plauen) VW (Mosel/Dresden) **WANDERER** (Chemnitz) WELS (Bautzen) WOTAN (Chemnitz/Leipzig) ZEGEMO (Dresden) **ZETGE** (Görlitz) ZITTAVIA (Zittau)

Hugo Ruppe und sein „DKW"

Erster Weltkrieg

Im Sterberegister der Kirchgemeinde Zschopau steht unter dem 23. Januar 1949 „Oberingenieur Hugo Ruppe", zuletzt wohnhaft in Gornau. Er starb einsam. Ruppe gehört zu den tragischen Figuren des deutschen Fahrzeugbaus. Die großen Kriege des abgelaufenen Jahrhunderts warfen den Fahrzeugpionier zweimal aus der Bahn, brachten ihn um die Früchte seiner Arbeit. Hugo Ruppe hatte im Markranstädter Familienbetrieb Autos gebaut, bis er 1914 als Soldat an die Front geschickt wurde. So wie er in Markranstädt oder August Horch in Reichenbach und Zwickau hatten in vielen sächsischen Orten geschickte Handwerksmeister und findige Ingenieure in kleineren und größeren Werkstätten mit dem Bau meist selbstentwickelter Motorfahrzeuge begonnen. In Chemnitz zum Beispiel bauten die Presto-Werke neben Motorrädern PKW mit drei verschiedenen Motoren. Die Wandererwerke –

bekannt für ihre Schreibmaschinen und Fahrräder – stellten 1911 einen Kleinwagen vor und produzierten ein Jahr später ihr „Wanderer-Puppchen" bereits in Serie.

Aber nur einer von 2000 Deutschen besaß ein Auto, denn selbst diese Kleinwagen konnten sich nur wenige leisten, ganz zu schweigen von den Fabrikaten Horch und Audi, die ebenso wie die Autos von Presto und Wanderer vor dem Ersten Weltkrieg zu den Besten in Deutschland gehörten. Bei den berühmten Alpenrundfahrten belegten die Sachsen stets vordere Plätze. Die meisten Autos hatten damals kaum 16 PS, nur wenige mehr als 40. Bei Horch wurde ein Fahrzeug mit 60 PS entwickelt, aber wegen des Kriegsbeginns nie gebaut. 1914 fanden in Europa die letzten großen Autorennen statt, bevor ein Attentat auf ein Auto in Sarajevo die stürmische Entwicklung des deutschen Automobilbaus jäh unterbrach – die Ermordung des österreichischen Thronfolgers löste den Ersten Weltkrieg aus. Während Hugo Ruppe als Soldat in den Krieg ziehen musste, ging Ford in den USA zur Fließbandfertigung über. Die deutschen Autohersteller hatten sich dem Diktat der Rüstungsproduktion zu beugen – ein schmerzhaf-

Die Kehrseite der Medaille: Wanderer „Puppchen" treten 1915 die Reise in den Krieg an.

ter Eingriff, von dem sie sich nicht erholen konnten. Nur in Zittau durfte das dreirädrige Phänomobil für Personen- und Gütertransport ohne Unterbrechung weiter gebaut werden.

Die meisten Kraftfahrzeuge wurden beschlagnahmt. Sie hätten ihren Besitzern ohnehin wenig genützt, denn Benzin gab es – wie auch die Chemnitzer „Volksstimme" im September 1914 mitteilte – nur in Ausnahmefällen „auf besondere Bewilligung".

Lkw hatten den Nachschub an die Front zu sichern, Pkw wurden als Stabsfahrzeuge eingesetzt oder gar mit Geschützturm und Maschinengewehr aufgerüstet. Das zum heiteren Vergnügen gebaute „Puppchen" von Wanderer diente als Patrouillenfahrzeug. Größere Personenwagen wurden für den Kampfeinsatz gepanzert.

Der Erste Weltkrieg und seine Nachwirkungen wie Inflation und Armut hatten nicht nur Hugo Ruppe aus der Bahn geworfen. Mancher kluge Kopf kehrte nie wieder zurück. Viele sächsische Autofirmen überlebten die Umstrukturierung auf Kriegsbedarf nicht oder erholten sich nach dem Krieg nur schwer von den Restriktionen. Andererseits beeinflusste der Krieg vor allem den Motorenbau und weckte bei vielen Männern, die an der Front Fahrzeuge lenkten oder warteten, das Interesse an Autos.

Hugo Ruppe tauchte 1918 in Zschopau auf und konstruierte bei Rasmussen einen Zweitakt-Explosionsmotor, der eigentlich als Spielzeugmotor gedacht war und den er deshalb als „Des Knaben Wunsch" nannte. Drei Jahre später wurde aus den Buchstaben DKW „Das kleine Wunder" formuliert und die Erfindung als Hilfsmotor für Fahrräder in Serie produziert. Doch da hatte Hugo Ruppe Zschopau bereits verlassen. Er wirkte später in Berlin ebenfalls als Konstrukteur, baute sich in Schlesien noch einmal eine Existenz auf und verlor schließlich alles im Zweiten Weltkrieg.

Während sich Deutschland in einem sinnlosen Krieg aufgerieben und seine Wirtschaft missbraucht oder zerstört hatte, waren in den USA neue Fahrzeuge und vor allem moderne Fertigungsmethoden entwickelt und vervollkommnet worden. Die mehr oder weniger handwerkliche deutsche Autoproduktion konnte nur schwer an Vorkriegserfolge anknüpfen und schon gar nicht mit der rentablen amerikanischen Massenproduktion mithalten. In Sachsen konnten sich selbst die größeren Firmen nur durch Fusion auf dem Automarkt behaupten.

Dass Hugo Ruppes Motor erst Jahre später produziert werden konnte, ist symptomatisch für die damalige Situation in Deutschland. Die hoffnungsvolle Blüte des sächsischen Automobilbaus zu Beginn des zweiten Jahrzehntes war im Krieg verwelkt.
Werner Beckmann

Holzer. *Für eine offene Karosserie wurden zu Jahrhundertbeginn in Europa verbraucht: 0,4 Kubikmeter Buchenholz, acht Quadratmeter Pappeltafeln, fünf Quadratmeter Futterbretter und 3,5 Quadratmeter Bodenbretter.*

Kühlerfigur. *Zu Jahrhundertbeginn kamen als Kühlerfiguren Schmuckstücke inMode, die dem Autofahrer Glück bringen sollten. Begehrt waren vor allem Adler, die das Gefühl von Kraft, Freiheit und Schnelligkeit vermitteln sollten.*

Rennen auf dem „Werkzeug des Bösen"

Sächsische Rennstrecken

Noch lange, bevor zum Badberg-Viereck-Rennen, dem späteren Sachsenringrennen, die Motoren knatterten, griff in der näheren und weiteren Umgebung der späteren Rennstadt Hohenstein-Ernstthal die Motorisierung Bahn. Das erste Automobil in Sachsen fuhr der Fabrikant Viehweg aus Lichtenstein-Callenberg, das zweite lenkte Oberlehrer von Einsiedel in Glauchau, die dritte „Benzine" erwarb Dr. Levy, ein Arzt aus Chemnitz. Später hat sich ein Limbacher zum Autokauf entschlossen. Von Einsiedel erwarb seine „Benzine" mit der Nummer 142 im Jahre 1894 direkt von der Firma Benz in Mannheim für stolze 4100 Mark. Vier PS trug sie unter der Motorhaube und hatte zwei Gänge. Auf seinen ersten Fahrten erreichte von Einsiedel eine durchschnittliche Geschwindigkeit von 14,77 Stundenkilometer. Für eine Stunde Fahrt benötigte der Wagen ca. „zwei Kilo" Benzin, wofür er 50 Pfennig bezahlte. Das Gefährt sorgte in der Gegend für einige Aufregung und erweckte natürlich schnell Interesse an Motorgefährten überhaupt. Reichlich zwei Jahrzehnte später kurvten schon tausende Automobile und Motorräder auf Sachsens Straßen herum. Diese Entwicklung begleitend, entstand wie auch anderen Orts in den Industriestaaten Europas der Drang nach sportlichen Wettbewerben, um die schnellste Maschine und den besten Fahrer zu ermitteln.

In Sachsen bewegte sich das Rennsportkarussell erst seit 1910. Unter anderen bemühte sich der Dresdener Motorrad-Club 1914 e.V. seit seinem Gründungsjahr beharrlich, geeignete Strecken zu finden und eine „Kraftrad-Renn-

sportbewegung" ins Leben zu rufen. 1924 war es dann soweit. Im Tharandter Wald nahmen die Anfänge der Motorradwettbewerbe ihren Lauf. Der etwa zwölf Kilometer lange Kurs zwischen Grillenburg, Naundorf und Klingenberg trug den stolzen Namen Sachsenring. Später gab es hier auch Automobilrennen. Einst klangvolle Namen sind mit diesem „Grillenburger Sachsenring" verbunden wie Ewald Kluge, Paul Rüttchen, Kurt Mansfeld, Bernd Rosemeyer, Walfried Winkler, Ernst Henne, der spätere Weltrekordfahrer, der hier 1928 mit 110 Stundenkilometer einen Rundenrekord aufstellte. Doch 1933 ging die Ära dieser Rennstrecke zu Ende, der Name Sachsenring wechselte 1937 auf die Rennstrecke nach Hohenstein-Ernstthal. In den zwanziger Jahren regte sich vielerorts das Rennsportfieber.

In jenen Jahren dröhnten in Sachsen verschiedenen Orts Rennmotoren wie in Oberwiesenthal, in Annaberg am Pöhlberg, in Hartenstein, bei Rochlitz, in Lückendorf bei Zittau und schließlich in Marienberg. Die meisten dieser Rennstrecken haben nur wenige Jahre überlebt, in einigen Orten flammte oft Jahrzehnte später das Rennfieber wieder auf, so in Annaberg-Buchholz, wo am Pöhlberg seit einigen Jahren Veteranenläufe ausgetragen werden. Die erste Rennperiode am Pöhlberg ging bereits nach dem Rennen im September 1928 mit einem Verbot zu Ende. Als Sieger zog damals Kurt Siegel, mit dem Titel Sächsischer Bergmeister geehrt, mit

Das Marienberger Dreieck Rennen gehört zu den ältesten Motorradrennen Deutschlands. Toni Bauhofer auf der DKW 500 war Mitte der 30er Jahre allerdings schon etwas schneller als seine Vorgänger.

seiner 755-Kubikzentimeter-Wanderer über die Ziellinie. In Oberwiesenthal erinnert man sich an drei Rennen, so an einen Automobilwettbewerb 1926 mit Start am Markt, die Fahrt ums Neue Haus und dann den Fichtelberg hinauf. In jenem Jahr gab es einen schweren Unfall, ein zuschauendes Kind kam dabei ums Leben. Oft besiegelten solche Ereignisse das Schicksal einer Rennstrecke.

Unbedingt nähere Erwähnung verdient das Marienberger Dreieckrennen, wo 1925 die ersten motorsportlichen Wettkämpfe stattfanden. Der Kurs verlief von Marienberg zur Heinzebank und über Gehringswalde, Wolkenstein zurück zum Start und Ziel. 17,3 Kilometer betrug die Länge einer Runde. Solokräder und Seitenwagengespanne gingen an den Start. Das erste Rennen in Marienberg wurde ganz ungewollt zum Initialzünder für den späteren Sachsenring. Angeregt von den Rennaktivitäten in Marienberg trafen sich 20 Motorsportfreunde am 31. Juli 1925 im Café Bauhütte, Ecke Schützenstraße/Logenstraße, in Hohenstein-Ernstthal und gründeten den Motorradfahrer-Club Hohenstein-Ernstthal e.V. Paul Berger wurde zum Vorsitzenden gewählt, er sollte 1927 auch der erste Rennleiter sein. Doch noch lagen jede Menge Stolpersteine für die Durchführung eines Rennens im Weg. Der Milchmann im Hüttengrund fürchtete, durch Straßensperrungen die An- und Auslieferung seiner Milch nicht rechtzeitig besorgen zu können. Auch im Stadtrat von Hohenstein-Ernstthal herrschte zum Thema Rennen kein eitel Sonnenschein. Bürgermeister Dr. Robert Patz stand dann aber doch für den Motorsport ein und genehmigte am 28. Februar 1927 das erste Badberg-Viereck-Rennen.

Bereits 1926 hatte eine Motorsportkommission aus Berlin die künftige Strecke abgenommen und für gut befunden. Motorsportclubs aus der Umgegend so auch aus Marienberg versuchten die Entstehung einer neuen Strecke zu ver-

hindern, sie fürchteten die Konkurrenz, und das mit Recht, wie sich später beweisen sollte.

Am Himmelfahrtstag 1927 gingen rund um Hohenstein-Ernstthal die ersten Motorradfahrer auf die Piste des Badberg-Viereck-Rennens vom Lutherstift in Hohenstein-Ernstthal den Badberg hinauf, hinunter bis zum Mineralbad, zum Heiteren Blick und über den Queckenberg zurück in die Stadt. Über weite Strecken bestand der Kurs aus nicht ausgebauter Landstraße, die wegen des starken Regens zudem noch mit zahlreichen Pfützen übersät war. Dennoch säumten dichte Menschenmassen die 8,5 Kilometer lange Strecke, 130.000 Zuschauer sollen es gewesen sein. Spannende Rennen wurden ihnen geboten, auch die Lokalmatadoren mischten im sportlichen Geschehen mit. Die Hohenstein-Ernstthaler Paul Großer und Walter Wagner – beide auf Schüttoff – gingen hoffnungsvoll ins Rennen. Während Paul Großer wegen eines Kerzenwechsels weit zurückfiel, kam Walter Wagner als Sieger der Juniorenklasse ins Ziel. Als schnellster Mann des Tages erwies sich Max Wetzel aus Zwickau auf seiner 500er-BMW mit 90,18 Stundenkilometern. In den Vorkriegsjahren blieb der Sachsenring ausschließlich eine Domäne der Rennmotorräder, bis auf einige Showrunden von Bernd Rosemeyer, die er zum Rennen 1939 auf dem Ring absolvierte. Erst ab 1949 eroberten Rennwagen unterschiedlichster Kategorien sowie Tourenwagen die Piste für sich. Mit dem Jahr 1927 war die Legende Sachsenring geboren. Über die Jahrzehnte erlebte der Ring viele Höhepunkte wie den Großen Preis von Deutschland, den Großen Preis von Europa, von 1961 bis 1972 jährliche Weltmeisterschaftsläufe, die ganze Weltelite des Motorradrennsports gab sich am Sachsenring ein Stelldichein. Nach dem Aus für den Sachsenring mit dem Rennen 1990 folgte 1996 nach einem fünfjährigen Intermezzo in Tschechien ein Neuanfang auf dem Kurs.

Wolfgang Hallmann

Kennen Sie Horch?

Eine Begegnung

Ein heißer Augusttag, die Sonne brennt. Zwei Fahrräder, ein Kinderwagen und drei Wanderer in vier Stunden. Mehr ist nicht los auf der Straße nach Zwickau. Die beiden Polizisten wischen sich gerade den Schweiß von der Stirn, als in der flimmernden Luft eine Fata Morgana auftaucht. Kein Auto, ein Torpedo, so scheint es, rollt da auf sie zu, bremst ab und bleibt genau vor ihren Füßen stehen. Hinter dem Steuer ein freundlicher Herr mit Brille, Stirnglatze und ziemlich schmächtig.

Verkehrskontrolle. Ihren Führerschein bitte.

Ach was, bin ich zu schnell gefahren. Passiert mir öfters. Hat vierzig Pferde unter der Haube und schafft hundert Kilometer in der Stunde. Na ja, in den Alpen etwas weniger. Hab das Rennen dort aber trotzdem gewonnen. Sie können mir ruhig gratulieren, meine Herren.

Hundert Kilometer ... Hundert?

Ja, ja, meine Herren, da hätte auch Papa Benz nicht schlecht gestaunt. War 27, als er mich zum Chef des Motorwagenbaus in Mannheim machte. Junge, hat er immer wieder gesagt, Tempo zwanzig sind genug. Von wegen. Da hab ich dann eben meine eigene Firma gegründet, 1899 in Köln, in einem Pferdestall, und die Autos so gebaut, wie ich sie wollte: Karosserie und Fahrgestell getrennt, Kardanantrieb, Chrom-Nickel-Stahl für die Getriebezahnräder, zwei Zylinder, fünf bis zehn PS, vier Sitze...

Also, Wohnsitz Köln. Name, Anschrift?

Nein, nein, meine Herren. Bin seit 1902 hier in Sachsen zu Hause, erst in Reichenbach und zwei Jahre später in Zwickau an der Crimmitschauer Straße ...

Hausnummer, Ihr Name und den Führerschein!

Nie einen besessen.

Wie war das?

Ich besitze keinen Führerschein, habe niemals einen besessen und brauche auch keinen. Sie fragen doch auch nicht den Bäcker nach den Papieren, die ihm erlauben, seine eigenen Brötchen zu essen, oder?

Hört, hört!

Horch, Horch!

Also für Ihre Späße....

Was, meine Herren, Sie kennen den Horch nicht? August Horch, geboren am 12. Oktober 1868 in Winningen an der Mosel, Vater Schmied, durch die Welt gebummelt, dann Studium am Technikum in Mittweida, Diplomingenieur, Rohölmotorenbauer in Leipzig und schließlich bei Papa, verzeihen Sie, bei Carl Benz in Mannheim gelandet. Doch das erwähnte ich bereits. Aber wenigstens den Benz kennen Sie wohl, oder? Hat ne hübsche Tochter, und ist auch sonst nicht von Pappe. Aber für meine außergewöhnlichen Autos hatte er keinen Sinn. Da bin ich eben gegangen.

Vorname: August, Nachname: Horch ...

Schreiben Sie ruhig: Audi, wenn Sie den Horch schon nicht kennen. – War schon ein pfiffiger Bursche, der Sohn vom Franz. Büffelte gerade Latein, als wir dabei waren, uns einen neuen Namen für meine Firma zu überlegen. Und da hat der kluge Kerl vorgeschlagen, Horch ins Lateinische zu übersetzten. Einfach genial!

Also wie nun? Vorname: August, Nachname: Audi?

Zugehorcht. *Als Horch nach Differenzen mit seinen Geldgebern aus seinem Werk ausscheiden muss und eine neue Fabrik gründet, darf er ihr nicht seinen Namen geben. Horch kommt bei seinen Überlegungen auf Audi (lat. horch, höre)*

zu nennen. Ungeheuerlich, oder? Ein begehrter Markenname eben! Und Sie kennen den Horch wirklich nicht?

Also, Herr Audi, Herr Horch, wie immer Sie auch heißen, jetzt sind wir langsam am Ende mit unserem Latein ...

Am Ende? Ha! Noch lange nicht. Zwei Zylinder, vier Zylinder... Der Fortschritt, meine Herren, ist nicht aufzuhalten. Hier, in meinem Kopf, habe ich noch ganz andere Pläne. Wenn eines Tages der erste Acht-Zylinder-Wagen Europas gebaut werden wird, dann spätestens wird alle Welt vom Audi sprechen, dann werden auch Sie ihn kennen, den Horch. Also merken Sie sich diese Namen: Horch, Audi, Wanderer, DKW... Da wird sich ein Zylinder-Ring an den anderen fügen, bis es vier Ringe sind, sozusagen eine Auto Union. Gar kein schlechter Name, oder?

Haben Sie etwa Alkohol getrunken?

Ich trinke nicht, ich träume, meine Herren. – Und jetzt entschuldigen Sie mich, ich muss nach Hause, meine Frau wartet da mit einigen kaputten Kochtöpfen, die soll ich reparieren. Wozu hab ich schließlich einen Techniker geheiratet, sagt sie immer. Einen schönen Tag noch, meine Herren! (steigt in sein Auto und fährt davon)

Was war das? – Die Hitze! – Der Horch?

Anmerkung zum Schluss:

Dieser Dialog ist frei erfunden, fast. Er basiert auf der Lebensgeschichte des Automobilbauers August Horch und dem überlieferten Ausspruch: „Was, Sie kennen den Horch nicht?" Diese Frage pflegte er zu stellen, wurde er von Polizisten kontrolliert, die seinen Führerschein verlangten, den er in der Tat nie besaß. Man hatte ihm statt dessen eine Fahrerlaubnis auf Lebenszeit zuerkannt. August Horch verließ 1947 Zwickau, zog ins oberfränkische Münchberg, wo er am 3. Februar 1951 starb.

Ulrich Hammerschmidt

August Horch gehört zu den Pionieren des deutschen Automobilbaus. Bis ins hohe Alter arbeitete er im Aufsichtsrat der Auto Union mit.

Der Schriftzug auf den Nobel-karossen des erfindungsreichen Ingenieurs bürgte für Qualität.

Nein, nein, meine Herren. Ich will's Ihnen erklären: Tja, hatte mich damals gestritten mit den Kaufleuten meines Unternehmens, diesen Erbsenzählern, schauten nur aufs Geld, aber meinen Erfindergeist haben sie nicht geachtet. Ich sage nur: Benz. Da bin ich eben gegangen und hab wieder was Neues angefangen. Aber stellen Sie sich vor: Meine frühere Firma sprach mir 1909 das Recht ab, die neue Firma August Horch

Autos am laufenden Band

Mit der „Blechliese" Start ins neue Zeitalter

Man schreibt das Jahr 1908. In Detroit rollt das erste Fahrzeug aus der Fabrikhalle, das ein neues Zeitalter in der Geschichte des Automobilbaus einleiten sollte. Henry Ford ist glücklich. Nachdem er 1892 in einem Hinterhof in Detroit-City begann, seinen Lebenstraum zu verwirklichen, ein zuverlässiges und zweckmäßiges Fortbewegungsmittel zu entwickeln und auf die Räder zu stellen, sieht er sich seinem Ziel näher.

Ehrgeizig wie der knapp 30-jährige Ingenieur ist, hat er sich manche Nacht um die Ohren geschlagen. Hat alte Lösungen verworfen, Neues konstruiert und immer wieder erprobt. Seinem

Henry Ford revolutionierte den Automobilbau nicht nur in den USA. Fließbandproduktion, Gewinnbeteiligung für die Arbeiter, originelle Werbegags – auch die Deutschen holten sich Anregungen aus Übersee.

Kind, das nunmehr schwarzlackiert und hochrädrig auf dem Hof des Fabrikgeländes steht, hat er den Namen „Ford T" gegeben. Im Volksmund soll es bald „Tin Lizzy" heißen, was etwa salopp übersetzt soviel wie „Blechliese" heißt.

Von diesem Tag an tritt die „Tin Lizzy" einen Siegeszug an, der in der Automobilgeschichte seinesgleichen sucht. Von dem legendären Automobil werden bis zum Jahre 1927 sage und schreibe über 15 Millionen Exemplare hergestellt. Es gibt die „Blechliese" in den verschiedensten Variationen, so als Limousine, zweisitzigen Sportwagen, später kommt noch ein Kleinlastwagen hinzu. Besteht die Karosserie zunächst vollständig aus Holz, wird das Holzgerippe bald mit Aluminium- und später mit Blechplatten verkleidet.

Unermüdlich denkt Henry Ford, der Vater des amerikanischen Automobilbaus, darüber nach, wie er das Automobil, das zu dieser Zeit noch in den Kinderschuhen steckt, schneller und zugleich billiger herstellen kann. Kein luxuriöses Fahrzeug für einige wenige Gutbetuchte, sondern ein Automobil für die große breite Masse soll es sein, das er produzieren will.

Henry Ford, als Sohn eines Farmers am 30. Juli 1863 in Dearborn im US-Staat Michigan geboren, weiß zugleich, dass auch die Bauern des Landes sehr an einem „motorisierten Lastenesel" interessiert sind. Soll es in der Landwirtschaft Amerikas trotz weiter Flächen und holpriger Straßen vorangehen, wird ein robustes Gefährt gebraucht, das einfach in der Wartung und Reparatur ist und das notfalls auch der Dorfschmied wieder zum Laufen bringen kann.

Das Konzept, auf das Ford setzt, geht auf. Mit seinem 20 PS leistungsstarken Vier-Zylinder-Motor scheint die „Tin Lizzy" voll den Erwartungen zu entsprechen. Die Nachfrage steigt sprunghaft. Das Geschäft boomt. Die „Ford Motor Company", die der Autopionier 1903 mit zwölf weiteren Gesellschaftern gründet, kann schon bald die Käuferwünsche nicht mehr erfüllen. Ford baut daraufhin in Detroit ein neues Autowerk und entschließt sich zugleich zu völlig neuen Methoden der Fertigung.

Im Jahre 1913 schlägt die Geburtsstunde des ersten Fließbandes. Allen Unkenrufen zum Trotz hält Ford an seiner kühnen Idee fest. Er stattet seine neue Fabrik mit einem „laufenden Band" aus und kann die Produktion binnen Jahresfrist auf 152 Prozent steigern. Damit rollen exakt 308.162 Fahrzeuge vom Band. Das sind täglich 650 Autos. Exakt festgelegte Arbeitstakte ermöglichen es den Arbeitern, am „laufenden Band" das Doppelte wie vorher zu leisten. In der letzten Stufe werden sogar schon über eine Rampe die Karosserien herunter gelassen und auf die bereitstehenden Fahrgestelle gesetzt. Die Endmontage verkürzt sich damit erheblich. Weitere Einzelteile werden schließlich standardisiert und die Lackierung der Fahrzeuge rationalisiert. Der Erfolg all dieser Maßnahmen, die den Automobilbau revolutionieren, sind sinkende Kosten und fallende Preise.

Henry Fords Vision von einem Auto, das sich „jeder leisten kann, der ein anständiges Gehalt hat", wird damit Realität. Der Firmenchef selbst geht mit gutem Beispiel voran. Er zahlt an seine Mitarbeiter hohe Löhne und beteiligt sie an den Gewinnen der Firma. So setzt er zum Beispiel den Mindestlohn pro Tag auf fünf Dollar fest. Eine für damalige Verhältnisse ansehnliche Summe. 1925 zahlt Ford mehr als eine Milliarde Mark an seine Arbeiter aus. Henry Fords Lebensphilosophie ist gekennzeichnet von zwei Dingen: Einerseits setzt er den Preis seiner Fahrzeuge bei verbilligter Herstellung und damit zunehmenden Absatz ständig herab, andererseits zahlt er seinen Arbeitern denkbar hohe Löhne, die über das Lohnniveau Amerikas hinausgehen und schafft damit zusätzliche Kaufkraft.

„Früher", so meint Henry Ford, „war der Traum eines jeden jungen Menschen ein Fahrrad, heute ist es das Auto." Das Leben bestätigt seine Maxime. Bereits im Jahre 1910 hatte die Ford Motor Company über 30.000 Autos produziert, damit die Gesamtzahl aller in den USA hergestellten Automobile übertroffen. 13 Jahre später sind es sogar über 1,8 Millionen seiner legendären T-Modelle, die das Werk verlassen.

Schon frühzeitig erkennt der rührige Geschäftsmann, dass Klingeln zum Handwerk gehört und Werbung die Grundlage für den Erfolg seiner Verkaufsstrategie ist. Ständig bemüht er sich daher auch, durch spektakuläre Aktionen die Zuverlässigkeit seiner Autos unter Beweis zu stellen. Als zum Beispiel im Juni des Jahres 1909 sechs Wagen von New York aus aufbrechen, um im 4000 Kilometer entfernt liegenden Seattle an der berühmten Alaska-Yukon-Pacific-Ausstellung teilzunehmen, ist auch seine „Tin Lizzy" dabei. Mit dem Testpiloten C. J. Smith am Steuer bewältigt das Gefährt die Mammutstrecke in 22 Tagen. Im Schnitt sind das täglich über

---

Weltbestleistung. *Die Tagesproduktion von 9109 Wagen am 31. 10. 1929 war eine von Ford gehaltene Weltbestleistung bis 1963.*

---

200 Meilen – und das auf holprigen noch nicht ausgebauten Straßen.

Ford vom Erfolg verwöhnt, erkennt zu spät, dass es für den technischen Fortschritt keinen Stillstand gibt. Er versäumt es, seiner „Tin Lizzy" rechtzeitig neues Leben einzuhauchen. Als er 1927 die alte Lady endlich vom Band nimmt, ist es schon zu spät. Ein Nachfolgemodell lässt ein halbes Jahr auf sich warten. General Motors, sein ärgster Konkurrent, nutzt die Gunst der Stunde.

Am 7. April 1947 stirbt im Alter von 84 Jahre der Mann, der Amerika „auf die Räder brachte".

Günter Meier

Chronik 1911–1920

3. 1. 1911 Fritz Huschke von Hanstein, deutscher Autorennfahrer, geboren

12. 8. 1911 Prinz Heinrich von Preußen eröffnet die erste Automobilausstellung in Berlin. Star: ein 250-PS-Rennwagen von Benz (238 Stundenkilometer)

19. 8. 1911 Ein Feuer legt die Opel-Werke in Rüsselsheim in Schutt und Asche

18. 2. 1912 Ein Automobilrennen (Göteborg – Stockholm) über 1000 Kilometer gewinnt J. Neven auf einem neuen Opel-Sport

23. 6. 1912 In einer einwöchigen Alpenrundfahrt für Automobile erreichen 72 von 84 Wagen – 25 ohne Strafpunkte – das Ziel. Der Sieger wurde ausgelost

25. 4. 1913 Die neue Kraftfahrzeugverkehrsordnung schreibt wegen zunehmender Straßenschäden Gummibereifung vor

15. 8. 1913 Die deutsche Oberland-Automobilfabrik bietet einen Kraftwagen für 5600 Mark an

16. 8. 1913 Ford führt in Detroit das Fließband ein. Produktivitätssteigerung um 400 Prozent

29. 9. 1913 Auf rätselhafte Weise kommt Rudolf Diesel 55-jährig ums Leben

1914 Das gesamte deutsche Eisenbahnwerk wird in den Kriegsbetrieb überführt

5. 7. 1914 Mercedes landet beim Großen Preis von Frankreich auf der Rennstrecke in Lyon einen großen Sieg. Mit einer durchschnittlichen Geschwindigkeit von 105,6 Stundenkilometern über 752,6 Kilometer werden die ersten drei Plätze belegt

25. 2. 1915 Der Bundesrat verordnet eine Einschränkung des Fahrverkehrs für Privatfahrzeuge. Fahrten im öffentlichen Interesse müssen behördlich genehmigt werden

7. 3. 1915 Ein Schwimm-Auto wird in Wien vorgestellt: 75 Stundenkilometer zu Lande, 20 zu Wasser

14. 3. 1916 In Deutschland hat in vielen Teilen der Benzinpreis die Zwei-Mark-Grenze überschritten

20. 6. 1916 In München entstehen die Bayerischen Motorenwerke GmbH (BMW) aus der Vereinigung der Rapp-Motorenwerke und der Flugmaschinenfabrik Gustav Otto

Horch, was fährt
denn da vorbei...

Es wandert sich
gut mit Wanderers
Puppchen
von 1912.

So schön kann
ein Dreirad sein,
das Phänomobil.
In verschiedenen
Ausführungen mit
einem 4-Zylinder-
Reihenmotor aus-
gerüstet hatte es
1905 Premiere.

So schön kann
ein Auto sein:
Audi Phaeton 14
(um 1912).

Ein Traum in Rot:
Horch Phaeton 303,
Baujahr 1927.

So fuhren
die Herren:
Horch 375,
Baujahr 1929.

Sportlich offen:
Doppel-Sport-
Phaeton von Elite
Brand-Erbisdorf
(ca 1926).

A wie Anfang
oder Audi:
Audi 8 Zylinder
grün 1930.

Hinter Glas:
Horch 12 Zylinder 670,
Sportcabriolet 1932.

Herz des Autos:
Hoch-Motor mit
Fallstromvergaser
1938.

DKW, das große
Wunder:
Limousine
Schwebeklasse
1936.

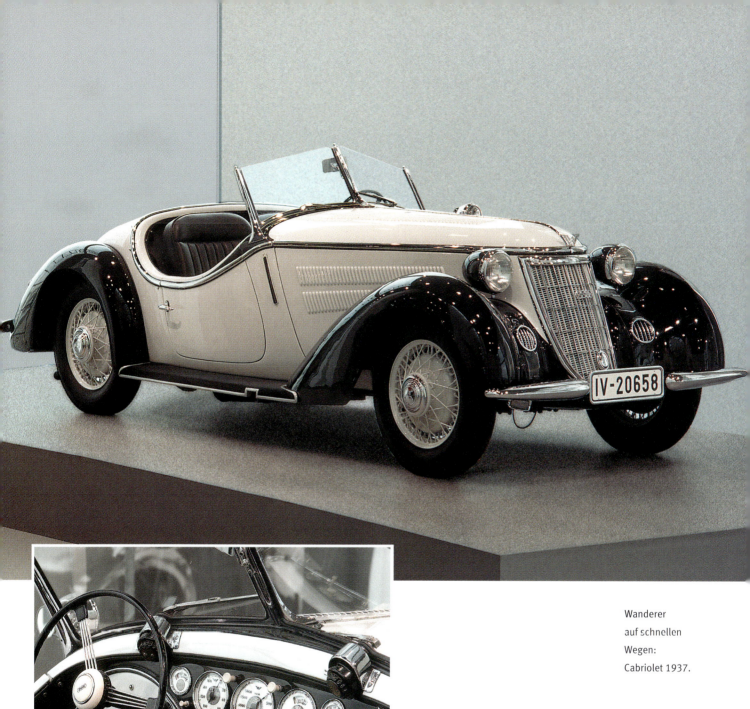

Wanderer
auf schnellen
Wegen:
Cabriolet 1937.

Schnelligkeit und
Schönheit:
Horch 855 Spezial
Roadster.

Faszination
in Chrom.

Immer ist das Auto im Spiel

Spielzeug auf vier Rädern

Das Auto, es ist über das Jahrhundert hinweg nicht nur höchst praktisches Transportmittel, sondern auch schönstes, begehrtes Spielzeug gewesen.

Und es ist geblieben, was es war. Es hatte sich kaum auf den Straßen ins Bild gesetzt, und schon hatten Spielzeugmacher in Seiffen und Nürnberg das Automobil in ihre Kollektionen einbezogen. 1907 bereits belieferte der Seiffener Emil Leichsenring mit seinen Automobilen den Spielzeugmarkt. Zumal soeben das Miniaturspielzeug in Mode gekommen war, das kleinformatige Auto eroberte sich rasch seinen Platz, hier in Seiffen war es aus Holz. In Nürnberg kamen die Modelle aus Eisenblech, Zinn und Blei ins Geschäft. Kaum hatte sich einer der wohlhabenden Verleger mit der neuen fahrenden Errungenschaft auf den Weg gemacht, hinauf ins Erzgebirge, zu den Seiffener Spielzeugmachern, war das Auto unter der Hand in ihre Volksszenen aufgenommen. Freilich in der Gestalt wunderlicher Ungetüme am Anfang noch, Auguste Müller gibt einem ihrer Spielzeugautos sogar einen Text mit, einen Zettel, der unter das Bodenbrett geklebt ist. Die Altmeisterin der Seiffe-

Im Werdauer Museum lassen Spielzeugautos die Herzen der Kinder höher schlagen.

56

ner Männelschnitzerei ironisiert: „Im Auto fahren ist keine Kunst,/sie ist voller Kraft und Tunst./So saust die Kraft, man hat es kaum gedacht/ im Nu, da ist der Baum gleich zerkracht!"

Erste Erfahrungen mit dem Auto waren auch gleich die seiner Gefahren. Dass die Befürchtung Auguste Müllers eher dem Baum galt als dem Chauffeur, liegt nahe, Holz war und ist der Seiffener Arbeitsstoff.

Breit und behäbig saßen die feinen Herren auf der Rücksitzbank, stolz und unnahbar, im besten Aufputz fuhr man Auto, mit steifem Hut und Gamaschen, weit geworfenem Mantel. Die Männelmacher hatten auch gleich die sehnsüchtig am Straßenrand winkenden Fußgänger parat. Und alle sahen gleich, was das Auto ist: Symbol, das andere Ich, das Schild. Des besitzenden Wagenfahrers ein und alles. Denn selbst dann, wenn die feine Dame mitfahren durfte, auf dem Sitz daneben oder besser noch – dahinter – sie war Zubehör, Auto-Schmuck. Das gab es tatsächlich. Die ersten Spielzeugautos im Nürnberger Museum sind ziemlich schmucklos, die Insassen umso prunkender.

Hat sich was daran geändert? Auch wenn Frauen heutzutage tüchtig fahren, schalten, walten und lenken, nicht übel auch Gas geben und nicht minder gefährlich im Graben landen und in Klinikbetten, gar schlimmer noch kann es kommen, wenn nicht selten auf den Grabkreuzen am Straßenrand die Namen erkennbar sind – die schöne Frau bleibt dennoch im Auto des Mannes schönes, spielerisch schmückendes Zubehör. Oft sogar mit dem Führerschein in der Tasche, der nicht selten vom Erwerb an völlig unbenutzt bleibt. Meine Bekannte, eine meiner bekanntesten, hat sich seit

der erfolgreich bestandenen Fahrprüfung nie wieder hinters Lenkrad gesetzt. Eine andere aus dem Bekanntenkreis ist nur noch ein einziges Mal gefahren. Am Tag der bestandenen Fahrprüfung zügig hinein in die Garage. Aber leider bei geschlossenem Tor. Und: es war nicht einmal die eigene, das falsche Tor war ungeöffnet, was sie in ihrer Rage völlig übersah.

Redet man über solche Folgen missratener Auto-Spielerei, wenn Männer sie ausgelöst hatten?

Der große Junge spielt mit dem Auto auch im Zeitalter der Emanzipation nach wie vor lieber selbst, vielleicht sind Männer geübter, weil sie ihren Fuhrpark von klein an beherrschen lernten. Aber man schenkt heutzutage ja auch den Mädchen ihre Autos zum Spielen. Großen Mädchen und kleinen Mädchen. Große Autos und kleine Autos. Das Auto ist Legende, spielerische, gespielte, erträumte. Damals, zu Auguste Müllers Zeiten, war das Auto aus Holz, bald wurde es aus Blech gemacht, rasch auch kam Mechanisierung ins Spiel, die Uhrfeder trieb – höchst umweltfreundlich – die Traumwagen der Kindheit

Preisgekrönte Horch-Automobile hatten auf Werbeplakaten ihren festen Platz.

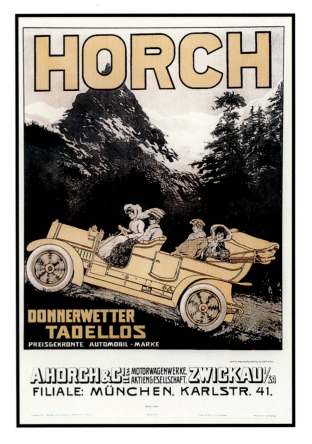

an. Heute weiß man nicht, ob das Spielzeugauto technisch sogar schon Vorsprung hat vor dem richtigen – die elektronischen Antriebe, die raffinierten kunstvollen Effekte seiner kommunikativen Äußerung: bald wird das Auto ja sprechen mit dem Kind. Und wie man's kennt – wenigstens wird dann das Spielzeug sprechen mit dem Kind...

In Nürnberg, im Spielzeugmuseum, sind all die Spiel-Herrlichkeiten der Fahrzeugwelt aufbewahrt und zur Schau gestellt, die jetzt nun wenigstens in dritter Generation, manchmal schon in vierter, dem Drang zum Auto-Fahren und zum Auto-Besitz Genüge tun. Hatten die Kinder früher ein schönes Holzauto, war es schon der Himmel auf Erden: Welch herrliche Gefährte aber auch, die frei montierbaren Lastwagen aus der Produktionsgenossenschaft „Friedrich Fröbel". Das Variable, das Umrüstbare vom Langholztransporter bis zum Baukran – das war die hohe Schule des hölzernen Autos. Man war sein eigener Fuhrparkchef.

Langweilig dagegen die Aufzieh-Autos. Attraktiv zwar, aber sie rasten entweder im Kreis herum oder krachten gegen Tisch und Schrank. Wie aufgezogen eben. Und wie es so ist mit der Spielzeugtechnik: Irgendwann, meist ist irgendwann sogar sehr bald, will das Kind sehen, wie das so funktioniert. Wir hatten mit einem scharfen Rennwagen einst ein größeres Problem. Auseinander genommen und aufgezogen, raste das sägeblattähnlich gezähnte Räderwerk auf sein offensichtliches Lieblingsziel los, die zarten Kinderfinger, die es aufzieherisch mit dieser verletzenden Energie geladen und mit entdeckerischer Neugier alle schützenden Hüllen der Karosserie entfernt hatten. Unfall-Blut auch beim Spiel schon, wenn das nicht gut und echt gespielt war!

Wir haben immer die Gefahren des Autos kennen lernen können. Und auch bei den alten Seifenern tauchte bald das Ambulanzauto im Angebot auf, es war wohl gelegentlich den reichen Automobilisten zwangsläufig auch im richtigen Leben in entlegene Gegenden nachgefolgt. Dass Feuerwehrautos hurtig die Spitzenplätze der Spiellust eroberten, verstand sich schon vor 70, 80 Jahren. Die Prachtstücke aus Holz oder aus Blech, die man in den Museen bestaunen kann, sind Wunderwerke der Gestaltung und der Funktion. Denn nicht wenige sind so ausgerüstet, dass das liebe Kind die Wohnung tüchtig einfeuchten konnte, man sieht herrliche Exemplare, die richtig ihr Hornsignal von sich gaben und mit dem nötigen Fingerdruck auch richtig spritzten.

Wenn auch eine Nummer zu klein, zum Spielen noch immer geeignet.

Heute ist in jedem Kinderfuhrpark der ganze Horror des Straßenverkehrs versammelt. Wir brauchen schon nicht mehr nach Wünschen zu fragen bei unserem kleinen Verkehrsexperten. Der Blick in den Play-Mobil-Park genügt. Die normale Ambulanz ist schon kalter Kaffee, denn der selbstverständliche sehnsüchtige Wunsch zum Geburtstag ist der vollelektronische Rettungswagen mit Notfall-OP an Bord, Rettungshubschrauber im Paket gleich lieferbar, und die Polizei am Ort machts ja auch nicht unter zwei Fahrzeugen. Man kann drauf warten, dass die Blitzer mit richtig funktionierender Kamera bald auch im Kinderzimmer auf einen lauern... Ein schönes Punktekonto dann in der Datenkartei des Enkelkindes, es geht unaufhörlich vorwärts: Spiel ist Leben. Leben ist Spiel. Und jene gedruckten Würfelspiele, wo man im Formel-I-Ring schon mit den Hunderttausendern und Millionen flott und professionell umgehen kann, am simulierten Cockpit wie am Wett-Schalter, sie zeigen den Weg ins Leben, mühelos.

Das Auto also, es ist längst nicht mehr das, was es einmal war und auch sein sollte: Mobil nämlich im Wortsinn, bequeme, komfortable, frei wählbare Fortbewegung. Man stopft nunmehr die Straßen voll und staut sich auf. Und man stopft die Spielzimmer voll, der Spielstau ist nicht zu übersehen. Wie sich die Sehnsüchte mach dem „richtigen" Auto aufladen in den Kinderjahren, und wie sie sich Luft machen bei den ersten wirklichen Selbstfahrten auf den Straßen, ist mit Spiel und Spielbetrieb mehr oder weniger entstanden. Erfahrungsreich und selbstsicher gehen die Automobilisten auf den Verkehr los, denn alles ist schon ausgespielt. Selbst der Kampf Mann gegen Mann mit dem Auto ist schon durchtrainiert, die perfektionierten mechanischen Rennbahnen, die seit Jahrzehnten im Angebot sind, vermitteln nicht nur spielerisches Geschick, sondern auch das nötige Gefühl von Durchsetzungsvermögen. Im Spiel, so sagt man, eignet sich das Kind die Welt an. Im Spiel mit dem Auto indes betrifft es nicht mehr nur das Kind.

Plasticart Elterlein hatte für Kinder bis zu vier Jahren einen Trabi angeboten, auf dem sie fahren konnten.

Die Firma Purwood in Lichtentanne bei Zwickau bietet robustes Holzspielzeug an, das auch als Werbegeschenk angeboten werden kann.

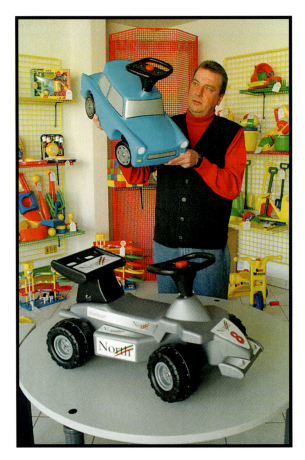

Als die alten Spielzeugmacher in Seiffen und in Nürnberg und auch in anderen Orten ihre Autos, ob groß oder klein, entwarfen, gehörten noch Fantasie und gestalterisches Geschick dazu. Die vereinfachende Reduzierung entfernte sich von Perfektion. Die Entwicklung des Spielzeugs ist den Weg der modellgerechten Nachformung gegangen, und darin bildet sich der Drang nach Besitz des Originals aus.

In den amerikanischen Modellen ist das schon früh ausgeprägt, bis zum Chrom und zu den Lampen, Arbeitsmodelle und Spielmodelle unterschieden sich in den fünfziger Jahren kaum. Mit Lego dann und Matchbox kamen auch die Miniaturen, der „echte" Benz und der wahre Fiat, Renault, Porsche, VW, der große MAN und Volvo, vom britischen Stadtbus bis zum schweren Radlader samt Kränen und Walzen und Spezialtransportern hinzu. Die Sammlungen waren nicht immer mehr dem Kind überlassen, das Staunen am Modellfahrzeug war und bleibt stets erhalten und – immer auch jung. Man sehe in Arbeitszimmern die Vitrinen und dort auch gelegentlich in Chefetagen die kostbaren Modelle von Nobelkarossen. Das Auge spielt immer mit dem Schönen, Reizvollen, und ob es nur das Auge ist, fragt sich sogar.

Zumal sich das Modellspielzeug rasch zu ganzen Systemen entwickelte. Als Märklin die mechanischen Eisenbahnen auf den Markt brachte, waren die zugehörigen Autos für die Anlage auch bald da, das verbreitete sich rasch bei allen Anbietern und zwar in allen Maßstäben der Modelle. Kaum lässt sich das in heutigen Zeiten überblicken und kaum auch noch privat bewältigen. Die großen Gemeinschaftsanlagen der Modellbauer führen viele Interessen zusammen, Bahn, Auto, Gebäude- und Landschaftsnachbildung, Flugmodelle. Von Spiel kann zwar nur bedingt die Rede sein, das komplexe Empfinden für das Funktionieren von Infrastrukturen lässt sich jedenfalls bestens schulen. Wer Modellbahnanlagen selbst entworfen und gebaut hat, weiß, welchen Spaß der Vorgang an sich macht, beim Planen und Entwerfen, beim Bauen. Wenn alles fertig ist, lässt oft das Interesse nach. Aber wann schon ist eine solche Anlage fertig? Immer aber macht das Zubehör, mit dem Auto vor allem, die Sache perfekt.

Autospielen – auch das war und ist ja geblieben: so tun, als steuere man den eleganten Wagen oder gar den Bus, den Mobilkran oder das

Gestalter Frieder Kehr holt sich für seine Spielzeuge viele Ideen in Zwickauer Kindergärten.

Einsatzfahrzeug, es reicht die Fantasie. Eine kleine Bank, an der Schuppenwand oder irgendwo, ein altes Rad vom Hand- oder Kinderwagen, sowas fand sich immer auf dem Müllplatz, und dann drauflosgesprudelt, bis vom imitierten Motorengeräusch die Lippen schmerzten am Abend. Und wie viele Stunden saß man unter Mutters Nähmaschine mit dem ausladenden Schwungrad in den Händen und der schönen Illusion des Autofahrens im kindlichen Gemüt? Heute haben wir für die Kinder genauere, perfekte Imitationen – bis zum Videospiel auf dem Autodrom.

Die spielerische Improvisation geht mehr und mehr verloren, damit auch der Bedarf an Fantasie. Das Spielen wird authentischer bis zu den kleinen Motorfahrzeugen für Kinder: Ganz echt nun schon das kleine Mini-Krad oder -Auto mit dem perfekten Benziner unter der Haube. Schon keine Seltenheiten mehr. Alles wird vom Spiel erobert und im Spiel, und das Spielzeugangebot erobert sich das ganze Leben, möglichst in aller Komplexität.

Im Nürnberger Spielzeugmuseum saßen jüngst die Elf- bis Zwölfjährigen mit glänzenden Augen vor dem großen Diorama des Aufmarschs der deutschen Wehrmacht zu Beginn des Zweiten Weltkrieges: Alles, aber auch alles war Spielzeug geworden in jener Zeit, meist perfekt schon mechanisch, mustergültig im Modell. Auch in Seiffen kamen zu den Spielminiaturen beizeiten die Militärfahrzeuge, kaum, dass der Erste Weltkrieg ausgebrochen war. Der von Raketen angetriebene Sanitäts-Opel aus Seiffen rettete die Verwundeten, wenigstens illusorisch. Das Angebot für das Spiel ist immer das Angebot für Verhalten. Die Verlockung der rollenden Militärtechnik war gewiss stärker als die des Zinnsoldaten, obwohl vom gleichen Charakter. Und auf den kam es an, auf den kommt es ja an. So war das Automobil im Spiel immer auch das, was es im Leben mal werden sollte.

Und was es nicht werden sollte, das lässt sich leicht auch ablesen aus Spielzeug-Nichtangeboten. In der DDR gab es gut gestaltetes Spielzeug, Fahrzeuge eingeschlossen, nicht zuletzt auch durch Fortsetzung von Traditionen in Seiffen und im Thüringer Raum. Aber kaum einmal war der PKW ein Spielgegenstand, wenn man nach dem Angebot urteilt. Das Kind hatte seine spielerischen Sinne auf den Traktor, das Baufahrzeug, den Kran, den Omnibus zu richten. Der Trabi kam ernsthaft als Spielzeugmodell erst nach der Wende ins Angebot. Da aber schon als Sammler-Nostalgie. Kaum ein Kind spielt damit, klar, das war ja auch für Liebhaber gedacht. Für Vitrinen, Regale, Erinnerungen an unselige Bestellzeiten und als Symbol von Auto-Abneigungen.

Wenigstens für die Modelleisenbahn gab es auch entsprechende Fahrzeugmodelle, die die Realität repräsentierten. Aber es gab auch sie nicht immer auf dem Ladentisch. Das Kind schon musste sich daran gewöhnen, dass man nicht alles haben kann. Oder wenigstens warten musste. Das Verständnis für die Eltern mit ihrer langfristigen Trabi-Bestellung war um so leichter.

Alles dreht sich um das Auto.

Alles? Nicht alles. Es gibt nach wie vor Puppen und es gibt Gameboy. Computer ist Kinderspiel geworden. Immer aber ist das Auto im Spiel. Reinhold Lindner

Erbschaft von
1939:
Audi 920 Cabrio.

Der F 9,
entwickelt
1938/40,
gebaut 1948 ...

... der F 8
auf der grünen
Wiese.

1958

Von kurzer
Lebenszeit:
Sachsenring
P 240,
gebaut 1958.

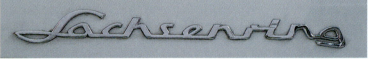

Lasten- und
Personenträger
für alle Gelegen-
heiten:
Barkas B 1000.

Er rollt und rollt
und rollt: der erste
Trabant 500.

Ein getreues
Lastentier: H3A.

Der Phänomen
Granit galt als
zuverlässiger
Transporter mit
vielseitiger
Einsetzbarkeit.

Auch heute noch
unterwegs: Framo.

Volkswagen
der DDR:
Trabant 601.

WARTBURG - MELKUS - RS 1000

RS 1000
MELKUS

Heinz Melkus gab
dem Wartburg
einen sportlichen
Anzug.

Prototyp eines
Rennwagens,
freilich nie gebaut.

Das hätte der VW
der DDR wirklich
sein können,
Modell eines
Kleinwagens von
Dietel/Rudolph.

Sächsische
Autos aus Mosel:
Der Golf.

Auch der Passat
erblickt an der
Mulde das Licht
der Welt.

1921–
1930

1921–1930 Die Folgen des Kriegs wogen schwer, der Vertrag von Versailles hatte Deutschland eine große Bürde auferlegt. Gebietsabtretungen und Reparationsleistungen schwächten die angeschlagene Wirtschaft, es kam zu Streiks und politischen Unruhen, die Inflation galoppierte – fast stündlich verlor die Mark an Wert. 1923 beendete eine Währungsreform die Talfahrt, doch die Autoindustrie konnte nicht aufatmen. Ausländische Fahrzeuge machten der heimischen Industrie nun das Leben schwer. Im Ausland behinderten dagegen Importverbote und -zölle den Absatz. Lichtblicke waren die jährlichen Autoausstellungen in Berlin. Neuerungen wie die Vierradbremse, die Linkssteuerung und der Niederdruckreifen setzten sich langsam durch, an Lastwagen wurde der Rohöl- und Petroleumbetrieb ausprobiert, Audi führte für seine Wagen als besonderes Qualitätsmerkmal die „1" auf dem Kühler ein. Und dann waren sie da, die „goldenen Zwanziger". Hunderte von Kleinunternehmern in Deutschland wollten profitieren, vom großen Bedarf am motorisierten Transport.

Allein Sachsen verzeichnete in jenen Jahren mindestens 68 Fahrzeughersteller. Die Gesellschaft richtete sich allmählich auf das Auto ein. Der Freistaat Sachsen unterhielt eine Kraftverkehrsgesellschaft mit 1500 Beschäftigten. Omnibusse beförderten die Menschen in den Großstädten Dresden, Chemnitz, Leipzig, Plauen und in dichtbesiedelten Gebieten des Chemnitzer und Crimmitschauer Industriegebietes und im Zwickauer Bezirk. Auch mittelgroße Städte wie Riesa, Freital, Zittau, Bautzen und Pirna beteiligten sich am innerstädtischen Busverkehr. Vielerorts verkehrten Kraftdroschken und Mietwagen. Die Kommunalbetriebe entdeckten Lastautos als wichtige Helfer bei der Straßenreinigung, in der Fäkalien- und Müllabfuhr oder als Feuerwehrauto. Auch als Post-, Wohn-, Verkaufs- oder Werbefahrzeug fuhren Lastwagen übers Land. Das Institut für Kraftfahrwesen an der Technischen Hochschule Dresden widmete sich dem Auto und seinem Umfeld, Teile wurden genormt und typisiert, die ungünstige Steuerformel entfiel, Tankstellen entstanden, und in der Nähe von Hohenstein-Ernstthal fanden auf dem sogenannten Badberg-Viereck, dem späteren Sachsenring, erste Rennveranstaltungen statt. Doch der Glanz war von kurzer Dauer. Die Weltwirtschaftskrise warf ihre Schatten voraus, Firmen brachen zusammen. Wer aber produzierte, brachte so schöne Autos und Motorräder heraus wie noch nie.

Seite 75:
Diese DKW SB 500 nahm im bisher erfolgreichsten Zschopauer Jahrzehnt auf dem Reißbrette Gestalt an und hatte Jahre später seine Premiere.

ADRIA (Kamenz) ALGE (Leipzig) ARI (Plauen) ATLAS (Leipzig) AUDI (Zwickau) AVOLA (Leipzig) BAMO (Bautzen) BARKAS (Hainichen/Chemnitz) BECKER (Dresden) CHEMNITZER MOTORWAGENFABRIK (Chemnitz) DIAG (Leipzig) DIAMANT (Chemnitz) DKW (Zschopau) DUX (Leipzig) EBER (Zittau) EISENHAMMER (Thalheim) ELFE (Leipzig) ELITE (Brand-Erbisdorf) ELSTER (Mylau) ESWECO (Chemnitz) FRAMO (Frankenberg/Hainichen) GERMANIA (Dresden) HARLÉ (PLauen) HASCHÜTT (Dresden) HATAZ (Zwickau) HEROS (Nieder-oderwitz) HIECKEL (Leipzig) HILLE (Dresden) HMW (Hainsberg) HORCH (Reichenbach/Zwickau) HUY (Dresden) IDEAL (Dresden) JCZ (Zittau) JURISCH (Leipzig) KFZ-WERK „ERNST GRUBE" (Werdau) KOMET (Leisnig) KSB (Bautzen) LAUER & SOHN (Leipzig) LEBELT (Wilthen) FAHRRAD- UND MOTORWAGEN-FABRIK (Leipzig) LIPSIA (Leipzig) LOEBEL (Leipzig) MAF (Markranstädt) MAFA (Marienberg) MELKUS (Dresden) MOLL (Tannenberg) MOTAG (Leipzig) MZ (Zschopau) MuZ (Zschopau) MZ-B (Zschopau) NACKE (Coswig) NEOPLAN (Plauen) NETZSCHKAUER MASCHINENFABRIK (Netzschkau) OD (Dresden) OGE (Leipzig) ORUK (Chemnitz) OSCHA (Leipzig) PEKA (Dresden) PER (Zwickau) PFEIFFER (Rückmarsdorf) PHÄNOMEN (Zittau) PILOT (Bannewitz) PORSCHE (Leipzig) POSTLER (Niedersedlitz) PRESTO (Chemnitz) REISIG/MUK (Plauen) RENNER (Dresden) ROBUR (Zittau) RUD (Dresden) SACHSENRING-AWZ (Zwickau) SATURN/STEUDEL (Kamenz) SCHIVELBUSCH (Leipzig) SCHMIDT (Fischendorf) SCHÜTTOFF (Chemnitz) SPHINX (Zwenkau) STEIGBOY (Leipzig) STOCK (Leipzig) TAUTZ (Leipzig) TIPPMANN & CO (Dresden) UNIVERSELLE (Dresden) VOGTLAND-WAGEN (Plauen) VOMAG (Plauen) VW (Mosel/Dresden) WANDERER (Chemnitz) WELS (Bautzen) WOTAN (Chemnitz/Leipzig) ZEGEMO (Dresden) ZETGE (Görlitz) ZITTAVIA (Zittau)

Ein Vikinger stürmt das Erzgebirge

Beginn in Zschopau

Motorrad-Freuden!
Motorradfahren, welche Lust,
Es stählt das Herz, macht frei die Brust,
Und Lebensfreude sprüht empor,
Fährst Du mit DKW-Motor!
(DKW-Werbespruch aus den 20ern)

Geschichte kehrt wieder. Gut. Zurück zu den Wurzeln. Noch besser. Zwei Sprüche, in Stein gemeißelt. Aber wahr? Für die Liaison Dänemark – Zschopau sind sie jedenfalls zutreffend. Wie anders ist es sonst zu erklären, dass im Jahr 2000 – für MZ mit der Einführung der High-Tech-Ver-

sion der legendären RT 125 richtungweisend und überlebenswichtig – ausgerechnet mit Rikko Stendevaad ein Däne den MZ-Cup gewinnt. Einen Marken-Pokal, den es ohne einen wagemutigen dänischen Unternehmer anfangs des vergangenen Jahrhunderts nie gegeben hätte: Jörgen Skafte Rasmussen (1878 – 1964), der noch heute im erzgebirgischen Kleinstädtchen einer Straße, ja sogar einer ganzen Siedlung seinen Namen gibt. Zu seiner Zeit war er nicht unumstritten, als Kapitalist, als Kriegsproduzent. Aber er hat eine Legende begründet. Ohne ihn hätte es DKW nie gegeben, wäre auch die Auto Union in ihrer damaligen Form nie zustande gekommen.

Sein Traum war das Auto, gebaut hat er in der Mehrzahl Motorräder. Ende der 20er größter Produzent der Welt.

Prof. Dr. Peter Kirchberg schreibt im Vorwort des Buches „Motorräder aus Zschopau": Das erste Markenzeichen von DKW stellte einen

Jörgen Skafte Rasmussen (1878 – 1964) überzog ganz Sachsen mit seinem Firmenimperium, dessen Herzstück die Zschopauer DKW-Werke waren.

Der Spielzeugmotor „Des Knaben Wunsch" leitete die über Jahrzehnte erfolgreiche Entwicklung von Zweitaktmotoren in Zschopau ein.

Vulkan dar, dessen umwölkter Gipfel gewaltige Kräfte ahnen ließ. Das weiß-grüne Markensignet späterer Jahre baute nicht nur formal darauf auf, nachdem die drei Buchstaben DKW in der Schriftart dreiviertelfett Grotesk die größte Motorradfabrik der Welt symbolisierten. Der Weg dorthin wurde in einer Zeit zurückgelegt, die weiß Gott nicht gerade einfach war! Dennoch kannte die Initialen für den 1922 geschützten Begriff Das Kleine Wunder bald jedes Kind."

Es ist die Zeit um die Jahrhundertwende. In Chemnitz und Umgebung laufen große Urbanisierungsprozesse. Existieren 1890 genau 552 Fabriken mit 34.509 Arbeitern, so steigt die Zahl bis 1912 auf 1836 mit 72.781 Beschäftigten. Im Jahr 1898 steuert ein erst 20-jähriger Däne nach dem Tod seiner Mutter, der Vater starb bereits 1879, nicht ganz mittellos Mittweida und später Zwickau zum Studium an.

Der gelernte Schlosser arbeitet kurzzeitig in Düsseldorf, bevor er 1904 in Zwickau Therese Liebe heiratet und gleichzeitig Sachsen das Ja-Wort gibt. Im gleichen Jahr gründet Rasmussen die erfolgreich agierende Firma Rasmussen & Ernst, deren Betätigungsfeld die Konstruktion und der Handel von Dampfarmaturen ist. Die Erzeugnisse gehen an die deutsche Werftindustrie und nach Russland. 1907 siedelt sich Jörgen Skafte Rasmussen in Zschopau an. Um selbständig produzieren zu können, kauft er für 55.000 Mark eine stillgelegte Tuchfabrik im Tal der Dischau, dem späteren Standort von DKW und MZ. Zunächst stehen bei Rasmussen 20 Arbeiter in Lohn und Brot, die Ablasshähne, Schweißanlagen und Abdampfverwertungsanlagen bauen. Schon 1909 führt der Unternehmer den Schichtbetrieb ein. An den Stadtrat von Zschopau schreibt der Däne deswegen: „Wir sehen uns infolge großer Arbeitshäufung veranlasst, unseren Fabrikbetrieb Tag und Nacht arbeiten zu lassen." 1913, im Vorjahr des Ersten Weltkrieges, sind bereits 136 Arbeiter tätig. Mit Ausbruch des Krie-

ges stellt Rasmussen die Produktion auf Granatzünder und andere Munitionsteile um, ja sogar Krupp in Essen wird beliefert. Seit zehn Jahren fährt der Däne, der bis 1916 in Chemnitz wohnte, ein Wanderer-Automobil. Aufgrund seiner guten Kontakte zu den Chemnitzer Presto-Werken und deren Direktor Günther kommt es 1914 zur Gründung der Elite-Werke, die in Brand-Erbisdorf beheimatet sind. Rasmussen will die Erfahrungen Günthers auf den Gebieten des Fahrrad- und Motorradbaus sowie der Serienfertigung von Vierzylinder-Automobilen nutzen. Seinen großen Traum von der Mobilität auf zwei oder vier Rädern muss er aufgrund des Krieges aber erst einmal begraben.

Doch der Unternehmer Rasmussen sieht in der Benzinknappheit während des Krieges die Chance, einen Dampf-Kraft-Wagen am Markt zu etablieren.

Während des Weltkriegs konstruiert Ingenieur Hugo Ruppe aus Apolda einen „Zweitakt-Kleinexplosionsmotor", der die bekannte Spielzeug-Dampfmaschine ersetzen soll. Rasmussen und Ruppe kommen 1918 zusammen. Da der Motor als Kinderspielzeug gedacht ist, werden die Initialen DKW neu gedeutet: Des Knaben Wunsch. Es ist ein historischer Moment, der Anfang der Entwicklung des einfachen Zweitak-

Mit dem Sieg des Dänen Rikko Stendevaad beim MZ-Cup des Jahres 2000 fand die Verbindung Zschopau–Dänemark, die einst Rasmussen begründet hatte, eine unerwartete Fortsetzung.

Das DKW-Werk im Zschopauer Dischautal in den ersten Jahren. Von hier aus begannen Motorräder aus dem Erzgebirge ihren Siegeszug.

„Das Kleine Wunder" oder auch einfach im Volksmund „Arschwärmer" wurde der ab 1920 in Zschopau gebaute Fahrradhilfsmotor genannt.

ters, der von der ehemaligen Textilstadt Zschopau schon bald seinen Siegeszug durch die ganze Welt antreten sollte. Ein Jahr später präsentieren die Männer der Zschopauer Motorenwerke, wie die Firma mittlerweile heißt, auf der Leipziger Messe eine weitere Zweitakt-Entwicklung, einen Stationärmotor mit liegendem Zylinder. Genau dies ist auch das Kennzeichen des gleichzeitig entstandenen Fahrzeugmotors. Immerhin eine Pferdestärke lieferte der 118-Kubikzentimeter-Motor ab. In die Geschichte geht er als Das Kleine Wunder ein. Er ist ein Zweitakter, der sich gegen die etablierten Viertakter behaupten muss. Aber der Motor wird ein großer Erfolg, während andere Produzenten durch komplizierte Konstruktionen versuchen, ihren Zweitaktern Zuverlässigkeit und geringen Verbrauch mit auf den Weg zu geben. Der Mut von Rasmussen und Ruppe, sich gegen die beherrschenden Viertakter in den Wanderer-, NSU-Motorrädern und Produkten aus England zu stellen, wird belohnt. Bereits gegen Ende des Jahres 1921 haben weit mehr als 20.000 Motoren das Band verlassen. Verwendung findet er bei vielen anderen Herstellern sowie im eigenen, verstärkten Fahrradrahmen. DKW bewirbt seinen Nachwuchs geschickt:

DKW, das kleine Wunder, läuft Berge rauf wie andere runter. Im Volksmund heißt er einfach Arschwärmer. *Matthias Heinke*

Der Weg an die Spitze

Über Welly, das Motorradmädel

1922 schlägt in Zschopau die Geburtsstunde, auf die sich alle heute gefeierten Jubiläen rückbesinnen: Gründung der Zschopauer Motorenwerke. Ingenieur Hermann Weber ist es, der das Reichsfahrtmodell entwickelt. Er passt das Fahrwerk dem verstärkten Motor an, bildet also eine organische Einheit. Das Reichsfahrtmodell ist 40 Kilogramm schwer, schafft in der Spitze 60 Stundenkilometer und findet reißenden Absatz.

Die Produkte Made in Erzgebirge sind begehrt. 1928 werden in Zschopau 55.000 Motorräder gebaut, 1929 sogar 60.000. DKW ist damit der größte Produzent der Welt, die königlichen Insulaner sind geschlagen. Dem Höhepunkt folgt jedoch das Tief. Auch um Zschopau macht die Weltwirtschaftskrise keinen Bogen. Absatzschwierigkeiten, Entlassungen (1930 arbeiten fast 2000 Menschen weniger bei DKW als 1928) und drastische Senkung der Produktion prägen die Szenerie. Nur noch 11.000 Einheiten verlassen 1931 das Band.

In den 20ern liegen jedoch auch die Wurzeln des Motorsports bei DKW. Schon Gründer Jörgen Skafte Rasmussen erkennt die Wechselbeziehung Serienproduktion/Sport sowie deren enormen Werbeeffekt. Vorausgesetzt, man ist erfolgreich. Das kann DKW mit Fug und Recht von sich behaupten. Ein besonderes Rennen gibt einer DKW sogar den Namen: Die Reichsfahrt. Von 1921 bis 1923 stehen DKW-Fahrer ganz oben auf dem Treppchen, die 22er Fahrt von Berlin nach Heidelberg endet sogar mit einem Dreifach-Triumph. Auf der Berliner Avus belegen im gleichen Jahr die DKW sogar die Ränge 1 bis 4.

Dies nutzen die Zschopauer werbewirksam in einem Prospekt: „Leichtmotorrad mit Tretkurbellager der Zschopauer Motorenwerke – Renntyp – der berühmte Sieger im Avus-Rennen und Reichsfahrt 1922 – Unverwüstlich! Erstklassiger Bergsteiger! Billig im Betrieb! Rassig im Aussehen!"

DKW-Chefkonstrukteur Hermann Weber, selbst rennsporterfahren, unterzog sein „Kind" ständigen Änderungen, übertrug die Erfahrungen sofort auf die Motorräder.

DKW erzielt in den 20er und 30er Jahren schier unzählige Siege und Platzierungen national und international. DKW huldigt sich deshalb selbst in einer Anzeige: „Nur bewährte Motorrad-Typen kaufen: Über 1000 erste Preise in Rennen und Zuverlässigkeitsfahrten fügen den Schlussstein in die Beweiskette nicht nur der unbedingten Zuverlässigkeit, sondern auch der unerreichten Schnelligkeit der DKW-Zweitaktmotorräder." Dabei muss angemerkt werden, dass aus heutiger Sicht kaum zwischen den Straßenrennen und Geländefahrten – schon damals gab es also den Vorläufer des heutigen Enduro – unterschieden werden kann. Denn die „Straßen"-Zuverlässigkeitsfahrt kam erst nach 1933 ins Sportprogramm. Mehrere Erfolge bei Grand Prix, wie denen von Europa (Henkelmann), Belgien,

Geschickt nutzte DKW Erfolge im Rennsport für die Werbung: Das DKW-Reichsfahrtmodell bekam seinen Namen, weil DKW-Fahrer das berühmte Rennen namens Reichsfahrt von 1921 bis 1923 gewannen.

Deutschland und Italien (Geiß) kann sich DKW an die Fahnen heften. Bauhofer, Winkler oder Ley setzen die Erfolgsserie fort. 1938 gelingt DKW ein weiterer großer, international bedeutsamer Wurf. Als erster Deutscher gewinnt Ewald Kluge auf einer 250er Ladepumpen-DKW bei der Tourist Trophy auf der Isle of Man, dem ältesten und einem der härtesten Rennen der Welt. Er erzielt eine Durchschnittsgeschwindigkeit von 127,297 Stundenkilometern und einem Rundenrekord von 129,307 Stundenkilometern. Dieser Rekord wird erst 1949 gebrochen, die Gesamtfahrzeit für das Rennen sogar erst 1951 durch Wood auf einer Moto-Guzzi.

Der Ausbruch des Zweiten Weltkrieges bedeutet für den Motorsport das Aus. Faszination Motorrad. Natürlich verführ(t)en die Feuerstühle auch die holde Weiblichkeit, doch in den 20ern wurden die Damen zumeist auf den Sozius verbannt – wenn überhaupt. Nicht so Welly Lange, das „Motorradmädel" aus Grünhainichen. Ihr gebührt der Ruhm, die erste Motorradfahrerin in der Zschopauer Region, vielleicht sogar in Deutschland gewesen zu sein. Ein Bild in ihrem Zimmer im Feierabend- und Pflegeheim Zschopau weckt das Interesse einer Schwester. Zwei Frauen auf einem alten Motorrad, einer DKW. „Ja, das bin ich", beginnt sie zu erzählen. Ihre Hände gleiten immer wieder über das Bild aus den 20ern. Gerade so, als wollten sie das Motorrad aus der Vergangenheit ins Heute zaubern. „Meine DKW war mein Ein und Alles. Wozu brauchte ich also Männer?" Die bereits über 90 Jahre alte Dame gerät ins Schwärmen. Über die Zeit, über ihre Fahrten und Erlebnisse. „Welly, das Motorradmädel – so wurde ich genannt", erklärt sie voller Stolz. Mit 16 Jahren zieht es die gebürtige Grünhainicherin nach Köln. Sechs Jahre bleibt sie dort, bis sie aus familiären Gründen nach Hause zurückkehrt. Welly sucht sich eine Anstellung beim Fabrikanten Bodemer in Zschopau. „Doch da dachte ich mir, du

fährst lieber zur Arbeit und läufst gar nicht erst." Von ihrem Ersparten kauft sich die damals 23-Jährige die DKW. Für 350 Mark. „An einige Details erinnere ich mich noch genau. Das Motorrad hatte riesige Fußstützen, Karbidlampe, Riementrieb und einen Hebel zum Schalten der drei Gänge." Kein Weg in der Region bleibt unbefahren, sogar ausgedehnte Touren bis nach Zwickau, Frankenberg oder Mittweida unternimmt das Motorradmädel. Das verschafft ihr Anerkennung bis in „höchste Kreise". Wellys Chef bei Bodemer ist derart begeistert, so dass sie sogar die große Textil-Maschine bedienen darf. „Dadurch habe ich viel verdient – so viel wie die Männer", funkeln ihre Augen. Oder: Nach einem Sturz auf der Straße von Zschopau nach Waldkirchen und unsanfter Landung auf einer Wiese ist es der Besitzer der Trikotagenfabrik Grünhainichen, der die junge Frau mit dem Automobil mit nach Hause nimmt. Ihr Bruder dagegen kommentiert: „Wenn du noch mal fährst, gibt es paar auf die Backen." Das störte Welly Lange freilich wenig. Einmal bekommt sie sogar Feuer von der Polizei spendiert. „Wir durften in der Textilfabrik natürlich keine Streichhölzer einstecken haben. Deshalb konnte ich die Karbidlampe nicht entzünden. Da halfen mir zwei Polizisten aus Zschopau und spendierten Feuer." Ihre Liebe für das Motorrad nimmt ein jähes Ende. Eines Tages brannte der Schuppen, darin das Motorrad. „Das war es dann. Aber ich behielt meine Stiefel, schöne Stiefel. Und auch die Sturzkappe und die grüne Lederjacke. Doch das nahmen mir nach dem Krieg die Russen weg."

(Welly Lange, die 27-jährig später nach Waldkirchen heiratete, erzählte diese, ihre Geschichte bereits 1996. Im Jahr 1997 verstarb sie im Alter von 91 Jahren im Feierabend- und Pflegeheim Zschopau.)
Matthias Heinke

Reise nach Afghanistan

Frühe Motorradabenteuer

Ein Abenteurer war der Leipziger Geograph Dr. G. Stratil-Sauer, der im Mai 1924 eine Reise in sein Traumland Afghanistan vorbereitete. Die Wanderer-Werke in Schönau-Chemnitz stellten ein V-2-Zylinder-Motorrad mit Seitenwagen zur Verfügung. Am 6. Oktober 1924 startete er mit einem hoffnungslos überladenen Gespann; allein im Seitenwagen hatte er 300 kg Gepäck verstaut. Nach über einem Jahr erreichte er sein Traumziel Kabul. In einem Brief an einen Freund schrieb Dr. G. Stratil-Sauer:

„... in Bagdad nahmen mir die Zollbeamten das Rad weg und sandten es per Bahn nach Barsa, von wo ich mit dem Schiff nach Karachi fuhr. Aus der geplanten Indienreise wurde leider nichts, da ich wie ein Gefangener durch Indien transportiert wurde. Doch es war kein Verlust in sportlicher Hinsicht, da die Straßen brillant sind und von zahlreichen Motorradfahrern befahren werden. Die Strecke Peschawar – Kabul legte ich mit meinem ‚Wanderer‘ als erstes Motorrad unter ziemlichen Schwierigkeiten zurück. So hat die brave Maschine allen Strapazen wacker getrotzt. Die Maschine ist noch wie neu, der Motor ist ein Meisterwerk sondergleichen."

Bald wäre für Dr. G. Stratil-Sauer das Traumland zu einem Alptraum geworden. In Notwehr hatte er einen Einheimischen angeschossen und konnte erst nach längerem Gefängnisaufenthalt wieder an die Rückreise denken. Mit einem Schiff kehrte er im Sommer 1927 wieder in die Heimat zurück.

(Entnommen aus dem Buch von Martin Franitza: „Die großen Motorradreisen unseres Jahrhunderts")

Ein „Meisterwerk sondergleichen" nannte der Leipziger Geograph Stratil-Sauer den Motor seines Wanderer-Motorrads, mit dem er 1924 zu einer Reise nach Afghanistan aufbrach.

Brennabor. *Die 1871 gegründeten Brennabor-Werke (Kinderwagen- und Fahrradproduktion) begannen 1908 mit dem Automobilbau. Unbegründet stand diese Produktion bei den Fans unter dem zweifelhaften Ruf: „Nimm viel Draht und Eisenrohr, fertig ist ein Brennabor"*

Laubfrosch. *Den 1924 erschienenen 12-PS-Opel tauften die Fans Laubfrosch. Nicht, weil er grün lackiert war, sondern weil er ohne Stoßdämpfer über die Straßen „hüpfte".*

Opels Gastspiel in Brand-Erbisdorf

Die Elite-Werke aus der Krise in die Krise

Alles würde gut werden. Es hieß, ein namhafter Autohersteller übernähme das marode Elite-Werk in Brand-Erbisdorf. Man konnte wieder hoffen, denn die Zeiten waren nicht die besten. Mit wem man sich auch unterhielt, die erste Frage war: „Und – hast du noch Arbeit?"

Viele der Arbeiter in Brand-Erbisdorf waren seinerzeit aus dem niedergehenden Silberbergbau zu dem frisch gegründeten Unternehmen Elite gekommen. Die Stadt hatte damals alle Hebel in Bewegung gesetzt, um Investoren in die wirtschaftlich gebeutelte Region zu locken. 1912 war es mit staatlichen Fördermitteln gelungen, die Firma des Berliner Autoherstellers Emile Luders nach Brand-Erbisdorf zu holen. Man stellte Teile für die Autoindustrie im In- und Ausland her. Ein Jahr danach kaufte der spätere DKW-Chef Jörg Skafte Rasmussen zusammen mit dem Freiberger Kaufmann Georg Günther, dem Inhaber der Fahrrad- und Motorradfabrik Presto, die Firma und wandelte sie in die Elite-Motorenwerke-Aktiengesellschaft um. 1914 konnte man stolz das erste eigene Auto präsentieren. Offensichtlich verkaufte sich der Wagen recht gut, denn es folgten weitere Entwicklungen, darunter auch Fahrzeuge mit Sechszylinder-Motor, die als Kennbuchstaben ein „S" erhalten, im Unterschied zu den mit „E" bezeichneten Vierzylindermodellen.

Wie andere Fahrzeughersteller profitierte auch Elite von Rüstungsaufträgen, die während des Ersten Weltkrieges die Bücher füllten. 1918 war man stark genug, um die Chemnitzer Diamantwerke Gebrüder Nevoigt AG zu schlucken, und noch im gleichen Jahr gründeten die Brand-

Erbisdorfer in Berlin die Elitewagen AG. Dieser Tochterfirma wurden die Berliner Elektromotorenfabrik sowie die Richard & Hering AG in Ronneburg angegliedert, außerdem gehörte noch eine Zweigniederlassung in Nossen zum Firmenverbund – Elite war ein Großbetrieb geworden. Bei allem Höhenflug vergaß das Management nicht die Fürsorgepflicht, die ein Unternehmen seinen Mitarbeitern gegenüber hat. Mit einer eigenen Lehrlingsschule, Werkswohnungen, einem Werksverein und anderen sozialen Einrichtungen war die Firma nach heutigem Verständnis ein Musterbetrieb der sozialen Marktwirtschaft. Und das Wichtigste: Die Autos konnten sich sehen lassen; selbst Hindenburg soll sich am liebsten in ein Elite-Auto gesetzt haben. Den Höhepunkt der rasanten Ent-

Die Brand-Erbisdorfer Firma Elite hatte ihrem Namen alle Ehre gemacht – davon zeugt auch dieser Prototyp eines Elite-Motorrads aus dem Jahre 1930.

wicklung markierten die Sechszylinder-Personenwagen, sozusagen die Brand-Erbisdorfer „S-Klasse". Für einen Spitzenplatz in der deutschen Automobilindustrie reichte es dennoch nicht. Die seitengesteuerten Motoren der Elite-Autos ließen sich nicht weiter ausreizen, die gesamte Konzeption der Wagen bedurfte dringend einer Erneuerung. Offenbar hatte man sich von der guten Entwicklung der Nachkriegsjahre zur Nachlässigkeit verleiten lassen. Dieser Wechsel von Prosperität und Stagnation ist im Grunde ein normaler Vorgang in einem Unternehmen, er lässt sich wieder ausbügeln – in normalen Zeiten. Aber die Zeiten waren nicht normal. Nach dem kurzen Aufschwung der Jahre 26 und 27 zeichnete sich ein erneuter Niedergang der deutschen Wirtschaft ab, die Fahrzeugindustrie blieb davon nicht verschont. So also war die Lage bei Elite, als im Februar 1928 die Adam Opel AG aus Rüsselsheim 75 Prozent der Aktien übernahm, was bei Belegschaft und Werkleitung die Hoffnung auf Erhalt des Produktionsstandorts nährte. Leider vergebens. Noch im Übernahmejahr stoppten die neuen Besitzer für immer die unrentable Automobilproduktion. Das war bitter, doch man verfügte ja noch über die Diamant-Motorradfertigung im Zweigwerk in Siegmar, wo der Konstrukteur Franz Gnädig 1926 die Motorradproduktion zu neuem Leben erweckt hatte. Gnädig war ein alter Motorradfuchs mit besten Referenzen. Zusammen mit den Gebrüdern Krieger hatte er in Suhl die erste deutsche Kardanmaschine, die Krieger & Gnädig, gebaut. Was er anfasste, hatte Hand und Fuß, kein Wunder, dass die 350er- und 500er-Diamant-Motorräder begehrt waren. Die Rüsselsheimer, früher selbst Motorradhersteller, hatten die eigene Motorrad-Fertigung aufgegeben. Mit dem Erwerb der Elite-Diamant-Werke eröffnete sich für sie nun die Möglichkeit, ihr Automobilprogramm mit hochwertigen Maschinen zu ergänzen. In der Krise greift man nach jedem Strohhalm.

Flugs erhielt eine dieser 500er-Maschinen vom Opel-Konstruktionsbüro einen anderen Tank mit neuem Schriftzug und schon konnte der staunenden Öffentlichkeit das neue „Opel"-Motorrad präsentiert werden.

Mit Erfolg, denn Opel konstruierte daraufhin in Windeseile selbst zwei Motoren und steckte sie in ein neues Fahrgestell. Dieses Fahrgestell hatte kein Geringerer als der Künstler, Konstrukteur und Motorradfahrer Ernst Neumann-Neander entwickelt. Das Motorrad erhielt die Bezeichnung Opel-Motoclub und zählt wie seine Neander-Vorgänger zu den bemerkenswertesten Erzeugnissen der Motorradwelt. Mit seinem Stahlpress-Blechrahmen, der Metallic-Farbgebung und dem eigentümlich geformten Sattel ist es noch heute eine Augenweide. Keine Frage,

Die Autos aus den Elite-Werken hatten einen guten Ruf – selbst Reichspräsident Hindenburg soll diese Wagen besonders geschätzt haben – doch dies konnte den Niedergang des Unternehmen nicht aufhalten.

mit dieser Maschine war größtmögliche Aufmerksamkeit garantiert, die Herrenreiter hatten ein neues Spielzeug. Übertroffen werden konnte soviel Publikumswirksamkeit höchstens noch durch einen Raketenantrieb. Der wurde prompt eingebaut und von Fritz von Opel persönlich ge-

Noch heute eine Augenweide: ein weiterer Elite-Prototyp aus den 20er Jahren.

testet, dann jedoch wieder fallen gelassen. Der herkömmliche Fahrzeugbau bot auch so genug Platz für Abenteuer.

Die rechneten sich leider immer schlechter. Die Motorenfertigung der Serienmaschine übernahm Opel in Rüsselsheim, die Motorradfertigung in Siegmar lief aus. Immerhin, wenigstens die Rahmen kamen noch aus Brand-Erbisdorf. Im August 1929 war auch damit Schluss. Der von den eifrigen Brand-Erbisdorfern aus dem Hut gezauberte Prototyp einer „Elite-Opel" (EO) mit Dreiventil-Motor war ein letzter, hilfloser Versuch, die Katastrophe noch abzuwenden. Am 18. Oktober 1929, eine Woche vor dem Schwarzen Freitag, dem Börsenkrach an der Wall Street und ein anderthalbes Jahr nach der Übernahme durch Opel, verschickte der Vorstand von Elite-Diamant, Direktor Sohre, ein Schreiben „An die Herren Gläubiger der Elite-Diamantwerke AG,

Siegmar", das mit den Worten beginnt: „Wir sehen uns leider genötigt, Ihnen die Mitteilung zu machen, dass wir mit dem heutigen Tage unsere Zahlungen einstellen mussten ..."

Zum damaligen Zeitpunkt konnte man allenfalls ahnen, dass die Ereignisse um die Elite-Werke nur eine Szene in jenem großen Stück waren, das Weltwirtschaftskrise hieß und in dem Ermessensspielräume, auch die moralischen, schnell unterm Diktat des eigenen Überlebenskampfes schrumpfen. Für die Belegschaft, die 1925 noch 3500 Beschäftigte gezählt hatte und sich 1929 noch auf 450 Mann belief, dürfte dies nur ein schwacher Trost gewesen sein. Wie immer fand sie sich bei den Statisten wieder und nicht bei den Akteuren. Wie gesagt, die Zeiten waren nicht die besten. *Jens Kraus*

Chronik 1921–1930

1921 Erstmals wird durch das Einlegen des Rückwärtsganges ein Rückfahrscheinwerfer eingeschaltet

1921 In Texas öffnet das erste Drive-in-Restaurant. Autofahrer werden im Auto mit Speisen bedient

10. 1. 1921 Eröffnung der Autorennbahn Monza bei Mailand

19. 9. 1921 Mit der Avus in Berlin wird die erste Autobahn Deutschlands (10 Kilometer) eingeweiht

23. 9. 1921 Auf der deutschen Automobilausstellung in Berlin wird mit dem „Rumpler-Tropfen-Auto" die erste stromlinienförmige Karosse vorgestellt

1922 Die Kraftfahrzeugsteuer wird eingeführt, auch als Folge der hohen Kriegskosten, die durch Kriegsanleihen vor allem vom Mittelstand finanziert wurden

1923 In den USA kommen die ersten elektrischen Scheibenwischer auf den Markt

1. 9. 1923 Nach einem schweren Erdbeben in Tokio (143.000 Todesopfer) und dem damit verbundenen lahmgelegten Verkehrswesen wird das Automobil in Japan interessant

1924 Als erster Hersteller bietet Chevrolet für 200 Dollar Aufpreis ein Radio an (25 Prozent des Gesamtkaufpreises)

1924 DKW führt den Ratenkauf ein und veranlasst die Schulung des Kundendienstpersonals – bringt erhebliche Vorteile gegenüber der Konkurrenz

Juni 1924 Im Detroiter Automobilwerk von Henry Ford verlässt der zehnmillionste Wagen die Fabrikhalle

10. 12. 1924 Auf der Verkehrsausstellung in Berlin erregt der Kleinwagen von Hanomag – Kommissbrot genannt – Aufsehen (Einzylinder-Viertaktmotor, 499 Kubikzentimeter, zehn PS)

1925 In Berlin richtet der ADAC den ersten Auto-Lotsendienst der Welt ein

8. 2. 1925 Im Reich sind 200.000 Pkw und Lkw, sowie 100.000 Motorräder zugelassen

27. 4. 1925 Baubeginn des Nürburgringes

1925 DKW führt als erster Motorradbauer Deutschlands die vom Amerikaner Henry Ford erdachte Fließbandarbeit ein

1925 Audis Sechszylinder mit 70 PS und Leichtmetallmotorblock wird zu einer internationalen Sensation

1925 Von den 1925 in der Welt erzeugten 4,8 Millionen Pkw und Lkw kommen 87 Prozent aus Nordamerika, aus Deutschland nur 1,2 Prozent

1926 In Worms entsteht die erste „Fahrende Bücherei". Sie versorgt ländliche Gebiete mit Lesestoff

17. 6. 1926 Einheitliche Straßenverkehrsordnung für das Reich

12. 7. 1926 Zwei tödliche Unfälle beim Großen Preis auf der Avus. Sieger: Caracciola

1927 Der ADAC führt den Straßenhilfsdienst in Deutschland ein

1. 1. 1927 Weltweit sind 27,6 Millionen Kraftfahrzeuge registriert. USA: 19.293.000 vor Großbritannien, Frankreich und Deutschland: 218.000

29. 3. 1927 Der Brite Segrave durchbricht in Florida in einem 1000-PS-Rennwagen mit 327,959 Stundenkilometern die 300-Stundenkilometer-Schallmauer

18. 6. 1927 Erstes Rennen auf dem Nürburgring. Sieger: Caracciola mit 96,5 Stundenkilometern

1. 9. 1927 Einheitliche Verkehrszeichen für das Deutsche Reich

1927 Nach zahlreich gewonnenen Motorradrennen entsteht in Zschopau eine Rennabteilung

1928 Mit 40.000 Motorrädern pro Jahr ist DKW der größte Motorradhersteller der Welt

11. 4. 1928 Auf der Opel-Rennstrecke bei Rüsselsheim Start des ersten Rennwagens mit Pulverraketenantrieb. In acht Sekunden auf 100 Stundenkilometer beschleunigt

5. 8. 1928 Erste Versuchsfahrt des Rennbootes Opel IV misslingt. Besatzung bei Explosion unverletzt

9. 9. 1928 Materassi rast in Monza mit 185 Stundenkilometern in die Zuschauer: 23 Tote, Rennen wird fortgesetzt

17. 3. 1929 Verkauf der deutschen Adam Opel AG an General Motors

4. 4. 1929 Konstrukteur Carl Friedrich Benz (baute den ersten brauchbaren benzingetriebenen Kraftwagen) stirbt 84-jährig

9. 2. 1930 Hans Stuck gewinnt auf Austro Daimler das erstmals auf dem bayerischen Eibsee ausgetragene Eisrennen für Automobile

10. 8. 1930 Der ADAC errichtet in Bayern die ersten Pannentelefone

23. 9. 1930 Der Einnahmerückgang durch den Zuwachs an Kraftfahrzeugen veranlasst die Reichsbahn, 300 neue Lokomotiven zu beschaffen

1. 10. 1930 Ein Preisausschreiben für einen neuen Lkw-Namen von Opel führt schon zwei Wochen später zum „Opel-Blitz"

Die in Chemnitz-Siegmar beheimatete Firma Diamant erlebte mit den ab 1926 von Franz Gnädig konstruierten 350- und 500-Kubikzentimeter-Maschinen ein furioses Comeback in der Motorradfertigung.

1931–
1940

1931–1940 Die Sensation war perfekt. Auf dem Internationalen Automobilsalon in Paris stellte Horch einen Zwölfzylinder vor. Hubraum gegen die Krise – die sächsische Kraftfahrzeugindustrie, und nicht nur die sächsische, kämpfte ums Überleben. Von den vielen Produzenten aus den Zwanzigern hatte sich gerade noch ein gutes Dutzend behaupten können, Tendenz sinkend. Neuerungen wie die Fließbandfertigung veränderten daran nichts. Von Plauen bis Zittau ließen sich kaum Autos verkaufen; die Vomag musste Konkurs anmelden, Horch schien kurz davor zu sein und bei Phänomen war der Verkauf von Motorfahrzeugen an Privatleute zum Erliegen gekommen, wie Betriebsleiter Rudolf Hiller verlauten ließ. Die Lage war verzweifelt. Etwas musste geschehen, und es geschah: Die vier bedeutendsten sächsischen Fahrzeughersteller schlossen sich zur Auto Union zusammen. Über den Berg war man noch nicht, aber aufwärts ging es. Nachdem die Nationalsozialisten die Macht übernommen hatten, belebten sie mit einem groß angelegten Förderprogramm die Wirtschaft. Kredite, der „Wille zur Motorisierung", vor allem aber die bald unverhohlen forcierte Wiederaufrüstung verhalfen der schwer angeschlagenen Branche zum Aufschwung. Infolge Konjunktur, Reichsarbeitsdienstpflicht und der Einführung der Wehrpflicht gab es kaum noch Arbeitslose. Autobahnen wurden gebaut, die Auto Union stieg erfolgreich ins Grand-Prix-Geschäft ein, auf der Isle of Man gewann der Dresdner Ewald Kluge als erster Deutscher die Tourist Trophy, auf dem Sachsenring wurden vor heimischem Publikum Rennen ausgetragen. Das Unheil nahm seinen Lauf.

Im Bestreben, sich von Rohstoffimporten möglichst unabhängig zu machen, wurden in Espenhain, Regis und Deutzen Anlagen zur Treibstoffherstellung erweitert und neu errichtet. Der Herstellung alternativer Kraftstoffe aus Holz, Kohle, Torf und Gas wurde besondere Aufmerksamkeit geschenkt. Sachsen, als Gau gleichgeschaltet, hatte inzwischen seine formal noch bestehende Eigenständigkeit verloren.

Die Kraftfahrzeugindustrie wurde zentral von der Reichsregierung gesteuert. Gegen Ende des Jahrzehnts wurde eine Fahrzeug-Typenbeschränkung angeordnet, nach ihrem Urheber „Schell-Plan" genannt. Dies kam der Ausschaltung des freien Marktes gleich, erlaubte aber eine größere Produktionsmenge der festgelegten Fahrzeugtypen für die nun offen zutage getretenen Zwecke.

Seite 89:
Unter dem Dach der Auto Union erlebte auch Horch einen zweiten Frühling. Kaum jemals wurden schönere Autos gebaut – wie dieser Horch 853 von 1937 zeigt. Doch der Preis war hoch: Bald fuhren auch die deutschen Automobilproduzenten, gesteuert von den Nationalsozialisten, mit Vollgas in den Krieg.

ADRIA (Kamenz) **ALGE** (Leipzig) ARI (Plauen) ATLAS (Leipzig) **AUDI** (Zwickau) AVOLA (Leipzig) BAMO (Bautzen) BARKAS (Hainichen/Chemnitz) BECKER (Dresden) CHEMNITZER MOTORWAGENFABRIK (Chemnitz) DIAG (Leipzig) **DIAMANT** (Chemnitz) **DKW** (Zschopau) DUX (Leipzig) EBER (Zittau) EISENHAMMER (Thalheim) ELFE (Leipzig) ELITE (Brand-Erbisdorf) ELSTER (Mylau) ESWECO (Chemnitz) **FRAMO** (Frankenberg/Hainichen) GERMANIA (Dresden) HARLÉ (PLauen) **HASCHÜTT** (Dresden) HATAZ (Zwickau) HEROS (Nieder-oderwitz) **HIECKEL** (Leipzig) HILLE (Dresden) HMW (Hainsberg) **HORCH** (Reichenbach/Zwickau) HUY (Dresden) IDEAL (Dresden) JCZ (Zittau) JURISCH (Leipzig) KFZ-WERK „ERNST GRUBE" (Werdau) KOMET (Leisnig) KSB (Bautzen) LAUER & SOHN (Leipzig) LEBELT (Wilthen) FAHRRAD- UND MOTORWAGEN-FABRIK (Leipzig) LIPSIA (Leipzig) LOEBEL (Leipzig) MAF (Markranstädt) MAFA (Marienberg) MELKUS (Dresden) MOLL (Tannenberg) MOTAG (Leipzig) MZ (Zschopau) MuZ (Zschopau) MZ-B (Zschopau) NACKE (Coswig) NEOPLAN (Plauen) NETZSCHKAUER MASCHINENFABRIK (Netzschkau) **OD** (Dresden) OGE (Leipzig) ORUK (Chemnitz) OSCHA (Leipzig) PEKA (Dresden) PER (Zwickau) PFEIFFER (Rückmarsdorf) **PHÄNOMEN** (Zittau) PILOT (Bannewitz) PORSCHE (Leipzig) POSTLER (Niedersedlitz) PRESTO (Chemnitz) REISIG/MUK (Plauen) **RENNER** (Dresden) ROBUR (Zittau) RUD (Dresden) SACHSENRING-AWZ (Zwickau) SATURN/STEUDEL (Kamenz) SCHIVELBUSCH (Leipzig) SCHMIDT (Fischendorf) **SCHÜTTOFF** (Chemnitz) SPHINX (Zwenkau) STEIGBOY (Leipzig) **STOCK** (Leipzig) TAUTZ (Leipzig) TIPPMANN & CO (Dresden) UNIVERSELLE (Dresden) VOGTLAND-WAGEN (Plauen) **VOMAG** (Plauen) VW (Mosel/Dresden) **WANDERER** (Chemnitz) WELS (Bautzen) WOTAN (Chemnitz/Leipzig) ZEGEMO (Dresden) ZETGE (Görlitz) ZITTAVIA (Zittau)

Hochzeit mit vier Ringen

Die Gründung der Auto Union im Jahre 1932

Eine Hochzeit steht bevor: „Seid ihr gewillt, den Bund für's Leben einzugehen, Autos und Motorräder zu bauen und zu verkaufen und euch beizustehen, bis dass der Tod euch scheidet, so antwortet mit: Ja, das wollen wir."

Schauen Sie nur, das glückliche Quartett, eine schöne Familie. Ist es wirklich so glücklich? Ist's eine Liebesheirat oder eine Zweckehe? Wollen sie wirklich? Oder bleibt ihnen keine Wahl? Immerhin, sie bringen etwas mit in die Ehe. In letzter Zeit zwar hauptsächlich Verluste, aber früher... Zwei Pärchen mit Vergangenheit. Die Horch-Werke AG Zwickau sind Partner in den besten Jahren. Gegründet 1899 von August Horch in Köln als „August Horch & Cie.", werden dort seit 1900 Autos gebaut. 1903 siedelt die Firma nach Zwickau und wird 1904 in Horch-Werke AG umbenannt. Horch baut als Erster Motoren und Getriebegehäuse aus dem Leichtmetall Aluminium, seine Zwei- und Vierzylinder-Autos gelten als zuverlässig. Doch Horchs Engagement für den Motorsport führt zu schwe-

ren Differenzen mit dem Vorstand. 1909 verlässt August Horch die Firma, gründet jedoch schon im selben Jahr in Zwickau die August Horch Automobilwerke GmbH. Weil er Probleme mit dem Namen seines früheren Unternehmens bekam, übersetzte er „Horch" einfach ins Lateinische: die Audi Automobilwerke GmbH werden geboren. Die Audis setzen sich schnell durch. Vor dem Ersten Weltkrieg gewinnen sie dreimal hintereinander das schwerste Langstreckenrennen der Welt, die Österreichische Alpenfahrt. Nach dem Krieg führt August Horch Aufsehen erregende Neuerungen ein: Er versetzt das Lenkrad auf die linke Seite und den Gangschalthebel in die Mitte. Er lässt inzwischen sogar Sechs- und Achtzylinder-Wagen bauen.

1928 jedoch muss Horch die Audi-Werke an DKW verkaufen. Die Zschopauer Firma hat sich schon ein bisschen umgesehen auf dem Markt. Sie gehört dem Dänen Jörgen Skafte Rasmussen. 1907 als Zschopauer Maschinenfabrik für die Produktion von Dampfkesselarmaturen gegründet, arbeitete sie im Ersten Weltkrieg ab 1914 für die Rüstung. Ab 1917 versucht sie sich an der Herstellung von dampfgetriebenen Personen- und Lastwagen, womit das Kürzel DKW auftaucht: für Dampf-Kraft-Wagen. Später werden in Zschopau kleine Zweitaktmotoren für verschiedene Zwecke gebaut, unter anderem ein

Die vier Ringe symbolisierten den Zusammenschluss der bedeutenden sächsischen Autofirmen DKW, Wanderer, Horch und Audi. Doch das Glück war dem Doppelpaar nicht lange hold.

Spielzeugmotor: Des Knaben Wunsch, womit die Abkürzung eine weitere Bedeutung bekommt. Kurz darauf kommt ein hochwertiger Fahrradhilfsmotor aus Zschopau: Das Kleine Wunder. Aus den motorisierten Fahrrädern werden 1922 schließlich die Motorräder, die Zschopau berühmt und DKW 1928 zum größten Motorradproduzenten der Welt gemacht haben.

Die vierten und ältesten im Bunde sind die Chemnitzer Wanderer-Werke, 1885 von Richard Jänicke und Johann Baptist Winklhofer gegründet. Zunächst haben sie Schreibmaschinen, Werkzeugmaschinen, bald auch begehrte Fahrräder hergestellt. Seit 1902 bauen sie Motorräder, ab 1911 Automobile. Das Wanderer-Puppchen wird berühmt. Im Krieg müssen die Wanderer-Werke wie alle anderen Fahrzeugbauer für die Rüstung arbeiten. Danach aber entwickelt sich die Autoproduktion, so dass 1929 der Motorradbau eingestellt werden kann.

1929/30 haben alle sächsischen Fahrzeugbauer mit der Weltwirtschaftskrise zu kämpfen. Deshalb also nun die Hochzeit: Am 29. Juni 1932 schließen sich die Horch-Werke und der Fahrzeugbau der Wanderer-Werke mit DKW zusammen, dem Unternehmen, zu dem Audi bereits seit 1928 gehört. Die Hochzeit ist eigentlich eine Übernahme durch DKW, aber „Hochzeit" – das klingt einfach besser.

Also doch eine Zweckehe und keine Liebesheirat. Sehen Sie nur, wie sie Edelmetall tauschen: Das Markenzeichen der Auto Union, wie sich die vereinigten Fahrzeugfabriken nun nennen, werden die vier ineinander verschlungenen Ringe.

Das Doppel-Paar sorgt bald für Furore: Innerhalb von sechs Jahren vervierfacht die Auto Union Umsatz und Autoproduktion, stellt fünfmal so viel Motorräder her, die Belegschaft verdreifacht sich. Aber lange dauert das Wirtschaftswunder nicht: Der Konzern wird von den Nationalsozialisten für die Rüstungsproduktion

gebraucht, und die Bosse machen willig mit. Schon 1938 gehört die Wehrmacht zu den Hauptkunden. Nach Ausbruch des Zweiten Weltkrieges müssen mehrere tausend Zwangsarbeiter in den Werken der Auto Union schuften. Die Gruppe wird nach dem Sieg der Alliierten zerschlagen. Bis dass der Tod euch scheidet – tatsächlich hatte der Tod das Quartett geschieden, der Tod von Millionen Opfern des deutschen Nationalsozialismus.

Matthias Zwarg

Fortan warben die vier Firmen auch mit dem Symbol der Auto Union, konnten sich jedoch das jeweils eigene Image bewahren.

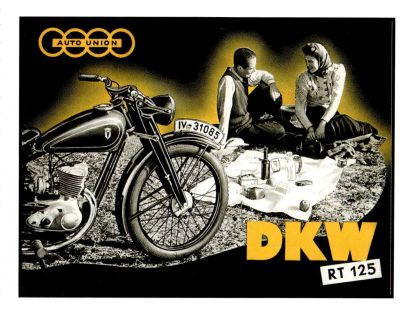

Decknamen. *Der Gebrauch von Decknamen für Autotypen war zur Jahrhundertwende unter der Prominenz üblich. Der in Leipzig geborene Jellinek meldete zum Beispiel 1899 einen 23-PS-Phoenix für eine Tourenfahrt unter dem Pseudonym „Mercedes", dem Vornamen seiner Tochter, an. Baron Rothschild benutzte das Pseudonym „Dr. Pascal".*

Einheizen. *Die Berufsbezeichnung Chauffeur ist der französischen Sprache entnommen und bedeutet Heizer. Diese gehörten in jener Zeit zum Betriebspersonal, als die ersten dampfbetriebenen Fahrzeuge in Betrieb gingen, denen kräftig eingeheizt werden musste.*

Hitler, Porsche und die ESEM

Wo der Käfer herkam

Der Diktator Hitler, der Autokonstrukteur Porsche und die ESEM in Schwarzenberg, was hatten die miteinander zu schaffen?

Nachdem 1933 die Nationalsozialisten die Macht in Deutschland übernommen hatten, galt es diese zu festigen und sich eine große Gefolgschaft in der Bevölkerung zu sichern. Den Wahlversprechen mussten Taten folgen. Zur Taktik, mit preiswerten Konsumgütern die Bevölkerung vom Nationalsozialismus zu überzeugen, gehörte auch die Idee von einem Wagen für das Volk. Auf der Berliner Automobilausstellung 1934 verkündete Hitler, er sähe nicht ein, dass für Millionen hart arbeitender Menschen ein modernes Verkehrsmittel unerreichbar bleiben solle. Es könne ihnen vielmehr Nutzen bringen und ein Quell der Freude sein.

In einem aus dem gleichen Jahr stammenden Dokument des Reichsverbandes der deutschen Automobilindustrie, RDA, klang das anders. Darin wurde gefordert, dass dieses Auto ausreichend Platz haben solle für drei Soldaten, ein Maschinengewehr und entsprechende Munition. Doch der kleine Mann daheim in seinen vier Wänden ahnte davon noch nichts. In freudiger Erwartung klebte er jede Woche eine Sparmarke in sein Sparmarkenheft getreu dem Slogan: „Fünf Mark die Woche musst Du sparen – willst Du im eignen Wagen fahren". Der künftige Autobesitzer wünschte sich, dass die rund dreieinhalb Jahre, bis er den Kaufpreis von 990 RM beisammen hätte, bald herum wären. Den Trick mit der ratenweisen Vorfinanzierung, der zudem einen sicheren Absatz versprach, hatte sich die GEZUVOR ausgedacht, die „Gesellschaft zur Vorbereitung des Deutschen Volkswagens mbH". Die war eigens für den zu bauenden Wagen von der Deutschen Arbeitsfront, DAF, gegründet worden. Nach dem Namen der Freizeitorganisation dieser DAF „Kraft durch Freude" erhielt der zu bauende Volkswagen seinen Namen: KdF-Wagen. Die für seine Fabrikation am Mittellandkanal errichtete Stadt samt Werk, das heutige Wolfsburg, erhielt den Namen KdF-Stadt.

Einer, der sich bereits vor dem KdF-Wagenprojekt auf eigene Faust mit Plänen zum Bau eines preisgünstigen Kleinwagens nach amerikanischem Vorbild beschäftigt hatte, war der in der Nähe des böhmischen Reichenberg geborene Konstrukteur Ferdinand Porsche. Er hatte mit Zündapp verhandelt, mit NSU und mit Wanderer. Alle waren interessiert an seinen Entwürfen, sogar erste Prototypen hatte er bauen lassen, doch im letzten Augenblick hieß es immer: Nein, danke! Es lag nicht an den Entwürfen von Por-

1934 unterzeichnete Ferdinand Porsche (1875 – 1951) einen Vertrag mit dem Reichsverband der deutschen Automobilindustrie zur Entwicklung des „Volkswagens", der das Auto dem Volk zugänglich machen und das Nazi-System stabilisieren sollte. Sein Sohn Ferdinand (Bild) baute den Roadster 356 Nr. 1, das erste Auto mit dem Namen Porsche.

sche, der sich 1930 mit der Dr.-Ing. h. c. F. Porsche GmbH, einem Konstruktionsbüro, selbstständig gemacht hatte und auf eine reiche Konstruktionserfahrung zurückblicken konnte, es lag an der wirtschaftlichen Situation im krisengeschüttelten Deutschland. Den Wagen hätte keiner bezahlen können, die Produzenten nicht und die anvisierten Käufer erst recht nicht.

Ausgerechnet die Nationalsozialisten mit ihrer Brachialökonomie waren es, die nun scheinbar den Weg zur Demokratisierung des Autos in Deutschland ebneten und den einstigen Luxusgegenstand dem Volk nahe brachten. Keine Frage, die Entwürfe des Technikpioniers Porsche passten genau ins politische Kalkül. Nachdem Porsche am 22. Juni 1934 den Vertrag mit dem RDA zur Entwicklung des Volkswagens unterzeichnet hatte, konnte er endlich darangehen seine Vorstellungen zu verwirklichen. Das heißt: nicht ganz. Hitler brachte eigene Vorstellungen ein.

In einer Zeichnung änderte er die Front- und Heckpartie des Wagens und aus einem Notizzettel geht hervor, dass er neben den üblichen technischen Daten besonders dem Gewicht des Wagens großen Wert beimaß. Zudem forderte Hitler, dass der Wagen Luftkühlung haben müsse – Punkte, die auch für eine militärische Nutzung von Wichtigkeit sind. Doch erstmal musste das Auto gebaut werden. Ein solch großes Auftragsvolumen hatte es vorher in der Automobilindustrie und bei den Zulieferbetrieben noch nie gegeben.

Einer dieser Zulieferbetriebe war die Erzgebirgische Schnittwerkzeug- und Maschinenfabrik ESEM in Schwarzenberg (heute: KUKA Werkzeugbau Schwarzenberg GmbH). Dieser Betrieb stellte seit 1898 Umformwerkzeuge her. Das sind massive, aus vielen Stücken bestehende mechanische Vorrichtungen, in denen flache Blechtafeln solange verformt werden, bis sie das gewünschte Aussehen haben, etwa das einer

Patronenhülse oder das eines Kotflügels. Dementsprechend reichen die Abmessungen dieser Formen von Handtaschengröße bis hin zur Dimension einer Fertiggarage. Renommierte Fahrzeughersteller wie Horch, Ford, Hanomag und Opel bestellten ihre Werkzeuge in Schwarzenberg; die Firma hatte sich in der Branche einen guten Ruf erworben, Schwarzenberger Ingenieure reisten zu Porsche nach Wolfsburg, und schließlich erhielt die ESEM den Auftrag zur Anfertigung der Umformwerkzeuge. Auf der Leipziger Frühjahrsmesse 1939 präsentierte die ESEM stolz Blechmuster der KdF-Wagen-Karosserie, die sie ohne Nacharbeit auf werkseigenen Pressen hergestellt hatte. Einem umformtechnischen Novum galt der Hinweis, den die Besucher einer Aufschrift auf der Frontscheibe entnehmen konnten: „Dachblech mit Windlauf und Rückwand aus einem Stück gezogen. Erstmalig in Europa hergestellt."

Der Volkswagen hatte Anfang 1938 seine endgültige Form, als VW 38.

Doch die Welt interessierte das nur noch am Rande. Zwei Tage nach der Messe am 15. März 1939 marschierte die Wehrmacht in die Tschechoslowakei ein, am 1. September überfiel Deutschland Polen, der Krieg hatte begonnen. Porsche konstruierte Kübelwagen für's Militär und die ESEM fertigte Torpedohülsen. Die KdF-Wagen-Sparer fuhren nun Auto, nur das eigene war es nicht und gelenkt hat ein anderer.

Hitler, Porsche und die ESEM, das hatten sie miteinander zu schaffen.   *Jens Kraus*

Auf einer langen, finsteren Straße..

Günther Mickwausch und der F 9

Der von Günther Mickwausch maßgeblich gestaltete DKW F 9, der aber wegen des Kriegsausbruchs nie in Serie ging und erst Jahre später als IFA F 9 leicht modifiziert eine Renaissancee erlebte.

Was ist das eigentlich – ein Lebenswerk? Das Werk eines Lebens oder zu leben für ein Werk? Vielleicht so: etwas, das bleibt. Über den Tod hinaus. Es wäre interessant zu hören, was Günther Mickwausch dazu zu sagen hat.

Seine Geschichte beginnt im Jahr 1932. Kein gutes Jahr für einen 24 Jahre alten Absolventen der Kunstgewerbeakademie in Dresden. Günther Mickwausch galt als talentierter Grafiker mit Sinn für Entwürfe und deren Gestaltung und einem für bildende Künstler eher untypischen technischen Sachverstand. Arbeit war rar damals und Kunst schon immer ein brotloses Geschäft.

Weil aber das Brot zum Leben gehört, folgte Günther Mickwausch dem Lockruf der Industrie.

Die Auto Union in Chemnitz war auf der Suche nach einem Grafiker, der es verstand, anhand von Konstruktionsunterlagen ein Auto zu zeichnen. Man könnte es auch so beschreiben: jemand, der der spröden Sprache der Technokraten, all den Linien und Zahlen also, eine elegante Form verleiht. Anfang Dezember fuhr Günther Mickwausch also nach Chemnitz zum ersten Vorstellungsgespräch. Ein Auto sollte der Anwärter zeichnen und später noch ein Armaturenbrett. Das Ergebnis muss die Herren überzeugt haben, denn schon gut zwei Wochen später war der talentierte Gebrauchsgrafiker ein Technischer Angestellter bei der Auto Union – auf Probe versteht sich und mit einem Monatsgehalt von zunächst knapp 250 Reichsmark.

Gut 4000 Mitarbeiter hatte die Auto Union damals – jener Schulterschluss der vier sächsischen Automobilwerke Horch, Audi, Wanderer und DKW, der nach zähem Ringen und mit den Millionen der Sächsischen Staatsbank Wirklichkeit wurde, weil keiner der vier Kandidaten allein eine Überlebenschance gehabt hätte.

Aber zurück zu Günther Mickwausch, dem talentierten Gebrauchsgrafiker, der sich nie sonderlich für Autos interessiert hat und der nun plötzlich Autokarosserien entwerfen und gestalten sollte.

Es ist an der Zeit, dass Käthe Mickwausch in die Geschichte findet, die ja eine Familiengeschichte ist. Günther und Käthe Mickwausch also – die beiden haben sich während des gemeinsamen Studiums in Dresden kennen gelernt, haben sich im April 1933 verlobt und schon ein paar Wochen später geheiratet. Es scheint, als drängte die Zeit damals und das tat sie auch. Man muss dazu wissen, dass Käthes Vater Jude war – sie also Halbjüdin – und sofort ahnt man die Gefahr, so wie Günther und Käthe Mickwausch sie geahnt haben müssen. Jene Gefahr, die im Frühjahr 1933 nicht mehr nur in der Luft lag, sondern bereits Stimme und Gestalt hatte.

Mit Glück und Geschick konnten die beiden ihre Hochzeit besiegeln. Sie zogen am 1. Juli 1935 in eine moderne Zweizimmerwohnung mit großer Wohnküche in der Heimgartensiedlung, im heutigen Chemnitzer Stadtteil Gablenz. Der Alltag half, die Angst zu verdrängen. Käthe Mickwausch begann als Technische Zeichnerin in der Maschinenfabrik Haubold zu arbeiten, und Günther Mickwausch ging weiterhin jeden Morgen zu Fuß bis zur Scheffelstraße, wo sich die Hauptverwaltung der Auto Union befand und auch die von Albert Locke geleitete Konstruktionsabteilung, wo er zunächst an Armaturenbrettern und Firmenemblemen arbeitete oder verschiedene Ansichten von Karosserien zeichnete, und damit 183 Reichsmark verdiente plus einem Leistungszuschlag von 62 Mark. Viel weniger übrigens, als all die Techniker und Konstrukteure, mit denen er zusammen arbeitete, was genug sagt über die Wertigkeit eines Gestalters und mithin auch über die Wertigkeit der Gestaltung eines Autos.

Etwa zur gleichen Zeit wie der Gestalter Mickwausch hielt bei der Auto Union in Chemnitz auch eine Idee Einzug. Sie war nicht völlig neu, die Idee, aber sie sollte zu einem völlig neuen Auto führen – zum so genannten Stromlinienwagen. Einem Auto also, das sich nicht wie ein klobiger Kasten gegen den Fahrtwind stemmte, sondern das sich rund machte, sich duckte und dem Luftstrom so kaum Angriffsfläche bot. Mit ein wenig Phantasie kann man jene Autoform, die sich der Ingenieur Paul Jaray 1926 hatte patentieren lassen, mit dem Querschnitt einer vorn runden und nach hinten spitz zulaufenden Flugzeug-Tragfläche vergleichen, und gewissermaßen hat Jaray mit seiner Idee dem Automobilbau ja wirklich Flügel verliehen. Nur hat er selbst davon nicht viel gehabt, weil sich die deutschen

Autohersteller zunächst davor hüteten, auf die neue Linie einzuschwenken, um sich die Lizenzgebühren zu ersparen. Aber das Potenzial der neuen Stromlinienform hat man auch bei der Auto Union in Chemnitz erkannt. Bereits 1933 existierten hier Konzepte, die weitgehend den späteren Stromlinienwagen ähneln.

Günther Mickwausch wird davon freilich nicht viel gewusst haben. Es war inzwischen bekannt geworden, dass er mit einer Halbjüdin verheiratet war. Die Karriereleiter führte fortan direkt aufs Abstellgleis. Auslandsreisen waren plötzlich passé und die Bitten um eine Gehaltserhöhung wurden regelmäßig abgelehnt. Es waren gewiss keine Repressalien, denen der Gestalter Mickwausch ausgesetzt war, aber es war wie ein Korsett, in das er sich hineinzwängen musste und das ihm die Freude an der Arbeit raubte. Das Klima im Konstruktionsbüro an der Scheffelstraße wurde rauer, so wie überall im Land. Dass

es ein paar Jahre später sogar um Leben und Tod gehen sollte, konnte Günther Mickwausch noch nicht ahnen.

Ein Auto hat keinen Geburtstag. Irgendwann 1937 muss der Gestalter Günther Mickwausch den Auftrag bekommen haben, einen Stromlinienwagen auf DKW-Basis zu entwerfen. Das Ergebnis war der DKW F 9, ein Auto mit dem typischen Frontantrieb, einem modernen 28 PS starken Dreizylinder-Zweitaktmotor und einer bemerkenswerten Karosserie aus Blech, in der sich nicht nur Kunst und zeitgemäßes Design vereinigten, sondern die auch mit einem sagenhaften Cw-Wert von 0,42 bestechen konnte, der allen Kritikern den Wind aus den Segeln nahm und jahrzehntelang ein Richtwert im Autobau bleiben sollte. Es gibt ein paar wunderschöne Entwurfszeichnungen dieses Wagens von Günther Mickwausch, die eine Ahnung vermitteln von seiner außergewöhnlichen Begabung und die das Korsett vergessen lassen und die noch immer drohende Gefahr für Günther und Käthe Mickwausch. Gut möglich, dass auch die

---

Sternstunde. *„Von hier aus wird ein Stern aufgehen, und ich will hoffen, daß er uns und unseren Kindern Segen bringt" hat Daimler einmal auf eine Fabrikansicht gezeichnet. Dieser, mit einem Kreis umgeben Dreizackstern wurde 1921 als Kühlerfigur angemeldet und symbolisiert die dreifache Motorisierung auf dem Lande, zu Wasser und in der Luft.*

---

beiden vergessen und verdrängt haben, wenn sie zum Beispiel mit ihrem DKW F 8 „Meisterklasse" durch die Dolomiten tuckerten, den sie sich inzwischen für 1800 Reichsmark geleistet hatten. 1939 jedenfalls, als aus Ideen und den zahllosen Gips- und Plastelin-, Holzmodellen schließlich ein Auto geworden war, verdiente Günther Mickwausch immerhin 350 Reichsmark bei der Auto Union, auch wenn seine wiederholten Bitten um eine generelle Neueinstufung weiterhin abgelehnt wurden. Insgesamt 20 Funktionsmuster waren vom DKW F 9 gebaut worden und dabei sollte es auch bleiben. Der Krieg hat viele Pläne durchkreuzt. Auch die der Auto Union, die eigentlich den F 9 bauen wollte, nun aber, wie

es in der ehrfurchtsvollen Literatur zur Geschichte der vier Ringe heißt, „auf weniger attraktive Produkte umstellen musste."

Umstellen mussten sich auch andere. Käthe Mickwausch zum Beispiel, die 1943 vom barbarischen Rassenwahn der Nazis erfasst und zur Zwangsarbeit in die damalige Spinnerei Witt in Altchemnitz getrieben wurde. Später dann, nach dem verheerenden Bombenangriff vom 5. März 1945, musste sie in Rabenstein Altkleider sortieren. Der tägliche Fußmarsch dorthin und die Arbeit müssen eine ungeheure Strapaze gewesen sein. Günther Mickwausch jedenfalls konnte das nicht lange mit ansehen. Beim Arbeitsamt erwirkte er eine vorübergehende Freistellung für seine Frau. Es war keine Ahnung, sondern Verzweiflung und Glück. Dass kurz darauf alle Zwangsarbeiter aus Rabenstein abtransportiert wurden, hat Käthe Mickwausch erst später erfahren. Sie hat damals schon geahnt, wohin der Transport ging. Heute weiß sie es.

Heute sitzt sie in ihrer geschmackvoll eingerichteten Wohnung in Heidenau. 90 Jahre alt ist Käthe Mickwausch, eine beeindruckende Frau voller Energie und Lebenslust, die gerade eben erst an der Volkshochschule Englisch gelernt hat. Günther Mickwausch ist 1990 gestorben. Es steht außer Frage, dass die beiden bis zuletzt ein glückliches Paar waren. „Mein Mann war immer sehr stolz auf den F 9", sagt Käthe Mickwausch, und das klingt wie ein Vermächtnis. Gefahren hat er ihn übrigens nie. Dem F 8 „Meisterklasse" folgte ein P 70 und später ein Wartburg 353 W.

Matthias Behrend

Die Silberpfeile und Bernd Rosemeyer
Wahnsinnige Rekordsucht fand ihre Opfer

Es war ein harter Konkurrenzkampf zwischen der Auto Union und der Daimler-Benz AG. Da gab es also die Richtlinie der Internationalen Automobilklubs für die Grand-Prix-Rennen, dass die Wagen zukünftig nicht mehr als 750 Kilogramm Gewicht haben durften. Und da war Gelegenheit für Ferdinand Porsche einen Rennwagen mit Heckmotor zu entwickeln, mit 16-Zylinder-Kompressor-Triebwerk und einer Leichtmetall-Karosserie. Die Geburtsstunde der „Silberpfeile" war gekommen. Aber auch Mercedes hatte eine ähnliche Konstruktion von Dr. Hans Niebel. Der „Silberpfeil", der auch Silberfisch oder Silberwolf genannt wurde, er sollte es bringen. Wie so oft kamen ideologische und persönliche Ziele zusammen.

Hans Stuck schaffte es 1934 für die Auto Union, aber auch für die Propagandamaschine Hitler-Deutschlands, drei neue Weltrekorde auf der Avus zu fahren. Ach ja, und dann kam das Jahr 1935. Und zufällig kam im Spätherbst eine junge Frau ins Sächsische, die auf andere Weise Rekorde eingeholt hatte, die Fliegerin Elly Beinhorn.

„Zwei Tage nach dem Zwickauer Vortrag sprach ich abends in der Nähe von Glauchau und rannte noch eine Weile im Städtchen umher, um mir nach der ewigen Sitzerei im Auto die Beine zu vertreten. Aus einer Nebenstraße, auf die Hauptstraße losmarschierend, sah ich plötzlich einen langen, eleganten Wagen mit einem unbeschreiblichen Tempo aber wirklich wie ein Torpedo vorbeischießen und meinte nur zu mir selbst: Na, wenn der so weitermacht, wird er zumindest das Prachtauto die längste Zeit heil und

ganz besessen haben. Und siehe da, als ich längst wieder in meinem Hotel angelangt war, parkte dort der inzwischen zur Ruhe gekommene, elfenbeinschwarze Horch, und in der Halle erwartete mich Herr Rosemeyer", so schreibt es die Beinhorn in der Biografie eben dieses Herrn Rosemeyers, den sie bald darauf heiraten würde. Beginn also im Sächsischen, freilich auch diese Geschichte mit politischem Hintergrund, die Rekordsportler hatten das Dritte Reich zu vertreten, und sie machten es nicht schlecht.

Die Weltrekorde mit den „Silberpfeilen" purzelten, Ende Oktober 1937 hielt Bernd Rosemeyer mit dem Auto-Union-Wagen drei Weltrekorde und 16 internationale Klassenrekorde. So fuhr er im fliegenden Start zehn Meilen mit einem Stundenmittel von 360,3 Kilometer. Und dann kam das Jahr 1938. Im Januar wollte Auto

HANS BRETZ

Bernd Rosemeyer
EIN LEBEN FÜR DEN DEUTSCHEN SPORT

WILHELM LIMPERT-VERLAG · BERLIN SW 68

Schnell rankten sich Legenden um den am 28. Januar 1938 verunglückten Bernd Rosemeyer, einen „prächtigen Jungen, den wir zwar bewundern, aber den wir letzten Endes lieben", wie die Allgemeine Automobil-Zeitung damals schrieb. Nur drei Jahre dauerte seine Karriere.

Die Fliegerin Elly Beinhorn und der Rennfahrer Bernd Rosemeyer – das Traumpaar des deutschen Rennsports in den 30ern galt als Inbegriff einer furchtlosen, fröhlichen, Jugend.

Rosemeyer gewann mehrere Grand Prix, wurde 1936 Europameister, hielt drei Weltrekorde. Ein weiterer Rekordversuch kostete ihn das Leben.

Union bei Frankfurt am Main auf der Autobahn neue Rekordversuche unternehmen. Bernd Rosemeyer kam mit dem Flugzeug aus Berlin, dass er dabei mit einer Notlandung nur knapp an einem Unfall vorbeischrammte, er war solche Situationen gewöhnt. Am 28. Januar: Man hört, dass Rudolf Caracciola für Mercedes-Benz den Rosemeyer-Rekord mit 437,7 Stundenkilometern gebrochen hat. Nun geht Rosemeyer an den Start, aber bei Kilometer 9,2 ist die Fahrt zu Ende. Er ist tödlich verunglückt.

Nein, es war keine „Urgewalt der Naturkräfte", wie es Rennleiter Karl Feuereissen formulierte, die den Wagen zur Explosion brachte, es war die wahnwitzige Rekordsucht, jene dunkle Seite des Automobilsports. 1938 begann auch das Ende der Silberpfeile. Hitler ließ sie nicht in Nottingham starten, der Zweite Weltkrieg warf seine Schatten voraus. Und als man in Belgrad zum Grand Prix starten will, ist der letzte Trainingstag der Beginn des Zweiten Weltkriegs.

Noch einmal sollte man gewinnen: Nuvolari gewinnt für Auto Union. Aber die Zeit der großen Rennen, die Zeit der Silberpfeile war vorüber.   *Klaus Walther*

Puppchen. *Die Chemnitzer Wanderer-Werke machten sich einen Namen mit Fahrrädern und Motorrädern. Nach langjährigen Studien ging ein Kleinwagen (12 PS) in Serie. Fans tauften ihn als „Wanderer-Puppchen".*

Kommissbrot. *Hanomag (Hannoversche Maschinenbau AG), Dampfkessel, Dampfpflüge und Lokomotiven, fand im Automobilbau einen neuen Industriezweig. Musste der erste kleine Zweisitzer – von den Fans auch „Mäxchen" oder „Kommissbrot" genannt, zur Reparatur, hieß es oft: „Hanno mag nicht mehr".*

Reichsbahner bauen für die Konkurrenz

Die ersten Autobahnen in Sachsen

Als die Produktion von Automobilen bereits begonnen hatte, waren die meisten Überlandstraßen in Deutschland noch Fahrwege für Pferdegespanne. Zunehmend wurde klar, dass solche Straßenzustände dem Automobilbau abträglich sind.

Weitsichtige Experten erkannten bereits damals, dass die Kraftfahrzeuge künftig für den Fernverkehr ebenso wie die Eisenbahnen eigene Fahrtrassen benötigen. Schon 1909 gründete sich darum eine „Vereinigung zum Bau einer Nur-Auto-Straße bei Berlin". Von ihr wurden auch der Begriff Autobahn geprägt und die Grundzüge für ihre Beschaffenheit formuliert. Danach sollten die Straßen ausschließlich Automobilen vorbehalten sein und einen absolut kreuzungsfreien Verkehr gewährleisten. Grünstreifen oder andere Anlagen sollten die beiden Fahrbahnen voneinander trennen, von denen jede über mindestens zwei Fahrbahnen verfügt, um ein gefahrloses Überholen langsamerer Fahrzeuge zu ermöglichen. Der Verein schuf zunächst als Versuchsstrecke für die Industrie die Avus bei Berlin, ab 1921 als Rennstrecke weltbekannt.

Die Ideen der Avus-Schöpfer griff vor allem der 1926 gegründete „Verein zur Vorbereitung der Autostraße von Hamburg über Frankfurt nach Basel" (HAFRABA) auf. Der umständliche Name gibt kaum Auskunft darüber, dass sich dahinter schon bald ein vielköpfiges Team von Ingenieuren, Tief- und Brückenbauern, Architekten und Verkehrsplanern sowie Experten der Autoindustrie verbarg, dessen Wirkungsfeld sich nach und nach auf ganz Deutschland erstreckte. Auf ihren Studien, Standortuntersuchungen, Gutachten und anderer Vorarbeiten basierte schließlich das Projekt eines deutschlandweiten Autobahnnetzes, daß die HAFRABA 1931 veröffentlichte. Das ideengewichtige Projekt eignete sich zwei Jahre später die Nazipartei an, um mit viel Propagandalärm ein groß angelegtes Bauprogramm sogenannter „Straßen des Führers" zu verkünden. Unbestritten, nicht wenige fanden dabei nach jahrelanger Arbeitslosigkeit wieder eine sinnvolle Beschäftigung, nahmen dafür bereitwillig einen oft recht bescheidenen Lohn in Kauf und dankten den Nazis, wie von ihnen erwartet, mit kritikloser Hörigkeit.

In Sachsen begann der Autobahnbau am Rande von Chemnitz. Am 21. März 1934 erfolgte im Bahrebachtal, unweit der heutigen Anschlussstelle Chemnitz-Nord, der erste Spatenstich. Im September 1936 wurde dann der erste Abschnitt der jetzigen A 4 zwischen Oberlichtenau und Hohenstein-Ernstthal übergeben. Im gleichen Jahr erfolgte in der Nähe von Treuen der erste Erdaushub für die Autobahn Chemnitz – Hof, der jetzigen A 72.

Die baufachliche, technisch-organisatorische und ökonomische Leitung lag hier wie im gesamten Lande in den Händen von Spitzenkräften der Reichsbahn. Es dürfte heute weniger bekannt sein, dass seinerzeit die Autobahngesellschaft ein Zweigunternehmen der Reichsbahn war, die über einen Stamm von Fachleuten verfügte, die sich das Rüstzeug und die Erfahrungen beim Ausbau und der Unterhaltung des deutschen Eisenbahnnetzes erworben hatte. Oft setzten sie, vom Missbrauch durch die Nazipropaganda mehr oder weniger beeindruckt, all ihr Können, ihren Ideenreichtum und nicht zuletzt ihr ästhetisches und ökologisches Empfinden für ein bleibendes Werk für die Nachwelt ein. Man schaue sich auf den sächsischen Streckenabschnitten nur die Brücken näher an:

Technisch kühne Konstruktionen neben solchen von traditioneller Gestaltung, häufig mit Werksteinen errichtet, die zu den besten gehören, was die Region zu bieten hat wie Lausitzer und Meißner Granit, Theumaer Schiefer, Rochlitzer Porphyrtuff …

Oder ein weiteres Detail: Im Abschnitt zwischen Hartenstein und Treuen der Autobahn Chemnitz – Hof wurden teils sogar kleine Hügel und andere Erhebungen abgeflacht, allein um Blicke auf das reizvolle Panorama von Westerzgebirge und Vogtland freizugeben. Solches konnte bei Fahrtempo und Verkehrsdichte damals sogar der Autolenker riskieren.

Heute werden dafür seitlich der Autobahnen mächtige Erdwälle, Wände und Mauern errichtet, um die Anwohner vor immensem Verkehrslärm zu schützen – und den Fahrer vor der Versuchung, sich von den Reizen der Landschaft ablenken zu lassen. *Gunther Wendekamm*

Im Bahrebachtal hatte 1934 der Autobahnbau bei Chemnitz begonnen. Zwei Jahre später wurde der erste Abschnitt der heutigen A 4 übergeben.

Über 60 Jahre später wird im Bahrebachtal wieder gebaut.

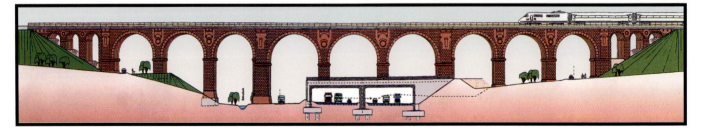

Alles was Räder hat...
DKW baut auch Flugzeuge und Kühlgeräte

Rasmussens Motorenwerke in Zschopau binden gemeinsam mit der Baumwollspinnerei AG im Jahr 1939 immerhin 5 224 Arbeitskräfte. Allein auf die Bevölkerungszahl der Erzgebirgsstadt bezogen (8854), würde sich so eine Beschäftigungsrate von rund 59 Prozent ergeben. Das bedeutet nichts anderes, als dass Zschopau einen großen Umkreis mit Arbeit versorgt. Doch damit nicht genug. Jörgen Skafte Rasmussen versteht es, mit einem Netz von Firmen – vor allem beheimatet im Erzgebirge – die Zulieferung von Teilen selbst in die Hand zu nehmen. Insgesamt gehören 18 Zweigwerke zu Rasmussens Unternehmen, davon befinden sich nur drei nicht in Sachsen. Eine der faszinierenden Charakteristika von Jörgen Skafte Rasmussen war die Tatsache, dass er sich nicht auf den Motorradbau beschränkte, sondern ständig nach neuen Geschäftsfeldern suchte. Nicht allein durch seinen (gescheiterten) Versuch mit dem Dampf-Kraft-Wagen darf vermutet werden, dass sein eigentliches Ziel das Automobil war. Vielmehr versuchte er, das bei den Rota-Werken in Zschopau gebaute Fahrzeug „Der kleine Bergsteiger", ein offener Zweisitzer mit selbsttragender Karosse und DKW-Stationärmotor, zu etablieren. Später folgten Versuche bei Slaby und Behringer Berlin sowie eine Gemeinschaftsproduktion mit AEG und AFA. Erst ab 1927 kommen richtige DKW-Autos auf den Markt. Mit der Übernahme von Audi Zwickau legt Rasmussen die Grundlage für die Produktion des DKW P 25, der von einem 30 PS starken Peugeot-Motor getrieben wird. Mit der Entwicklung des DKW-Front schafft der Däne die Krönung seines Traums vom Volksautomobil. Es ist das erste Großserienauto der Welt mit Vorderradantrieb. Bis 1955 laufen insgesamt 300.000 dieser Fahrzeuge in verschiedenen Modifikationen vom Band.

Eine weitere Deutung von DKW lautet Das Kühl-Wunder. Bereits 1925 waren die Scharfensteiner Moll-Werke in Konkurs gegangen. Nach der Übernahme und vor allem nach Rasmussens Besuch in den USA (1927) entscheidet sich der Däne für den Bau von Kühlanlagen. Er dringt in Deutschland damit in einen Bereich vor, der hauptsächlich von amerikanischen Produkten beherrscht wird. Unter dem Namen DKW-Kühlanlagen Scharfenstein/Sa., Zweigwerke der Zschopauer Motorenwerke J. S. Rasmussen und mit dem Amerikaner Henry Hopkes an der Spitze werden drei Haupttypen mit 220, 600 und 1500 Litern Fassungsvermögen gebaut. 1931 erfolgt der Schritt zum selbstständigen Unternehmen unter dem heute noch bekannten Titel dkk Scharfenstein.

Mit DKW ging Rasmussen aber auch in die Luft. Die Firma baut das einsitzige, in Holzbauweise gefertigte Flugzeug DKW Erla Me. Neben den in allen Bereichen einsetzbaren Motoren gibt es zudem DKW-Original Damen- und Herrenräder, DKW-Zigaretten, ein Tretauto für Kinder, Zündkerzen, eigene Geldscheine in der Inflationszeit und ein eigenes Postamt im Hauptwerk. Und noch heute zählt die damals entstandene Rasmussen-Siedlung zu den schönsten Wohngegenden Zschopaus.

Matthias Heinke

Chronik 1931–1940

4. 11. 1932 Eine neue Notverordnung setzt schärfere Strafen für Autodiebstahl in Kraft

29. 6. 1932 Bildung des Auto Union-Konzerns (Audi — Horch — Zschopauer Motorenwerke J. S. Rasmussen AG und Wandererwerke Siegmar-Schönau)

18. 2. 1933 Krupp baut den ersten luftgekühlten Dieselmotor für Automobile: Vierzylinder, 50 PS

9. 7. 1933 In Deutschland gibt es 1.507.000 Kraftfahrzeuge. Ein Auto pro 42 Einwohner

1934 Erstmals nehmen Auto Union-Rennwagen an einer großen internationalen Veranstaltung teil. (Sieben Welt- und ein Klassenrekord)

1934 Die Nationalsozialisten streichen die Kraftfahrzeugsteuer, um den Verkauf von Kraftfahrzeugen zu verstärken

17. 1. 1935 Porsche, seit 1934 unter Vertrag, übergibt der Reichsregierung ein „Exposé betreffend den Bau eines Volkswagens"

1936 Wegen Aufrüstung und Devisenmangel werden Reifen kontingentiert. Das führt bei Audi zu Kurzarbeit

1937 In San Francisco rollt erstmals der Verkehr über die längste Hängebrücke der Welt (Golden Gate). 67 Meter über dem Meer

28. 1. 1938 Bei einem Rekordversuch verunglückt Bernd Rosemeyer tödlich. (430 bis 440 Stundenkilometer)

26. 5. 1938 Grundsteinlegung für das Volkswagenwerk bei Fallersleben

1938 Die TH Dresden verleiht Rasmussen zu seinem 60. Geburtstag die Ehrendoktorwürde

20. 10. 1938 Einführung von Stopp-Straßen in Deutschland

7. 5. 1939 Anordnung von Geschwindigkeitsbegrenzungen im deutschen Straßenverkehr

4. 9. 1939 Engpässe auf vielen Gebieten der Versorgung führen zur Einführung von Bezugsscheinen für die Benzinversorgung

7. 9. 1939 Gesetz über die Einführung der Haftpflichtversicherung im Straßenverkehr

1939 In allen europäischen Ländern ist seit Kriegsbeginn die Autoproduktion fast auf Null heruntergefahren. Militärfahrzeuge haben absoluten Vorrang

1940 Die Produktion von Rüstungsgütern beherrscht die Wirtschaft. Unter anderem werden 70.000 Kübel- und Schwimmwagen im Chemnitzer Raum hergestellt. Aus dem Horch-Werk rollen Gelände-, Schützen-, Funk- und Panzerspähwagen, Torpedos und Flugzeugteile, Panzermotoren und andere Kriegsgeräte

31. 1. 1940 Im Reich gibt es Kraftfahrzeuge nur noch auf Bezugsschein

23. 9. 1940 In Berlin wird der erste mit Holzgas betriebene Omnibus vorgestellt (80 – 100 kg Holz auf 100 Kilometer)

1941–
1950

1941–1950 Aus Autofabriken waren Rüstungsschmieden geworden. Sie bauten so viele Fahrzeuge, wie nie vorher. Halbkettenwagen, Kübelwagen, Panzerwagen, Mannschaftswagen, das waren nun die Autos, welche die Fabrikhallen verließen. Manche waren noch nicht richtig eingefahren, da wurden sie schon zerschossen, die Produktion konnte mit dem mörderischen Verschleiß kaum mithalten. An den Maschinen nahmen, wie im Ersten Weltkrieg, viele Frauen die Plätze ihrer Männer ein, Zwangsarbeiter und KZ-Häftlinge wurden als billige Arbeitskräfte ausgebeutet.

Dann Kriegsende: verstörte Menschen, zerfetzte Häuser, gesprengte Brücken, Hunger, Verzweiflung, Ungewissheit. Die Rote Armee übernahm das Kommando, die Demontage der Betriebe begann. Vorstände und leitende Mitarbeiter verließen Sachsen und gingen in die amerikanische Besatzungszone. Das Vomag-Werk in Plauen wurde gesprengt, in Zwickau, Zschopau, Chemnitz, Frankenberg und Zittau mussten die Arbeiter Maschinen und Anlagen auf Waggons verladen, die gen Osten fuhren. Gebliebene Führungskräfte, Konstrukteure und Ingenieure wurden verhaftet oder in die Sowjetunion dienstverpflichtet. Wer nicht betroffen war, stand vor leeren Fabrikhallen und ausgeräumten Konstruktionsbüros.

Irgendwie musste es weitergehen. Erste Bestrebungen zum Wiederaufbau der Fahrzeugwerke zeichneten sich ab, auch bei den neuen Machthabern. Das Sächsische Aufbauwerk SAW wurde gegründet, Autoreparaturen wurden ausgeführt, dringend benötigte Güter wie Kohlenschaufeln, Handwagen, Küchenöfen, Kartoffelpressen und Eimer in den Fahrzeugwerken hergestellt.

Mit dem Volksentscheid vom 30. Juni 1946 entstand eine neue Rechts- und Wirtschaftslage, Fahrzeugbetriebe und Zulieferer wurden als VEB (volkseigene Betriebe) in Industrie-Verwaltungen zusammengefasst. Damit war im Sinne der sowjetischen Militäradministration die Grundlage für die Wiederbelebung des Fahrzeugbaus in den alten Standorten unter neuem Vorzeichen entstanden. Erste VEB-Kraftverkehrsbetriebe für den Berufsverkehr entstanden, vor mehr als 200.000 Besuchern fand auf dem notdürftig ausgebesserten Sachsenring ein Autorennen statt. Die Schrecken des Krieges noch vor Augen, sahen viele in dem neu gegründeten Staat die Chance für eine bessere Zukunft. Zum Ende des Jahrzehnts wurden in Sachsen wieder Autos und Motorräder gebaut.

Seite 105:
Mit dem IFA F 9 versuchte die ostdeutsche Autoindustrie an die Entwicklung vor dem Zweiten Weltkrieg anzuknüpfen. Der Wagen war im Wesentlichen schon in den 30er Jahren entwickelt worden.

ADRIA (Kamenz) ALGE (Leipzig) ARI (Plauen) ATLAS (Leipzig) **AUDI** (Zwickau) AVOLA (Leipzig) BAMO (Bautzen) BARKAS (Hainichen/Chemnitz) BECKER (Dresden) CHEMNITZER MOTORWAGENFABRIK (Chemnitz) DIAG (Leipzig) DIAMANT (Chemnitz) **DKW** (Zschopau) DUX (Leipzig) EBER (Zittau) EISENHAMMER (Thalheim) ELFE (Leipzig) ELITE (Brand-Erbisdorf) ELSTER (Mylau) ESWECO (Chemnitz) **FRAMO** (Frankenberg/Hainichen) GERMANIA (Dresden) HARLÉ (PLauen) HASCHÜTT (Dresden) HATAZ (Zwickau) HEROS (Nieder-oderwitz) HIECKEL (Leipzig) HILLE (Dresden) HMW (Hainsberg) **HORCH** (Reichenbach/Zwickau) HUY (Dresden) IDEAL (Dresden) JCZ (Zittau) JURISCH (Leipzig) KFZ-WERK „ERNST GRUBE" (Werdau) KOMET (Leisnig) KSB (Bautzen) LAUER & SOHN (Leipzig) LEBELT (Wilthen) FAHRRAD- UND MOTORWAGEN-FABRIK (Leipzig) LIPSIA (Leipzig) LOEBEL (Leipzig) MAF (Markranstädt) MAFA (Marienberg) MELKUS (Dresden) MOLL (Tannenberg) MOTAG (Leipzig) MZ (Zschopau) MuZ (Zschopau) MZ-B (Zschopau) NACKE (Coswig) NEOPLAN (Plauen) NETZSCHKAUER MASCHINENFABRIK (Netzschkau) OD (Dresden) OGE (Leipzig) ORUK (Chemnitz) OSCHA (Leipzig) PEKA (Dresden) PER (Zwickau) PFEIFFER (Rückmarsdorf) **PHÄNOMEN** (Zittau) PILOT (Bannewitz) PORSCHE (Leipzig) POSTLER (Niedersedlitz) PRESTO (Chemnitz) REISIG/MUK (Plauen) RENNER (Dresden) ROBUR (Zittau) RUD (Dresden) SACHSENRING-AWZ (Zwickau) SATURN/STEUDEL (Kamenz) SCHIVELBUSCH (Leipzig) SCHMIDT (Fischendorf) SCHÜTTOFF (Chemnitz) SPHINX (Zwenkau) STEIGBOY (Leipzig) STOCK (Leipzig) TAUTZ (Leipzig) TIPPMANN & CO (Dresden) UNIVERSELLE (Dresden) VOGTLAND-WAGEN (Plauen) VOMAG (Plauen) VW (Mosel/Dresden) **WANDERER** (Chemnitz) WELS (Bautzen) WOTAN (Chemnitz/Leipzig) ZEGEMO (Dresden) ZETGE (Görlitz) ZITTAVIA (Zittau)

Das magische Dreieck

Rasmussen, Weber und Hahn garantieren DKW-Erfolg

Unternehmer Jörgen Skafte Rasmussen sen. (1878 bis 1964), Konstrukteur Hermann Ferdinand Weber (1896 bis 1948) und Verkaufsleiter Dr. Carl Hahn sen. (1894 bis 1961) – diese drei Männer sind die Erfolgsgaranten für DKW in Zschopau, oder anders gesagt, das magische Dreieck.

Als am 8. Mai 1945 auch in Zschopau zum Zeichen der Kapitulation von Hitler-Deutschland die weißen Fahnen geschwenkt werden, atmen die Menschen auf, dass der Krieg nun endlich vorbei ist. Doch noch längst nicht vorbei ist der Spuk für den Chefkonstrukteur, Oberingenieur Hermann Weber, einem der bedeutendsten Männer des Zschopauer Werkes. Die russische Besatzungsmacht begann sehr schnell mit der kompletten Demontage des DKW-Werkes. In einer Nacht-und-Nebel-Aktion werden Zschopauer Spezialisten zum Aufbau eines neuen Werkes hinter dem Ural „dienstverpflichtet". Zu ihnen gehört auch Hermann Weber, der seine Heimat nie mehr wiedersehen sollte. 1948 verstarb er in Kasan.

Angefangen hat alles für den jungen Hermann Weber nach seinem Maschinenbaustudium in Chemnitz mit der Anstellung bei Rasmussen als Leiter eines kleinen Konstruktionsbüros am 1. April 1921. Seine erste Arbeit ist die Entwicklung eines Leichtmotorrades mit einem 150-Kubikzentimeter-Zweitaktmotor. Schon ein Jahr später, die Entwicklung läuft noch auf Hochtouren, beteiligt er sich mit seinen Kollegen Blau und Sprung an kleineren Rennen. Durch den spektakulären Dreifachsieg bei der ADAC-Reichsfahrt 1922 schlägt die Geburtsstunde für

den Namen des ersten Zschopauer Motorrads überhaupt, das Reichsfahrtmodell. Fortan entstehen unter der Leitung von Hermann Weber nicht nur sämtliche DKW-Motorräder und Rennmaschinen sondern auch eine Vielzahl von Stationärmotoren und die Palette von Zwei- und Vierzylinder-Motoren für die DKW-Wagen.

Als Meisterstück legt Weber jedoch die Entwicklung der RT 125 vor. Die entspricht Rasmussens Philosophie, einfache, unkomplizierte und zuverlässige Motorräder zu bauen, in ganz besonderem Maße. Kein Wunder also, dass die RT 125 zum meistkopierten Motorrad der Welt wird. So ist das erste Motorrad der Yamaha Motor Company, die YA 1 (1955), eine originalgetreue Kopie der Weberschen RT. Auch die BSA Bantam aus England (1948) beruht auf diesem Konzept. BSA erhielt das Projekt als Reparationsleistung, bis in die 70er werden mehr als eine halbe Million Motorräder von diesem Typ pro-

Der Ingenieur Hermann Weber ist der Vater der legendären RT 125 aus Zschopau. Weber wurde nach dem Krieg in die Sowjetunion deportiert. 52-jährig starb er 1948 in Kasan.

duziert. Selbst die Hunter von Harley Davidson wäre ohne Hermann Weber nie auf die Räder gekommen. Die Amerikaner übernahmen nach Kriegsende einen Teil der DKW-Maschinen ebenfalls als Reparation. Auch in Osteuropa entstehen Motorräder, die grundsätzlich dem Zschopauer Vorbild entsprechen.

Weber, wie kein anderer für Unternehmer Rasmussen von enormer Bedeutung, verwirklicht den Traum vom „Volksmotorrad". Das Wirken des bescheidenen, sich stets im Hintergrund haltenden Mannes, trägt maßgeblich dazu bei, dass der Zweitaktmotor von Zschopau aus seinen Siegeszug um die Welt antritt.

Jörgen Skafte Rasmussen hat ein sehr feines Gespür, zum richtigen Zeitpunkt die richtigen Fachleute in seine Firma zu holen. Etwa zur gleichen Zeit, als Konstrukteur Hugo Ruppe wegen der Querelen das Unternehmen verlässt, kommen mit Hermann Weber und Dr. Carl Hahn sen. zwei enorm wichtige Männer ins Werk. Auf Empfehlung von Rasmussens Freund Flader aus Jöhstadt gelangt Hahn, der auf Grund der schwierigen Verhältnisse im Nachkriegs-Österreich sein Land verlässt, nach Zschopau. Sein vorgegebenes Ziel ist, den Firmenchef von Vertriebs- und Werbeangelegenheiten zu entlasten. Mit dem ihm eigenen österreichischen Charme verbindet Hahn einen festen Glauben an die technischen Vorteile des Zweitakters und seines Potenzials für die Zukunft. Zuerst beginnt er mit dem Aufbau des Händlernetzes in Deutschland. Als erster überhaupt führt er den Ratenkauf und die Schulung von Kundendienstmechanikern ein. Hahn organisiert den Einsatz eines Reiseomnibusses zur Aus- beziehungsweise Vorstellung der DKW-Erzeugnisse auf jedem x-beliebigen Marktplatz. Dabei sind Probefahrten inklusive. Sporterfolge auf DKW nutzt er erfolgreich für die Werbung. Die Qualität der Fahrzeuge und Hahns innovative Vertriebsmethoden führen dazu, dass es mit dem Absatz trotz

der sich ständig vergrößernden Produktpalette keine Schwierigkeiten gibt.

Nach dem Zusammenschluss der sächsischen Kraftfahrzeugindustrie zur Auto Union avanciert Dr. Carl Hahn zum stellvertretenden Vorstandsmitglied für den Gesamtvertrieb. Kurze Zeit verlässt er die Auto Union, wirkt für die Zigaretten- und Tabakfabrik Brinkmann in Bremen, um 1935 auf seine alte Position bei der Auto Union zurückzukehren. 1942 erwirbt der in Nove Hrady (heute Tschechische Republik) geborene Hahn die Aktienmehrheit der Maschinenfabrik Germania in Chemnitz. Gegen Ende des Krieges flüchtet er mit seiner Familie vor den russischen Truppen nach Bayern. Gemeinsam mit ehemaligen Mitarbeitern der sächsischen Auto Union organisiert er im Westen den Wiederaufbau des Unternehmens (Ingolstadt). Später engagiert er sich auch im pharmazeutischen Bereich und kann aus heutiger Sicht berechtig-

Die RT 125 ist das wohl meistkopierte Motorrad der Welt. Die einfache, leichte und zuverlässige Maschine wurde in Japan, England und den USA nachgebaut.

terweise als einer der Wegbereiter der modernen Frauenhygiene gelten. Im Alter von 67 Jahren verstirbt Dr. Carl Hahn in Le Zoute in Belgien.

Christian Steiner

230 Herzen, klein

Krieg und Zwangsarbeit, Besatzung
und Demontage in Zwickau

Im Frieden waren die Herzen anfangs klein. Aber es war Frieden. Manchem mag er erschienen sein wie die Fortsetzung des Krieges mit anderen Mitteln. Aber es war Frieden. Auch Zwickauer Räder waren für den Sieg gerollt, auch Zwickauer Räder hatten das Volk ins Verderben gerollt. Auch Zwickauer Räder standen still, als es der starke Arm der Sieger wollte. Nun war Frieden, und die Herzen waren klein.

Zunächst war der Krieg nach Hause gekommen, dorthin, wo er hergekommen war. Auch nach Zwickau. Der deutsche Nationalsozialismus lag in den letzten Zügen, aber er hatte nicht vor, seine letzte Reise freiwillig anzutreten. Nun erlebten die Deutschen, die zu Millionen Hitlers Aggressionen unterstützt, toleriert oder stumm ertragen hatten, was Krieg heißt, erlebten am eigenen Leib das Leid, das Unglück, die Not, die Deutsche zuvor über andere Völker gebracht hatten, erlebten, dass der Krieg sicher geglaubte Verhaltensweisen, ein Minimum an Menschlichkeit außer Kraft setzt, erlebten, dass auch die Befreier – die viele Deutsche zunächst gar nicht als Befreier akzeptierten – gezeichnet waren von diesem Krieg, dass auch ihr Handeln nicht frei blieb von Schuld und Schulden. Dr. Werner Lang, ehemaliger Technischer Direktor der Zwickauer Automobilwerke, hat zusammen mit 35 ehemaligen Kollegen einen dicken Ordner Dokumente zur Geschichte der Horch-Werke und zum Automobilbau in Zwickau gesammelt, und die Gruppe hat auch diese dunklen Kapitel nicht ausgelassen: Im Oktober und November 1944 waren Zwickau und die Horch-Werke das Ziel amerikanischer Luftangriffe. Die Nazis hielten es für besser, ihrem Volk auch jetzt nicht die Wahrheit zuzumuten und gaben Ratschläge, wie mit dem Elend, das sie selbst verschuldet hatten, umzugehen sei: „Gerade jetzt wollen wir in den Luftschutzkellern nichts aus ‚ganz sicherer Quelle‘ wissen. Das Ausmalen von Bombenschäden mit den Farben ‚Abbrennen‘, ‚Einstürzen‘, ‚Verschüttung‘, ‚Ausgraben‘ usf. geschieht meist übertrieben und schafft nur Beunruhigung. Schweigen wir also vor der Wucht der Geschehnisse und sind dafür lieber innerlich standhaft zu Hilfestellung nach außen." Auf einem Foto jener Zeit, das die Bombenschäden an einer Halle des Horch-Werkes zeigt, prangt ein Schild: „Wir alle helfen dem Führer!" Die Herzen waren klein.

Manche Herzen waren groß, manche haben auch anderen geholfen. Seit August 1944 bestand im Horch-Werk der Auto Union in Zwickau ein Außenlager des KZ Flossenbürg. Die Werkleitung hatte von der SS 1000 Arbeitskräfte angefordert, die unter unwürdigen Bedingungen für das letzte Aufgebot des „Führers" arbeiten sollten. Die Zwangsarbeiter litten an mangelnder Bekleidung und Verpflegung, litten unter katastrophalen hygienischen Bedingungen. Selbst die Werkleitung musste nach Beschwerden einräumen: „Nach unserer Übersicht ist die primäre Veranlassung der vorgetragenen Klage einmal der Mangel an Waschmitteln und zum anderen und in weit höherem Maße noch der Mangel an Wäsche und Austauschkleidung." Da dies offenbar nicht ohne Wirkung auf die deutschen Arbeiter blieb – das Schicksal der Häftlinge allein hätte wohl so viel Ehrlichkeit und die daraus resultierende Sorge nicht provoziert – heißt es weiter: „Beide Momente tragen zweifellos dazu bei, dass einfachste Hautverletzungen sich in allen Fällen zu bösartigen Geschwüren auswachsen, dass auftretende Phlegmonen sich oft über den ganzen Körper ausbreiten und durch Ausdünstung und Ausfluss entweder die deutsche Gefolgschaft belasten oder überhaupt zum Arbeits-

ausfall führen." Dass viele hundert der Zwangsarbeiter die Zeit in Zwickau nicht überlebten,
dass einige Häftlinge, die einen Fluchtversuch
vorbereitet hatten, von der SS kaltblütig erschos-
sen wurden, dass viele schließlich noch während
der Evakuierungsmärsche in Richtung Böhmen
vor Entkräftung starben oder ermordet wurden,
belastete die „deutsche Gefolgschaft" offensichtlich nicht so sehr. Es hat allerdings auch in den
Zwickauer Automobilwerken organisierten Wi-
derstand gegeben. Kommunisten, Sozialdemo-
kraten, Parteilose, ausländische Zwangsarbeiter
und KZ-Häftlinge versuchten, die Arbeit zu sa-
botieren. Eine illegale Gruppe flog auf, ihre Mit-
glieder kamen ins KZ. Dazu gehörten unter anderem der 1944 hingerichtete Willy Flügel, Fritz
Ullrich und der bei Audi beschäftigte Ernst
Buschmann.

„Am 17. April 1945 besetzten die Amerikaner
Zwickau und damit auch die Werke der damaligen Auto Union Horch, und Audi, die sofort die
Arbeit einstellen mussten. Entsprechend den
Festlegungen der Krimkonferenz wurde Zwickau Bestandteil der sowjetischen Besatzungszone. Die Beschlagnahme der beiden Werke erfolgte am 22. Juni 1945, eine weitere Produktion
wurde untersagt. Am 3. Juli 1945 befahl die sowjetische Besatzungsmacht für Horch und Audi
die Demontage. Beginn der Demontage (war) am
22. August 1945, die ihren Abschluss (bei Horch)
am 22. März 1946 fand." Aus dem Abschlussbe-
richt zum Jahr 1946 für das Werk Horch an die
Industrieverwaltung 19 (Fahrzeugbau) spricht
indirekt noch die Verbitterung der neuen Werkleitung über die Demontage. Scheinbar emoti-
onslos und beinahe lakonisch heißt es dort:
„1945 beschlagnahmte die Besatzungsmacht die
Auto Union und demontierte alle Werke. Im
Werk Horch begann die Demontage am 22. August 1945 und wurde am 22. März 1946 beendet."
Wer von den Nachgeborenen, auch wenn sie
ihre Jugend nicht als „Gnade der späten Geburt"

empfinden, mag ermessen, was es für ihre Eltern
und Großeltern bedeutet haben mag, angesichts
der demontierten Betriebe langsam, langsam zu
erkennen, wohin sie ihr „Führer" geführt hatte,
wie weit sich ihr Land entfernt hatte von den Regeln menschlichen Zusammenlebens, wie hoch
der Preis dafür war? Die Herzen waren klein.

Für die Horch-Werke wurde zunächst Paul Bi-
mek als Treuhänder eingesetzt, der später auch
zum Werkleiter ernannt wurde. Die Reparatur-
werkstatt bei Horch blieb auch während der Demontage in Betrieb. Mit Reparaturen, dem Neu-
bau einiger weniger Fahrzeuge aus vorhandenen
Materialbeständen und einem umfangreichen
„Füllprogramm" erzielte das Werk im zweiten
Halbjahr 1946 einen Umsatz von knapp 3,4 Millionen Reichsmark. Für die bescheidene Produktion wurden dem Werk zunächst 68 Werkzeug-
sowie diverse Kleinmaschinen überlassen. Demontiert wurden, wie aus demselben Bericht
von 1946 hervorgeht, 98 Prozent des Werkes,
etwa 3800 Maschinen, sowie 90 Prozent der „Be-
triebseinrichtungen". Im zweiten Halbjahr 1946
wurden 99 Maschinen neu beschafft, 31 Maschinen generalinstandgesetzt. Die vorhandenen

Mehrere Dutzend Erzeugnisse umfasst die Produktionspalette der Horch-Werke in Zwickau nach dem Zweiten Weltkrieg. Sogar Automobile waren darunter – allerdings nur Spielzeugautos. Vor allem stellen die Zwickauer in dem weitgehend demontierten Werk lebensnotwendige Dinge wie Öfen, Töpfe und diverse Haushaltartikel her.

Maschinen würden in der Tagschicht zu 100, in der zweiten Schicht zu 75 und in der dritten Schicht zu 60 Prozent ausgenutzt. Produktionshemmende Umstände seien, „wenn auch mit größten Schwierigkeiten", überwunden, auch im Winter sei die Produktion trotz „Heizungsmangels" nicht gestoppt worden. Die Übergangsproduktion sorgte dafür, dass dem Werk viele gut ausgebildete Facharbeiter erhalten blieben.

Weissage. *Robert Koch: „Eines Tages wird der Mensch den Lärm ebenso unerbittlich bekämpfen müssen wie die Cholera und die Pest". Recht hat er. Der Verkehrslärm ist 1970 seit der Jahrhundertwende auf das Achtfache gestiegen.*

Per Sonderbefehl hatte das Werk den Auftrag erhalten, die Auto-Union-Fahrzeuge in der sowjetischen Besatzungszone zu reparieren. Bald wurden in Zwickau auch wieder Fahrzeuge in etwas größerer Stückzahl gebaut. Die sowjetische Militäradministration in Berlin-Karlshorst genehmigte den Bau von 300 Lastwagen H 3. Der LKW wurde im Werk entwickelt und vor allem aus noch vorhandenem Material gefertigt. Unter anderem wurden Teile verwendet, die ursprünglich für militärisches Gerät, eine so genannte Halbkettenlafette, vorgesehen waren. Es habe zwar große Schwierigkeiten bereitet, fehlendes Material zu besorgen, geht aus zeitgenössischen Berichten hervor, die Probleme seien jedoch mit Hilfe verschiedener Behörden und der russischen Militärstellen überwunden worden. Bis 30. Juli 1947 wurden jedenfalls schon 38 Lastwagen produziert und an die sowjetische Armee geliefert.

Ansonsten trägt die Produktpalette des einst respektablen Horch-Werks, dessen noble Autos Weltruf genossen hatten, während und kurz nach der Demontage fast tragikomische Züge.

Statt stolzer Nobelkarossen verlassen nun Fußabstreicher, Kartoffelpressen und Konservenglasöffner die verbliebenen Fabrikhallen. Eine Liste vom 28. Februar 1946 spiegelt das Leben der Deutschen nach dem Krieg wider. Sie weist unter anderem die Produktion von 1783 Schrotmühlen, 8542 Feuerzeugen, 1142 Fußabstreichern, 194 Kochplatten, 2498 Springformen, 1106 Gepäckträgern, 668 Kartoffelpressen, 140 elektrischen Bügeleisen, 0 Fruchtpressen, Leuchtern und Lampen, 521 Aschenbechern, 6320 Seifenschalen, 228 Hackmessern in S-Form, 198 Wirtschaftswaagen, 100 großen Schlitten, 110 Maurerspitzkellen, 940 Konservenglasöffnern, 200 kleinen Aschenbechern, 1000 Samenstreuern, 100 Kakteenständern, 1295 Topfreinigern, 31 Reformbetten „Horch", 270 Kartoffelstampfern, einem Reisebügeleisen, 227 Nähkästen, elf Tabakdosen, 320 Aktentaschen und 323 Puppenwagen aus. Und eben auch jene „230 Herzen, klein" – sie werden nicht gereicht haben für die Mühen, die Opferbereitschaft und den Überlebenswillen, die den Menschen damals abverlangt wurden. Vielleicht war ein Spielzeug gemeint oder es sollte „Kerzen" heißen. Aber eigentlich kann das ruhig so stehen bleiben: Vielleicht hat ja auch die Produktion dieser „Herzen, klein" dazu beigetragen, dass die Zwickauer Automobilbauer sich bald wieder aufrappelten und Autos bauten – mit wenig Material und unter ungünstigen Umständen, aber mit großem Herzen.
Matthias Zwarg

Meine Autos

Vom Hansa Lloyd zum Lada

In diesem Jahrzehnt hat meine Autozeit begonnen. Zuerst wohl als Mitfahrer. Vielleicht erinnere ich tatsächlich diese Situation, als ich mit meinem Vater in das Auto stieg – besser wohl, hineingesetzt wurde, denn es gab ja noch keine Kindersitze, keine Sicherheitsgurte. Sicherheit – das war Aufgabe der Mama. Ich weiß, dass es ein tiefer Winter war, als ich in dem merkwürdigen Gefährt saß. So also hat es begonnen, mein Autofahrerleben, das sich nicht unterschied von dem meiner Generationsgefährten. Das Auto war ja noch etwas Besonderes. Ein bisschen will ich davon erzählen.

Gelegentlich habe ich in den Stausituationen, die einem das Autofahren so aufzwingt, einmal meine Kraftfahrzeug-Mathematik berechnet: Seit 45 Jahren jährlich mindestens 20.000 Kilometer, das sind immerhin 900.000 Kilometer Autoreise, also etwa zwölfmal um die Erde, über den Ozean und durch Sibiriens Taiga. Mehr als zwei Jahre habe ich unentwegt im Auto gesessen, Tag und Nacht, Stunde für Stunde. So kann man die Auto-Arithmetik noch lange fortsetzen, aber zum Glück, da ruckt der Stau an, es geht weiter.

Das erste Mal bin ich in meinem Geburtsjahr 1937 einem Auto begegnet, mein Vater hatte sich den eleganten 1100 Hansa Lloyd gerade gekauft. Dass ich mich dieses Autos erinnere, das hat seine Gründe darin, dass ich noch einmal dieses Fahrzeug nicht nur sah, sondern selber fuhr. Freilich, das schöne Autoleben hatte bald ein Ende, das Fahrzeug wurde von der Wehrmacht eingezogen, man bekam dafür nach dem Endsieg ein neues versprochen. Der Endsieg ist, so scheint

mir, bis heute nicht gekommen. Aber im Geschäft meines Großvaters gab es zwei flotte Opel, einen Olympia und einen Kapitän. Mit letzterem Fahrzeug wurde ich als Kind durch die erzgebirgischen und böhmischen Wälder gefahren, mein Vater kaufte Holz für Kisten-Walther. Doch auch hier gab es keinen Endsieg, nur eine Katastrophe: Während mein Großvater mit dem sowjetischen Kommandanten Wodka trank, holten seine Soldaten aus unserer Garage den Kapitän. Der freundliche Opelhändler aus dem Nachbarort hatte verraten, wo das Auto stand, und nun stand es bei den Russen, die es nicht recht in Gang bekamen. Wir hatten ja glücklicherweise noch den Olympia, und der trug uns brav in die nächsten Jahre. Auch ein Holzvergaser-Vomag, ein Lastwagen, um den wir viel beneidet wurden, kam hinzu. Holz hatten wir, und da dampften wir auf diese Weise in die Welt. Aber dann gab es ein Remake, wie man heute sagen würde: Mein Vater kam eines Tages mit einem Hansa Lloyd gefahren, er hatte ihn von einem Fleischermeister erworben, der es sich dank gefüllter Kasse erlauben konnte, einen ersten F 9 zu erwerben.

Der P 70, Vorläufer der „Pappe", des Trabant, hatte auch schon eine Kunststoffhaut. Anfang der 50er Jahre war der P 70 das Auto des kleinen Mannes in der DDR – aber auch schon Mangelware.

Bei diesem Auto war ich dann nicht nur Mitfahrer, sondern mit ihm erlernte ich die Fahrkunst, freilich nach den Maßstäben des Jahres 1955. Der Fahrlehrer fragte zu Beginn der ersten Unterrichtsstunde: Wer kann denn schon fahren? Und ich meldete mich, da musste ich keine Fahrstunden absolvieren. Ich übte ja auf dem Sägewerksgelände. Am Prüfungstag nahm er mit dem Polizisten im Fond des Wagens Platz. Sie redeten über den Fußball von Wismut Aue, das war ein gutes Thema, und nach einer Stunde Fahrt hatte ich bestanden. Ich war Autofahrer, besaß eine Fahrerlaubnis, wie es zu DDR-Zeiten hieß, seit 1990 ist es der Führerschein. Ich fuhr, und fuhr, und fuhr. Zuerst war es der Hansa, der mich trug, dann hatten wir einen P 70, und eines Tages kam ein neuer Skoda MB 1000. Es folgten Polski Fiat und Wartburg, ein Lada schließlich, aber da war dann auch die DDR zu Ende. Mir widerfuhr dabei, was anderen Autofahrern hierzulande auch widerfuhr. Einmal, in den achtziger Jahren, da konnte ich mit meinem Wartburg „in den Westen" fahren, wie es so schön hieß. Also drei Kanister Benzin-Öl-Gemisch eingepackt und holla, auf an den Rhein. Aber hier an der Rheinfähre bockte der brave Geselle. Er wollte nicht anspringen. Also sprang ich aus dem Auto, nahm ein Hämmerchen, klopfte auf den Magnet-Schalter des Anlassers und schon schnurrte der Wagen wieder. Die Rhein-Menschen waren erstaunt über die relativ kostengünstige Eigenreparatur mit Hammer. Amüsant war auch eine Episode in der Schweiz: Natürlich musste ich dort mal an eine Tankstelle, und ich sagte zum Tankwart: „Moment, ich muss erst Öl hineinlassen." „Öl?" wunderte sich der gute Mann und schlug sich dann an die Stirn: „Ah, Rasenmähmaschine." Das Prinzip, das uns Autoglück bescherte, war also im Schweizer Land nicht unbekannt. Der Wartburg, die Rasenmähmaschine des Ostmenschen – nun ja, ganz schlecht sind wir damit nicht gefahren.

Man musste ja als Autofahrer so manches mit sich führen, Ersatzteile aller Art, Tauschgegenstände auch, so kam man durch die Welt von Zittau bis Eisenach. Und man hing seinen Träumen nach: Die begannen beim Käfer, suchten den Audi, und erhoben sich manchmal weit über Deutschlands Grenzen.

Einmal leistete ich mir in Budapest das Vergnügen, einen Volvo als Leihwagen für einen Tag zu fahren. Volvo, das war für mich der Inbegriff des Autofahrerglücks, und ich lebte es einen ganzen Tag lang. Für längere Zeit reichten meine Forint nicht.

Heute nun brauche ich kein Hämmerchen mehr, eine ADAC-Karte tut es auch. Heute fahre ich ein Auto, wie ich es mir gewünscht habe. Es ist, ich gestehe es, kein Auto aus Sachsen, aber ich trinke ja auch Wein nicht nur aus Sachsen. Und immer mal wieder denke ich an den schönen alten, dunkelblauen Hansa, mit dem mein Autofahrerleben so recht begann. Wer mag noch einen haben?

Klaus Walther

Vom Neuanfang am Sachsenring

Der Kulturbund auf Abwegen

Die glanzvollen motorsportlichen Ereignisse am Sachsenring wie der „Große Preis von Deutschland", der „Große Preis von Europa", Namen wie Ewald Kluge, Walfried Winkler, Heiner Fleischmann, James Guthrie oder Dorino Serafini mit seinem Vorkriegsrekord von 141,4 Stundenkilometer lebten am Ausgang der vierziger Jahre in der Erinnerung der Aktiven und des großen Motorsportpublikums in Sachsen fort. Für ein ganzes Jahrzehnt schütteten die tragischen Geschehnisse des Zweiten Weltkrieges jeden Gedanken an einen friedlichen sportlichen Wettstreit einfach zu. Aber je mehr sich die Verhältnisse nach Kriegsende in Deutschland wieder ordneten, ein relativ normales Leben Einzug hielt, wurde der Ruf nach der Wiederbelebung des Sachsenringrennens lauter.

So fanden sich 1949 unverzagte Motorsportfreunde zusammen, um das Sachsenringrennen von Neuem erstehen zu lassen. Der sowjetische Stadtkommandant stand einem Motorradrennen nicht ablehnend gegenüber und die über die Kriegsjahre auf Heuböden, in Scheunen und in Einzelteile zerlegten Motorräder und Autos durften nach überlebter Requirierung durch die Wehrmacht und später durch die Besatzungsmächte wieder auf einen heißen Einsatz hoffen. Doch nun türmten sich Hürden auf, die es bis zum ersten Renntag zu überwinden galt. Es begann schließlich schon mit der Forderung des sowjetischen Kommandanten, dass eine demokratische Massenorganisation der Veranstalter des Rennens sein musste. So klapperten die Motorsportfreunde, von der SED angefangen über die FDJ bis zum „Kulturbund der demokratischen Erneuerung Deutschlands", alle damaligen Parteien und Massenorganisationen ab, die Organisation des Rennens zu übernehmen. Aber sie stahlen sich alle der Reihe nach unter fadenscheinigsten Begründungen davon. Nur der Präsident des Kulturbundes vor Ort und gleichzei-

1949 begannen die Rennen am Sachsenring wieder – organisiert vom Kulturbund, weil sich zunächst kein anderer Veranstalter fand. Bald waren die Rennen (hier eine Aufnahme aus dem Jahr 1953) wieder der jährliche Höhepunkt im Motorsportkalender.

tig stellvertretender Bürgermeister, Heinz Flach, zeigte dafür ein offenes Ohr. Das hatte aber neben seiner Rennsportbegeisterung noch einen tieferen Grund. Der Kulturbund beschäftigte damals in Hohenstein-Ernstthal einen „fleißigen" Kassierer, der sich die Eintrittsgelder von Theaterveranstaltungen und Konzerten in Höhe von 18.000 Mark unter den Nagel riss. So kam das Sachsenringrennen als potenzielle Einnahmequelle gerade recht. Heinz Flach nahm das Zepter als Rennleiter in die Hand. Hubert Schmidt-

Gigo, Hans Krug, Helmut Nadler und viele andere standen Flach bei den Rennvorbereitungen zur Seite. Gigo, der spätere rasende Reporter vom Sachsenring, ging mit einem Lautsprecherwagen 14 Tage vor dem Rennen auf die Reise durch Städte und Dörfer des weiteren Umlandes und rührte die Werbetrommel für das am 25. September 1949 geplante Sachsenringrennen. Die Begeisterung der Menschen war riesengroß, sie strömten bereits zum Training in Scharen an die Strecke und füllten die nach jeder Mark lechzenden Kassen.

Weniger begeistert vom Tun seines Untergebenen Heinz Flach reiste der Kulturbundchef der Provinz Sachsen, Karl Kneschke, mit zwei Polizisten im Gefolge nach dem ersten Trainingstag von Dresden nach Hohenstein-Ernstthal, um Rennleiter Heinz Flach zu verhaften. Schließlich hatte er in Dresden nichts von den außergewöhnlichen Kulturbundaktivitäten hier in der Provinz verlauten lassen, und die Organisation von Rennveranstaltungen gehörte wohl kaum zu den Obliegenheiten des Kulturbundes. So folgerte Kneschke messerscharf, muss die ganze Angelegenheit in einem finanziellen Fiasko enden und der Landesvorstand Sachsen hätte dann alles auszubaden. Es kam aber nicht zur Verhaftung, da Heinz Flach die Einnahmen des ersten Trainingstages vorlegen konnte, die bereits alle Unkosten in Verbindung mit dem Rennen deckten. Das Sachsenringrennens 1949 fiel in eine Zeit, die vom Gedanken der Wiedervereinigung geprägt war, viele Hoffnungen in Ost und West knüpften sich daran. 260 Fahrer gaben ihre Nennung ab, 50 davon aus den damaligen Westzonen. Nicht selten paarte sich die Fahrt aus Richtung Westen mit der Angst vor den Russen. Manche Fahrer riefen vorher der Sicherheit halber noch einmal in Hohenstein-Ernstthal an wie Sepp Kulzer aus Velden in Niederbayern. Ein Zeitzeuge hat das folgende Telefonat mitnotiert: „Ist dort die Rennleitung

vom Sachsenring?" „Jaja, wollen Sie nennen?".
„I möcht scho, aber die Russen, Sie wissen's, i hab
einen eigenen Sportwagen, der is scho pfeilge-
schwind, aber i möcht den garantiert ham, dass
i den wieder mit nach Haus bringen kann. Net,
dass i den Russen abgeben muss, wenn i ge-
wunna hab. Die sagen das alle hier so." Kulzer
kam, siegte und fuhr mit Kranz und Sportwagen
wieder heim. Er war nicht der einzige Sieger,
denn es standen zehn Rennen an, drei davon erstmalig für Automobile und das noch in mehreren Klassen.

Sicher standen die traditionellen Motorradrennen am Sachsenring hoch in der Gunst, aber
die attraktiven Automobilrennen zogen ebenso
viele Gäste magisch an. Noch zeigten sich die
Reihen der angetretenen Fahrer eher licht und
die Zahl der Klassen in einem Rennen für den
unbedarften Zuschauer als ziemlich schwer zu
überschauen. So gab es bei drei Autorennen immerhin sieben Sieger. Im Rennen 8 gingen Li-
zenz- und Ausweisfahrer zugleich auf die Piste
und das bei Rennwagen bis 2000 Kubikzentimeter und Kleinstrennwagen bis 750 Kubikzentimeter. Bei den großen Wagen siegte Brudes auf
einem BMW mit 113,58 Stundenkilometer, Kurt
Baum aus Hainspitz holte sich den Sieg der Ausweisfahrer und Weber aus Heiligenstadt nahm
den Lorbeerkranz für die Kleinstrennwagen mit
nach Hause. Das Rennen der Sportwagen bis
1100 Kubikzentimeter entschied Kulzer aus Velden auf Fiat für sich, Kurt Baum mischte auf den
schnellen Runden mit und wurde Dritter. Mit
den letzten geplanten Rennen des Rennsonntags
1949 hatte es etwas Besonderes auf sich. Die
Sportwagen bis 2000 Kubikzentimeter für Li-
zenz- und Ausweisfahrer nahmen in der Start-
aufstellung die Plätze ein, obwohl es schon dun-
kelte. Fahrer wie Toni Ulmen, Theo Helfrich,
Paul Greifzu, Arthur Rosenhammer, Rudi
Krause, Helm Glöckner, Heinz Mölters blickten
in die nahende Dunkelheit. Eile war angesagt,

„Helfer, raus!" klang es schon am Start. Da erfuhr
die Rennleitung, dass sich viele Zuschauer an
der Strecke schon auf den Nachhauseweg gemacht hatten, weil sie meinten, das Rennen sei
zu Ende. Schnell entschlossen schickte Heinz
Flach drei Rennwagen in langsamer Fahrt auf
die Strecke, um den von 380.000 Zuschauern
noch verbliebenen zu signalisieren, dass es weitergeht. Die Nachrichtenverbindungen um die
Strecke hatten wegen einiger Havarien schon
längst ihren Geist aufgegeben, so war nur dieser
Weg geblieben. In diesen Minuten bekam Heinz
Flach Besuch von einem unbekannten Herrn,
der ihm 20 Mark in die Hand drückte und sagte:
„Sie haben ein schönes Rennen veranstaltet,
... wenn aber dieses Wagenrennen schief geht,
was ich kommen sehe, dann kaufen sie sich für
dieses Geld einen Strick."

Nach kurzer Zeit kehrte die Vorhut, bestehend
aus den drei Rennwagen zurück und es wurde
sofort gestartet. Nach sechs Runden standen die
Sieger nach Klassen mit Toni Ulmen, Paul
Greifzu und Helm Glöckner fest. Das Rennen
war ohne größere Komplikationen gelaufen und
der Rennleiter konnte sich den Strick ersparen.

Wolfgang Hallmann

Chronik 1941–1950

1941 Alle Pkw über 1000 Kubikzentimeter werden eingezogen und auf die Kriegsführung umgerüstet

April 1942 Im Reich dürfen Juden keine öffentlichen Verkehrsmittel mehr benutzen

1. 2. 1943 In Berlin wird der Taxi-Verkehr auf militärisch erforderliche Fahrten und auf den Krankentransport beschränkt

1944 Zschopau bekommt den Auftrag, Anlassermotoren für Flugzeugtriebwerke zu bauen

3. 11. 1944 Griechenland gibt bekannt, dass nach der Befreiung von der deutschen Besatzung kein Pkw mehr zur Verfügung steht. Nur noch zehn Lokomotiven und 40 halbzerstörte Güterwagen sind vorhanden

1945 Die Motorisierung des Volkes wird in West- und Osteuropa zur Staatsaufgabe erklärt

1945 Russische Offiziere erteilen den Befehl, das Zschopauer Werk bis zum 30. Juli zu demontieren

5. 5. 1946 213 Industriebetriebe in der sowjetischen Besatzungszone gehen in sowjetischen Besitz über

Bis März 1946 Werke Audi und Horch demontiert

21. 11. 1946 In Zwickau wird mit sowjetischer Genehmigung die Produktion von Automotoren aufgenommen

1947 Cadillac (General-Motors-Konzern) überrascht mit einer Styling-Idee, die aus Plänen für das Kampfflugzeug Lockheed stammen: die Heckflosse

1947 Als Moskwitsch 400 rollt der frühere Opel Kadett vom Band (Im Vorjahr wurde dazu durch die Sowjetunion in Rüsselsheim eine Fertigungsstraße demontiert)

7. 4. 1947 Henry Ford – amerikanischer Kraftfahrzeugkonstrukteur – stirbt 83-jährig

7. 11. 1947 Aus Mangel an Fahrzeugen werden in Berlin Postpakete wieder mit Kutschen befördert

22. 2. 1948 Die sowjetische Militärverwaltung schränkt den Lkw-Verkehr zwischen Berlin und den Westzonen ein

Mai 1948 Der 25.000. Volkswagen läuft vom Band

Februar 1950 Der erste VW-Transporter rollt über die Straßen

1951–1960

1951–1960 Unter großen Schwierigkeiten wurden wieder Fahrzeuge gebaut. Doch woher sollte man Bleche, Reifen, Kugellager und Antriebsketten nehmen, die für die Serienfertigung benötigt wurden? Viele Zulieferbetriebe, vor allem die metallurgische Industrie, befanden sich in Westdeutschland, es fehlte an Rohstoffen, mangelte an Devisen, Embargos erschwerten den „Interzonenhandel".

Kraftstoff war knapp. Bevor mit einer Fahrzeugfertigung im größeren Stil begonnen werden konnte, mussten Teile- und Zubehörproduktion neu organisiert werden, galt es Kooperationspartner zu gewinnen. Ferner hieß es, die noch vorhandenen Kriegsschäden im Straßennetz zu beheben, Brücken mussten instand gesetzt oder neu gebaut werden, die Fahrbahnbeläge bedurften der Ausbesserung, entlegene Dörfer und Gemeinden brauchten dringend eine Verkehrsanbindung, das Autobahnnetz war zu erneuern; die Verwaltungsreform teilte Sachsen in die Bezirke Karl-Marx-Stadt, Dresden und Leipzig.

Was für Aufgaben! Statt einer Anschubfinanzierung, etwa in Form eines Marshall-Planes, waren erhebliche Reparationsleistungen für die Sowjetunion zu erbringen. Die Unzufriedenheit mit der wirtschaftlichen Situation gipfelte im Aufstand vom 17. Juni 1953. Die Menschen wollten die Früchte ihrer Arbeit wenigstens in bescheidenem Maße genießen. Dazu gehörte zumindest die Aussicht auf ein eigenes Auto oder Motorrad. Auch im Einzelhandel, im Güterverkehr, in der Industrie wurden in großer Anzahl Fahrzeuge benötigt. Die Bauern mussten mit motorgetriebenen Ackerfahrzeugen ausgerüstet werden, um die groß gewordenen Felder rationell bestellen zu können.

Eine neue, selbst entwickelte Fahrzeuggeneration löste die Vorkriegsmodelle ab. Nach Klagen von Alteigentümern erhielten die Betriebe neue Namen, Nichtbeachtung hätte möglicherweise Auftragsstornierungen im West-Export und damit empfindliche Deviseneinbußen zur Folge gehabt. Die Zugehörigkeit zum Rat für Gegenseitige Wirtschaftshilfe (RGW) erforderte eine Abstimmung des Produktions- und Lieferprogramms innerhalb der Mitgliedsstaaten.

Allmählich wichen die Schwierigkeiten der Anfangsjahre einer zaghaften wirtschaftlichen Besserung. Jugendliche fuhren am Wochenende auf RT, BK & Co. zum Tanz, zum Baden oder zu Rennsportveranstaltungen. In Ermangelung anderer Gelegenheiten hießen die Urlaubsziele Thüringer Wald, Mecklenburg oder Ostsee.

Seite 119:
Fast wie ein
Großer wirkt der
Framo mit seiner
schnuckligen
Schnauze.

ADRIA (Kamenz) ALGE (Leipzig) ARI (Plauen) ATLAS (Leipzig) **AUDI** (Zwickau) AVOLA (Leipzig) BAMO (Bautzen) **BARKAS** (Hainichen/Chemnitz) BECKER (Dresden) CHEMNITZER MOTORWAGENFABRIK (Chemnitz) DIAG (Leipzig) DIAMANT (Chemnitz) **DKW** (Zschopau) DUX (Leipzig) EBER (Zittau) EISENHAMMER (Thalheim) ELFE (Leipzig) ELITE (Brand-Erbisdorf) ELSTER (Mylau) ESWECO (Chemnitz) **FRAMO** (Frankenberg/Hainichen) GERMANIA (Dresden) HARLÉ (PLauen) HASCHÜTT (Dresden) HATAZ (Zwickau) HEROS (Nieder-oderwitz) HIECKEL (Leipzig) HILLE (Dresden) HMW (Hainsberg) **HORCH** (Reichenbach/Zwickau) HUY (Dresden) IDEAL (Dresden) JCZ (Zittau) JURISCH (Leipzig) **KFZ-WERK „ERNST GRUBE"** (Werdau) KOMET (Leisnig) KSB (Bautzen) LAUER & SOHN (Leip-zig) LEBELT (Wilthen) FAHRRAD- UND MOTORWAGEN-FABRIK (Leipzig) LIPSIA (Leipzig) LOEBEL (Leipzig) MAF (Markranstädt) MAFA (Marienberg) MELKUS (Dresden) MOLL (Tannenberg) MOTAG (Leipzig) **MZ** (Zschopau) MuZ (Zschopau) MZ-B (Zschopau) NACKE (Coswig) NEOPLAN (Plauen) NETZSCHKAUER MASCHINENFABRIK (Netzschkau) OD (Dresden) OGE (Leipzig) ORUK (Chemnitz) OSCHA (Leipzig) PEKA (Dresden) PER (Zwickau) PFEIFFER (Rückmarsdorf) **PHÄNOMEN** (Zittau) PILOT (Bannewitz) PORSCHE (Leipzig) POSTLER (Niedersedlitz) PRESTO (Chemnitz) REISIG/MUK (Plauen) RENNER (Dresden) **ROBUR** (Zittau) RUD (Dresden) **SACHSENRING-AWZ** (Zwickau) SATURN/STEUDEL (Kamenz) SCHIVELBUSCH (Leipzig) SCHMIDT (Fischendorf) SCHÜTTOFF (Chemnitz) SPHINX (Zwenkau) STEIGBOY (Leipzig) STOCK (Leipzig) TAUTZ (Leipzig) TIPPMANN & CO (Dresden) UNIVERSELLE (Dresden) VOGTLAND-WAGEN (Plauen) VOMAG (Plauen) VW (Mosel/Dresden) WANDERER (Chemnitz) WELS (Bautzen) WOTAN (Chemnitz/Leipzig) ZEGEMO (Dresden) ZETGE (Görlitz) ZITTAVIA (Zittau)

122

Kleines Glück
auf drei Rädern

Warum der Dorfschmied ein Gespann bastelte

„Des wärd nischt" meinte der Zöblitzer Schmied, als der Olbernhauer Werner Niebsch ihn bat, seine Vorstellungen von einem RT-Gespann in die Tat umzusetzen. Nachwuchs hatte sich angesagt. Eine neue Dimension des Familienlebens hatte sich aufgetan und Werner stand vor der Frage, das geliebte Hobby aufgeben oder mit einem dritten Rad an der Seite weiterfahren. Es war jene Zeit, als besonders in den ländlichen Gegenden Kraftfahrzeugwerkstätten noch selten anzutreffen waren und oft noch die Dorfschmiede Reparaturen an den fahrbaren Untersätzen der Landbevölkerung ausführten.

Besagter Schmied war ein besonderer Mensch. Einer von der Sorte, die nicht viel Worte machen, die ein technisches Problem nicht mehr loslässt, einer von denen, die solange tüfteln und überlegen, bis sie die Lösung haben. Deshalb hatte er „das wird nichts" gesagt, doch im Geiste stand er schon an der Werkbank. Gekauft hatte Werner die Solo-RT 125 just am 24. Dezember 1959 im damaligen Wismut-Laden in Karl-Marx-Stadt. Eigentlich hatte sie ein anderer bestellt, doch der war nicht gekommen. Der Verkäufer kannte seine Pappenheimer, das Leuchten in Werners Augen war nicht zu übersehen, die Maschine gehörte ihm.

Die RT, eine alte DKW-Konstruktion war für ihre sprichwörtliche Robustheit bekannt, aber ob sie einen Beiwagen verkraften konnte und überhaupt, durfte man den eigentlich anbauen? Das Kraftfahrzeugtechnische Amt der DDR, KTA, konnte in solchen Fragen ziemlich pingelig sein. Der Beamte, den Werner aufsuchte war ein feiner Kerl. Er sagte: „Da habt ihr geheiratet,

für ein richtiges Gespann reicht das Geld nicht, aber rumfahren wollt ihr auch, was soll man da machen?" Er hatte Verständnis für die Wünsche der jungen Leute, deshalb fügte er beiläufig hinzu, dass für untere Hubraumklassen dem Gespannbetrieb keine Grenzen gesetzt seien. Er würde ein Eigenbaugespann, wenn es denn solide und den technischen Erfordernissen genügend ausgeführt wäre, jederzeit genehmigen.

„Hans, wann denkst du denn, dass wir anfangen können", fragte Werner den Schmied, als er mit dem zugesagten behördlichen Segen wieder bei seinem Freund vorbeischaute. „Komm nur nachher mal mit dem Motorrad vorbei, damit ich die Maße abnehmen kann!" „Das steht draußen", erwiderte Werner. Und so nahmen die Dinge ihren Lauf. Nach einigen Wochen stand ein ganz passables Zweispurfahrzeug auf dem Hof des Dorfhandwerkers. Ab ging die Post.

Rechtsrum lenken, bremsen und den Motor abwürgen war eins. Der Schmied bekam einen Hustenanfall und zwischendurch klang es wie „Fotoapparat holen", doch er unterließ es, als er Werners Blick auffing, „du darfst dich nicht in die Kurven legen, du musst lenken". Werner schwitzte Blut und Wasser. Nicht wegen des Beiwagens als solchen, der war o.k., eher wegen des Beiwagens an sich. Der ist bestrebt, wie bei jedem Gespann, in Rechtskurven vom Boden abzuheben. Werner kam die Reue an, doch daheim wartete das Töchterlein schon auf die ersten Fahrabenteuer im Beiwagen des Vatis. Also weiter. Ein Baumstamm auf dem Beiwagen verhindert das Lupfen und siehe: schon ging's besser und besser.

Seit damals sind fast vierzig Jahre vergangen und Werner fährt immer noch mit seiner Seitenwagen-RT. Nicht mehr so oft, das ist klar und wegen der Salzbrühe auch nicht im Winter, aber sonst gibt's keine Einschränkungen. Sicher, der Höchstgeschwindigkeit sind Grenzen gesetzt, 80 Stundenkilometer gestatten nicht nur die Entdeckung der Langsamkeit, sie garantieren ihre Eroberung. Dem Fahrspaß auf den verschlungenen Gebirgssträßchen nahe der böhmischen Grenze kann dies nur zuträglich sein. Und wenn der Opa aus Jux das Boot hochkommen lässt, kennt die Begeisterung der mittlerweile im Beiwagen sitzenden Enkelin keine Grenzen mehr.

Glänzende Augen bekommen auch die Kleinen, die Werner jährlich auf der Jumbofahrt, einer Aktion der Gespannfahrer für behinderte Kinder, durchs Erzgebirge mitnimmt.

Und was sagt der TÜV dazu? Da Werner den Umbau zu DDR-Zeiten ordnungsgemäß abnehmen ließ, hat er kein Problem damit. „ Die ist wirklich in Schuss", sagt der Prüfer, wenn er vorfährt. „Pfleg' sie nur schön weiter, damit sie noch lange hält."
Jens Kraus

Vierzig Jahre hat sie auf dem Buckel, die RT 125. Der Olbernhauer Werner Niebsch hatte sie im benachbarten Zöblitz vom Dorfschmied zur „Familienkutsche" umrüsten lassen und ist bis heute damit gut gefahren.

Oben: Innenansicht des Beiwagens mit Radio.

Aller Anfang ist schwer

Zwickau, China, Ägypten, Berlin: Der lange Weg vom Nachkriegs-LKW bis zum Trabant

Für die einen mögen es nur Daten sein, für andere ist es ein ganzes Leben. Ein Leben voller Arbeit, voller Entbehrungen, ein Leben mit Erfolgen auch, wenngleich oft nur die zweitbeste Lösung in Frage kam.

Am Anfang der Nachkriegsautoproduktion in Zwickau war das Wort, das Wort der Sowjetischen Militäradministration SMAD in diesem Fall, die am 7. Juli 1946 die Wiederaufnahme der Produktion in den Zwickauer Horch-Werken befiehlt. „Damals war ich noch nicht in Zwickau"

stellt Dr. Werner Lang klar, doch Stück für Stück hat der ehemalige technische Direktor der Sachsenring-Werke die Daten jener Zeit zusammengetragen. Eine nüchterne Sammlung: Am 1. Juli 1946 jener Befehl der SMAD, mit dem zunächst vor allem die Reparatur sowjetischer Militärfahrzeuge gesichert werden soll. Die Zwickauer Autowerke Horch und Audi werden der Industrieverwaltung Fahrzeugbau zugeordnet. Bereits 1946 werden aber auch drei PKW 930 S, Achtzylinder des Horch-Werkes, die 1939 mit ihrer Stromlinienform auf der Internationalen Autoausstellung in Berlin für Aufsehen gesorgt hatten, produziert. Zwei Fahrzeuge bekommt die Rote Armee, eins der damalige Minister Fritz Selbmann. Ein Jahr später ein weiterer Befehl: Die Kraftfahrzeugproduktion ist nun auch offiziell wieder aufzunehmen. Bereits im Oktober beginnt die Produktion des LKW H3, der auf eine Konstruktion der Auto Union vom Ende der 30er Jahre zurückgeht. 1948, so geht aus den Unterlagen der Horch-Werke hervor, beschloss die Leitung die Entwicklung eines PKW der gehobenen Mittelklasse. Von den geplanten drei Versuchsfahrzeugen des letzten Horch mit der Bezeichnung 920 S wird jedoch bis 31. Oktober 1950 nur eines fertig. Für die beiden übrigen fehlt es an Geld – rund 180.000 Mark, wie die Zwickauer damals dem Ministerium für Industrie mitteilten. Es ist der letzte Versuch der Zwickauer, mit einem für damalige Verhältnisse beeindruckend noblen Modell an die Vorkriegstradition des Fahrzeugbaus anzuknüpfen. 50 Jahre später ist es in Belgien wieder aufgetaucht und steht heute im Zwickauer Automobilmuseum.

Ab 21. Mai 1949 verlassen auch Traktoren namens Pionier und die ersten PKW F8 und F9 die Zwickauer Fabrikhallen. Ab Oktober 1950 folgt der H3A (in verschiedenen Ausführungen auch als H3S, H3B usw. produziert) – ein LKW, der bis in die 80er Jahre hinein auf DDR-Straßen zu se-

Der neue P 70 Coupe mit seiner formschönen Karosserie aus Duroplast sorgte auf der Leipziger Frühjahrsmesse 1957 für Aufsehen.

hen war. Das H erinnert noch an die Horch-Werke, in denen er gebaut wird. Er kostet damals in der Grundausstattung 24.050 Mark – wofür ein selbstständiger Gemüseladen schon ganz schön lange arbeiten muss. Für ein Müllfahrzeug sind sogar 44.951 Mark hinzulegen.

Der H3S erlangt für die Zwickauer noch besondere Bedeutung durch die Erprobung einer Anthrazitgas-getriebenen Variante im Hochland von Tibet. In über 3000 Metern Höhe rattert der LKW mit einer Durchschnittsgeschwindigkeit von immerhin 28 Stundenkilometern dahin. Es sind fünf Pässe in 4700 bis 5400 Metern Höhe zu überwinden – auch dies schafft das Fahrzeug. Insgesamt verläuft die Erprobung unter extremen Bedingungen erfolgreich – „ein Beweis mehr für die Güte der im VEB Sachsenring Zwickau hergestellten Fahrzeuge", wie der Konstrukteur Johannes Ohndorf damals schreibt. Auch nach einer Erprobung 1956 in Ägypten (wo unter anderem auch Barkas, P 70, Wartburg und MZ-Motorräder für den Export getestet werden) verläuft positiv. „Mit Stolz kann daher ... gesagt werden, dass die Fahrzeuge unserer Produktion,

im Großen und Ganzen gesehen ... im Lande Ägypten bestehen können und soweit auch bestanden haben. Die Anerkennung seitens der ägyptischen Regierung und der Betreuer der Armee wurde uns nach Abschluss der Erprobungsfahrt voll gegeben", heißt es in einem Testbericht. Mitte der 50er Jahre fahren H3A dann auch in Syrien, Albanien, Ägypten, Belgien, China, Bulgarien, Finnland, Griechenland, Iran, Polen, der Türkei, Rumänien, Vietnam, der Schweiz und Korea. Etwas vom Geist jener Zeit spiegelt auch, dass Mitte der 50er Jahre der damalige kaufmännische Leiter bei Horch von einer Dienstreise nach Westdeutschland nicht zurückkehrt. Er war mit 350.000 West-Mark für Materialeinkäufe unterwegs. Unterdessen gewinnt aber auch die PKW-Entwicklung wieder an Schwung. 1951 erhält das Horch-Werk vom Büro für Wirtschaftsfragen beim Ministerpräsidenten der DDR den Auftrag zur Entwicklung und Produktion eines geländegängigen Fahrzeugs für die kasernierte Volkspolizei, hat Werner Lang in seinen Unterlagen notiert. Unter der nichts sagenden Bezeichnung H1K wird offiziell

Aus der Ahnengalerie der Zwickauer Automobilbauer. Von links: P 50, P 70 Kombi, P 70 Limousine, P 240 Sachsenring, LKW H3A.

126

ein Spezialgerätewagen für Post und Fernmeldewesen konstruiert, entsteht der erste Geländewagen der DDR auf der Grundlage von Unterlagen des Einheits-PKW 40 der deutschen Wehrmacht. Über mehrere Zwischenstufen, unterbrochen vom Volksaufstand in der DDR am 17. Juni 1953, wird eine zweite Generation geländegängiger Fahrzeuge in Karl-Marx-Stadt entwickelt, darunter der P 200, eine Limousine für Kommandeure. Sie ist Grundlage für den P 240, der zwischen Dezember 1953 und 30. Juni 1954, dem Geburtstag des damaligen SED-Chefs Walter Ulbricht, in Rekordzeit in Zwickau entwickelt wird. Dabei hatten die Horch-Werker mit mehreren Misslichkeiten zu kämpfen – unter anderem endet die erste Probefahrt an einem Überleitungsmast, wie sich Werner Lang erinnert. Doch die Autobauer schaffen es: Am 30. Juni steht der P 240 beim Zentralkomitee der SED, wird von Walter Ulbricht, Otto Grotewohl und anderen bewundert. Ein Detail aber wird

doch vermisst, erinnert sich Lang, der das Auto präsentieren darf. Otto Grotewohl vermisst an der schmucken Limousine ein Waschbecken. „Das hatte er mal an einem PKW der sowjetischen Armee, einem Horch 9305, gesehen." Ansonsten aber hat der P 240 „Sachsenring", was ein repräsentatives Auto damals braucht: Die viertürige Limousine in Pontonform bietet sechs Personen Platz, die vordere Sitzlehne kann umgeklappt werden, so dass sogar Schlafmöglichkeiten vorhanden sind. Der Viertakt-Otto-Motor bringt 80 PS auf die Räder, die das Fahrzeug mit maximal 140 Stundenkilometern bewegen. Der Wagen sorgt 1956 in Genf bei einer Außenministerkonferenz für Aufsehen, als der DDR-Vertreter mit ihm vorfährt. Das hatte man der „Zone" nicht zugetraut. Der P 240 bleibt jedoch Funktionären vorbehalten. „Das Flaggschiff wurde den hohen Trabant-Stückzahlen geopfert", bedauert Werner Lang noch heute.

Fürs „einfache" Volk, dessen Vertreter die Funktionäre zu sein vorgeben, muss der P 70 mit Duroplastkarosserie genügen, dessen Serienproduktion am 1. Juli 1955 beginnt. Nachdem am 1. Mai 1958 der VEB Sachsenring Kraftfahrzeug- und Motorenwerk (ehemals Horch) und der VEB Automobilwerk Zwickau (früher Audi) zu den VEB Sachsenring Automobilwerken Zwickau vereinigt werden, folgt ihm der Trabant P 50, der im September 1958 in Serie geht, und schließlich ab 1. Juni 1964 der legendäre P 601.

Die Geschichte ging weiter, auch die Zwickauer Autogeschichte, während jahrzehntelang Trabis gebaut wurden. Dessen Weiterentwicklungen – die, erzählt Werner Lang, so bizarre Namen trugen wie „Paloma" für den P 100 oder „Mazadu" für den 603 fiel den Erwägungen realsozialistischer Wirtschaftspolitik zum Opfer. Aber was sind schon Zahlen, Daten – nur die halbe Wahrheit, nicht einmal. Für manchen verbirgt sich dahinter ein ganzes Leben. *Matthias Zwarg*

Dem P 70 aufs Dach gestiegen. Obwohl überladen wurde er nicht „knieweich".

Warum die „Pappe" nie von Pappe war

Not macht erfinderisch:
Wie der Trabant zu seiner Kunststoffkarosserie kam

Ein bisschen kämpft Wolfgang Barthel noch immer für die „Pappe", die nie wirklich eine Pappe war. Obwohl der Kampf längst gewonnen ist. Gewonnen? Ja doch – auch wenn am 30. April 1991 der letzte Trabant vom Band der damaligen Sachsenring Automobilwerke GmbH in Zwickau rollte. Inzwischen aber genießt der Trabant, der wohl zu Zeiten der Wende wie kein anderes „Konsumgut" den Stillstand der maroden DDR-Wirtschaft symbolisierte, Kultstatus. Im Jahr 2000 sind noch immer mehrere hunderttausend Trabant zugelassen, das lustige Vehikel avancierte zum Filmstar, ging mit der Rockgruppe U 2 auf Tournee und hängt nun in einigen Exemplaren in der Rock 'n' Roll Hall Of Fame im amerikanischen Cleveland, Trabi-Treffen locken alljährlich Zehntausende an. Der Trabant ist Geschichte geworden, ist für viele Menschen in Ostdeutschland ein Stück des eigenen Lebens, ein Stück Vergangenheit, die man nicht einfach wegwirft. Tatsächlich spiegelt die Geschichte des in über drei Millionen Exemplaren gebauten Trabant die Entwicklung eines Landes, in das zunächst viele Ostdeutsche ihre Hoffnung nach einem grauenvollen Weltkrieg setzten, das diese Hoffnung jedoch missachtete und enttäuschte.

Für den 1921 im sächsischen Frankenberg geborenen Wolfgang Barthel mag dies in ganz besonderem Maße zutreffen. Er begann mit der Pressstoffentwicklung 1951 und leitete die Abteilung von 1955 bis 1986. Seine Trabant-Geschichte begann Anfang der 50er Jahre. Der Bedarf an Kleinwagen war in der jungen DDR riesengroß, das dafür benötigte Tiefziehblech je-

doch war knapp – die eigene Stahlindustrie produzierte nur in bescheidenem Umfang, und der Kalte Krieg zeigte Wirkung. Wolfgang Barthel erinnert sich, dass selbst die in geringen Stückzahlen bei Audi in Zwickau hergestellten F 8 deshalb mitunter nicht fertig wurden, ohne Kotflügel und Motorhauben im Werk herumstanden. Außerdem suchte man aber auch nach einem witterungs- und korrosionsbeständigen Material. Eine Alternative musste also her. Not macht erfinderisch. Der damalige Hauptdirektor der Vereinigten Volkseigenen Betriebe (VVB) Automobilbau Kurt Lang gab den Anstoß, einen Kunststoff zu entwickeln, blickt Wolfgang Barthel zurück. Gespräche bei westlichen Kunststoffherstellern und Experten innerhalb der DDR habe es gegeben – ergebnislos. Die chemische Industrie habe abgelehnt, weil es an Material fehlte. So musste die Fahrzeugindustrie selbst forschen – es schlug die Stunde der Gruppe um Wolfgang Barthel. Zunächst stand ihm nur ein Tischler als Mitarbeiter zur Verfügung, doch auf Druck seines Chefs Kurt Lang hatte er bald eine erfindungsreiche Mannschaft beisammen, denn allein mit der Stoffentwicklung war es nicht getan, problematisch waren auch Werk-

Wolfgang Barthel machte mit der Erfindung der Duroplast-Karosserie für den Trabant aus der Not eine Tugend.

zeugentwicklung, Gestaltung und Verbindungstechnik. Ihre Aufgabe war anspruchsvoll: Das zu entwickelnde Material musste im eigenen Land beschaffbar oder produzierbar sein, die notwendigen Maschinen mussten ebenfalls selbst herzustellen sein, die erforderlichen Verarbeitungsdrücke durften nur ein Zehntel der für Pressmassen nötigen betragen. Die Kunststoffteile mussten lackierbar und gut mit dem Stahlgerippe verbindbar sein. Und schließlich durfte die gesamte Herstellung nicht teurer sein als die vergleichbarer Stahlteile.

Barthel leitete bis 1986 die Pressstoffentwicklung für den Fahrzeugbau in der DDR und sorgte

praktisch dafür, dass aus der Not quasi eine Tugend wurde. Mit Kunststoffkarosserien war bereits früher experimentiert worden. Es hatte Versuche in Westeuropa und in den USA gegeben. Unter anderem suchte man eine Alternative zum Stahl, weil der irgendwann rostete. Doch die Ergebnisse dieser Kunststoff-Forschungen waren nicht ohne weiteres zu verwenden. Problem: der Materialmangel in der DDR und die für die Verformung notwendigen hohen Drücke. Wolfgang Barthel räumt ein: „Zunächst waren wir auf der falschen Fährte. Unter anderem wurden Versuche mit PVC-Folien in Verbindung mit Gewebe verworfen, weil sie für die Fertigung in größeren Stückzahlen nicht geeignet waren." Einen Ausweg fanden Barthel und Lang schließlich mit der Verwendung von Baumwolle und Phenolharzen. Die Zwickauer Ingenieure machten sich den misslichen Umstand zunutze, dass die DDR von der Sowjetunion neben „guter", für Bekleidung verspinnbarer Baumwolle auch minderwertige Qualität kaufen musste. Diese Chargen – für 1,20 Mark je Kilogramm, wie Wolfgang Barthel noch weiß – waren für die Pressstoffproduktion ausreichend. Allerdings gab es zunächst noch Schwierigkeiten, da ein alkalisches Bindemittel bei manchen Arbeitern Hautausschläge hervorrief.

Und so funktionierte es schließlich, für die P-70-Produktion zunächst noch weitgehend per Handarbeit, für den Trabant ab 1958 halb- oder vollautomatisch: Die Kunstharze wurden in Brockenform geliefert. Unter Zusatz von Talkum und Rübölfettsäure wurde das Harz zu Sandkorngröße aufbereitet und auf eine so genannte Vliesstraße gebracht. Diese eigens für die Kunststoffkarosserieherstellung in Großserien entwickelten Vliesstraßen bestanden aus mehreren Krempelmaschinen, mit denen ein dickes, endloses Baumwollvlies hergestellt wurde. Die flockenförmigen Baumwollfasern wurden in fünf Lagen zu einem längs und quer verflochte-

Der P 70-Kombi als Zwei- bzw. Viersitzer stand mit seinen 22 PS vor allem für Geschäft und Reise seinen Mann.

Die Vliesstraßen bestanden aus mehreren Krempelmaschinen.

nen Flor verarbeitet, mit dem Kunstharz berieselt und am Ende mit einem Druckwalzenpaar verdichtet und für den Pressvorgang zugeschnitten. Dieses so genannte Vormaterial wurde in die Pressen gelegt, deren Oberteil aus Gummi und Unterteil aus Metall mit 240 Grad heißem Wasser beheizt wurden. Inklusive Abkühlung dauerte der Pressvorgang rund neun Minuten. Der ungepresste Rand des Vormaterials wurde abgestanzt oder abgesägt. Oberflächenfehler wurden mit einer Epoxidharzmasse verspachtelt. Die Kunststoffteile wurden mit dem Stahlgerippe der Karosserie verklebt, geschraubt und genietet – die „Pappe", die nie eine war, war geboren. Als 1955 der P 70 in Serie produziert wurde, hatte er bereits eine Kunststoffhaut. 1959 wurde dieser Kleinwagen vom Trabant P 50 abgelöst, der wiederum 1964 dem Trabant 601 weichen musste.

Die aus technischen und wirtschaftlichen Zwängen heraus entwickelte Duroplastkarosserie fand in der internationalen Fachpresse ein durchaus positives Echo, führte zu mehreren Patenten – zumal westliche Autobauer nicht sicher wussten, ob sie mangels Stahl nicht irgendwann selbst vom Blech auf den Kunststoff ausweichen müssen. 70 Prozent aller PKW fielen damals wegen durchgerosteter Karosserien aus. Die Zeitschrift „Das Auto" konstatierte jedenfalls, „die Herstellung einer Kunststoffkarosserie in Serienproduktion" bedeute „eine beachtliche Pionierleistung, ganz gleichgültig, welche Erwägungen hierzu führten."

Die technischen Daten der „Pappe" konnten sich durchaus sehen lassen, wenn man den Trabi als Kind seiner Zeit betrachtet und nicht mit den hochgerüsteten PS-starken Maschinen der Gegenwart vergleicht. Als der Trabi nach der Wende in Crashtests gegen westeuropäische Kleinwagen antrat, blieb er keineswegs auf der Strecke. Selbst die Bild-Zeitung meldete, dass die Crashtests dem Trabant bessere Noten ausstell-

ten als manchem westlichen Kleinwagen. Und auch die Abgaswerte sind differenziert zu betrachten. Umweltschädlich sind vor allem die geruchlosen unverbrannten Kohlenwasserstoffe, die im Trabi-Motor in 30fach größerer Menge entstehen als im vergleichbaren Viertakter. Dennoch galt manchem westdeutschen Fachmann der Trabi nach der Wende schlechthin als Teufelszeug.

Und deshalb kämpft Wolfgang Barthel immer noch ein wenig für die „Pappe". Die ist für ihn keineswegs das beste Auto der Welt, und er weiß selbst am besten, dass in der DDR die Entwicklung modernerer, umweltfreundlicherer und sicherer Autos in den 70er und 80er Jahren wiederum wirtschaftlichen Zwängen und ideologischer Borniertheit zum Opfer fiel. Aber er will den Trabi auch nicht schlechter reden lassen, als er wirklich war. Dass ein bekannter westdeutscher Unfallforscher den Trabi als „Todeskiste" bezeichnete, tat Wolfgang Barthel ganz persönlich weh. Sorgfältig hat er ganze Ordner voller Zeitschriftenberichte zum Trabant gesammelt, die einem der am meisten geliebten, am meisten gehassten Autos, einem der berühmtesten Autos der Welt insgesamt Gerechtigkeit zu Teil werden lassen. Wolfgang Barthels Fazit – nicht ohne Augenzwinkern, aber auch nicht ohne Stolz: „Für ein ‚Mordinstrument' hat er sich ganz gut gehalten."   *Matthias Zwarg*

Schuhlöffel. *In den 50er Jahren ist in vielen Autofirmen der Trend zum Kleinwagen unübersehbar. Zu den erfolgreichsten Typen gehörte das Goggomobil von Glas. Nach einer Probefahrt spottete ein Testfahrer, zum Einsteigen möchte man zweckmäßigerweise einen Schuhlöffel mitbringen.*

H3A, Robur und Co.
Nutzfahrzeugbau in der Nachkriegszeit

„NKW oder LKW, das ist doch wohl egal, oder?" fragte der Student. „Lassen Sie das bloß nicht den Professor Meißner hören, der schmeißt sie im hohen Bogen raus", erwiderte der Seminarleiter. Der damalige Rektor der Ingenieurhochschule Zwickau gilt als der Urheber des Begriffs „Nutz-kraftwagen". „Denn", so dozierte der Dozent, „ein Lastkraftwagen ist zwar ein Nutzkraftwagen, aber nicht jeder Nutzkraftwagen ist zugleich ein Lastkraftwagen." Das leuchtete dem mathematisch geschulten Verstand ohne weiteres ein, nur über die Zunge wollte es nicht: Lastauto und LKW klangen und klingen einfach besser.

NKW oder LKW, der Faszination, die von den Sauriern der Landstraße ausgeht, tut der akademische Disput keinen Abbruch. Schon ihr Klang ist eine Welt für sich: trocken nagelnd der H3A, sanft ächzend der Phänomen und blechern säuselnd der Framo. Und erst der H6 und der G5!

Urgestein – keine Frage! Seit es die Vomag in Plauen als den bekanntesten sächsischen Nutzfahrzeughersteller nicht mehr gab, das Werk war im Krieg bombardiert worden und den Rest hatte die Rote Armee gesprengt, konzentrierte sich die Lastwagenherstellung auf Zwickau, Werdau und Zittau, der Kleintransporterbau auf Hainichen. Es lag in der Natur der Dinge, dass die Konstrukteure zunächst an das Know-how aus Vorkriegstagen anknüpften. Das drückte sich auch in den Namen aus. Der ab 1950 in Zwickau gefertigte 3-Tonnen-Lastkraftwagen, der H3A, kam als Horch auf den Markt. Er verfügte über einen Vierzylinder-Dieselmotor mit einem Hubraum von 6000 Kubikzentimeter und einer Leistung von 80 PS. Sowohl der H3A als auch sein Nachfolger S 4000 bewährten sich jahrzehntelang als Pritschenwagen mit oder ohne Plane, als Autodrehkran, Dreiseitenkipper, Fäkalienwagen, Kehrmaschine, Löschfahrzeug, Müllauto, Sattelschlepper, Tankwagen, Kleinbus, Mannschaftswagen und Zugmaschine. Nutzkraftwagen eben.

Ihre Unverwüstlichkeit verdankten diese Wagen aufwändigen Erprobungsfahrten in der ägyptischen Wüste, im Dschungel Guineas, in der Gebirgswelt der Anden, im Schneetreiben Feuerlands und in den Höhen Tibets. Wenn dem H3A überhaupt ein Lastwagen den Rang ablaufen konnte, so der H6, sein größerer Bruder. Dieser Schwerlastkraftwagen, mit einem Sechszylinder-Dieselmotor unter der langen Motorhaube, könnte selbst heute noch locker den nüchtern-funktionalen Frontlenkern die Schau stehlen. Die Fertigung übernahm von Anfang an die LOWA (Lokomotiv- und Waggonwagenbau) Werdau, die 1952 den Namen „VEB IFA Kraftfahrzeugwerk Werdau Ernst Grube" erhielt. Dort hatte man vor dem Krieg schon Omnibus- und Lastwagenaufbauten für MAN, Daimler, Büssing, VOMAG und andere geliefert und kurzzeitig sogar PKW-Karosserien hergestellt. Auch der

Verließ 1932 die Werkhalle in Hainichen: Der Framo 3-Rad-Lieferwagen mit acht Pferdestärken.

H6 war nicht nur als Lastwagen unterwegs, sondern diente als Omnibus und als Sattelschlepper, beispielsweise bei der Wismut. Ein Abnehmer ganz anderer Art war die Armee, die sich für den ebenfalls in Werdau produzierten geländegängigen G5 interessierte. Werdauer Ingenieure entwickelten schließlich den bekanntesten Lastwagen der DDR, den W50, das W im Namen steht für Werdau.

Auch Sachsens ältestes existierende Fahrzeugwerk, PHÄNOMEN in Zittau belebte mit den Granit-Typen zunächst seine Vorkriegstradition, bevor man zu eigenen Entwicklungen überging. Markenzeichen der Zittauer Lastwagen war und blieb die Luftkühlung der Motoren gleich ob Benziner oder Diesel. Daran änderte sich nichts, als das Werk wegen einer Klage des Alteigentümers in „VEB Robur", umbenannt wurde und aus Granit Garant wurde. Robur heißt im Lateinischen soviel wie Stütze oder Kraft, und das galt in jedem Fall für die neue Modellgeneration, welche die nüchterne Buchstabenkombination LO trug. Der „Ello" wie er umgangssprachlich hieß, unterschied sich optisch erheblich von seinem Vorgänger. Die charakteristische Motorhaube war einem Frontlenker-Fahrerhaus gewichen, unter dem sich ein luftgekühlter Vierzylinder-Reihenmotor verbarg. In der Otto-Ausführung verfügte er über 3,3 Liter Hubraum und als Diesel über 4 Liter, die 70 PS brachte ein teilsynchronisiertes 5-Gang-Getriebe auf die Straße.

Wie bei den anderen Fahrzeugherstellern hat es auch in Zittau nicht an Bestrebungen gemangelt, den Anschluss zum internationalen Fahrzeugbau zu halten, wie ein heute noch modern anmutender Prototyp mit 90-PS-Dieselmotor aus dem Jahr 1978 beweist – vergeblich. Grenzenlos dagegen war die Vielfalt der Aufbauten des LO. Vom Pritschenwagen mit und ohne Plane über Kofferfahrzeuge, Busse, Safari-Ausführung bis hin zum aufklappbaren Stabswagen (Schmetter-

ling) der NVA reichte das Spektrum. 1991 kam das Aus für den traditionsreichen sächsischen Fahrzeugbaubetrieb, auch ein letztes Aufbäumen mit Deutz-Einbaumotoren konnte das nicht mehr verhindern.

Der Dritte im Bunde der nach dem Krieg verbliebenen Nutzfahrzeughersteller war die von DKW-Boss Rasmussen gegründete Firma FRAMO in Hainichen, die vor dem Krieg besonders durch ihre „Dreikantfeilen", also dreirädrige Lieferwagen, bekannt geworden war. 1949

Der Barkas B 1000 eignete sich auch vorzüglich für den Personenverkehr.

Der Framo-Pritschenwagen war bei Handwerkern beliebt.

Der letzte Vomag-Lastwagen von 1941 hatte hinter dem Fahrerhaus einen Imbert-Holzvergaser integriert.

Funktionsmuster des LKW 0611 aus den Roburwerken Zittau, der von Dietel/Rudolph in den Jahren 1972/73 gestaltet wurde.

entstanden hier erste Varianten von Kleintransportern, die in der Folge mit dem 900-Kubikzentimeter-Dreizylindermotor des F 9 ausgerüstet wurden, welche die Lücke zwischen PKW und LKW trefflich ausfüllten. Da schon damals abzusehen war, dass den Lieferwagen auch in Zukunft große Bedeutung zukäme, begannen 1954 die Konstrukteure mit der Entwicklung eines neuen Kleinlastwagens – des B1000. 1961 löste

dieser den in die Jahre gekommenen Framo ab, von dem ungefähr 31.000 Stück aus der Produktionsstätte in Hainichen gefahren waren. Der B1000 mit seinem leistungsgesteigerten Dreizylinder-Wartburgmotor sorgte für Aufsehen, wie ausländische Kritiken belegen. Das lag nicht nur an dem ungewöhnlichen Antriebsaggregat, einem Zweitaktmotor, und dem in dieser Klasse ungewöhnlichen Vorderradantrieb, sondern auch daran, dass der nur eine Tonne schwere Wagen noch einmal das Gleiche seines Eigengewichts an Fracht transportieren konnte. Die günstige Ladehöhe und das große Ladevolumen machten ihn bald zum unentbehrlichen Helfer im Kraftverkehr. Mit seinem dumpf-blechern säuselnden Zweitaktsound war „der Schnelle" wie das phönizische Wort Barkas auf Deutsch heißt, in vielerlei Mission unterwegs: als Lastwagen, Krankenwagen, Feuerwehrauto, Postauto, Kleinbus, Polizeibereitschafts-Fahrzeug, Leichenwagen und grüne Minna – insgesamt in über 70 Varianten, bis 1991 der letzte Barkas die Werkhallen verließ.

Erstaunlich, welche Arbeit die Lastautos mit ihren wenigen PS leisteten. „Halt", müsste der Seminarleiter jetzt einwenden, „erstens heißt es Kilowatt und nicht PS und zweitens kann Arbeit nicht geleistet werden, denn dann ist es Leistung, lassen Sie das bloß keinen hören..." *Jens Kraus*

Nachteil. *Mangels Material können von der BK 350 – international als Sensation anerkannt – nur 31 Stück produziert werden. Fans urteilen: „Vorteil: Die Modelle können länger als geplant getestet werden, was man bei der RT 125 schmerzlich vermisste".*

30 Jahre unter Putz und flott wie einst

MZ-Legende wieder ausgegraben

Horst Gerlach, Schuhmachermeister im niedersächsischen Wolfsburg, hat in einem kleinen Dorf in Thüringen sein Motorrad des legendären Typs BK 350 aus Zschopau wieder ausgegraben. Er hatte es vor mehr als 30 Jahren eigenhändig eingemauert.

„Diese Maschine war damals im Dorf so etwas wie ein Mercedes", sagt Horst Gerlach. Die Maschine – das ist das unvergessene IFA-Kraftrad Typ BK 350, Baujahr 1955 im VEB Motorradwerk Zschopau. Und das Dorf – das ist Buchholz mit seinen 250 Einwohnern dicht bei Nordhausen in Thüringen. Dort gab es einen mittleren Auflauf, als in den frühen Morgenstunden des 6. Januar 1956 ein wahres Prachtstück im Schaufenster des örtlichen HO-Fahrzeugladens aufgebaut wurde: die BK 350. Der damals 20-jährige Gerlach, der bereits seinen Meistertitel in der Tasche und das Arbeiten gelernt hatte, drängte sich nach vorn und legte die Scheine auf den Tisch. Das Maschinchen, eine Mischung aus DKW und BMW, bringt es mit seinen kraftvollen 15 PS bis auf 115 Stundenkilometer – damals eines der sportlichsten Krafträder. Die Spritztouren mit seiner jungen Frau Marlis auf der BK 350 entschädigten für die schwere Arbeit, und so etwas wie ein Hauch von Freiheit umwehte die beiden, wenn sie mit der „kernigen Kiste" Böschungen hinaufsausten, das waren kleine Fluchten. Doch als sie ihn in die Produktionsgenossenschaft Handwerk (PGH) stecken wollten, da dachte Horst an die große Flucht. Horst und Marlis machten weg, drei Tage vor dem Mauerbau. Bereits zu diesem Zeitpunkt hatten die Gerlachs in gewissem Sinne Vorsorge für die deutsche Einheit getroffen. Horst nahm Zement und Kelle, legte das Gefährt kurzerhand zwischen Sims und Trittstein des väterlichen Hauses „unter Putz". Marlis erinnert sich: „Das war so schlimm damals – wir haben gedacht, in zwei oder drei Jahren kommt sowieso die Einheit. Dann kommt das Motorrad wieder raus". Weder mit der Einheit noch mit dem Motorrad ging das, was wir nun unumstößlich wissen, so schnell. Und als Horst Gerlach nach dem Fall der Mauer das IFA-Krad freilegte, da war nicht nur Freude im Spiel. „Da ist alles noch mal an mir vorbeigezogen, die Erinnerungen, die Hoffnungen, die Jugend, die vorbei ist." Die Holzkiste mit den Ersatzteilen war von Würmern zerfressen und fiel sofort auseinander. Doch die BK 350 war in einem ausgezeichneten Zustand, hatte sogar noch Luft auf den Reifen. Jetzt darf Sohn Bernd (27) mit ihr fahren. Die Anmeldung beim TÜV der Volkswagenstadt Wolfsburg bereitete nur geringe Schwierigkeiten. Wenn die BK 350 aus Zschopau jetzt wieder über die Straßen braust, zieht sie nicht selten begehrliche Blicke auf sich. Denn es ist heute wieder schick, Technik-Denkmälern und Oldie-Kutschen wieder Leben einzuhauchen. Fans schnalzen mit der Zunge, Gesprächspartner trauen ihren Augen kaum. Wie bitte, dieses Motorrad ist mehr als 30 Jahre lang eingemauert gewesen? *(Freie Presse vom 22. 9. 1992)*

Stolz präsentieren Horst Gerlach und Frau Marlis ihre BK 350, die sie wenige Tage vor dem Mauerbau einmauerten und – 30 Jahre später – nach dem Mauerfall wieder und funktionstüchtig ans Tageslicht holten.

Chronik 1951–1960

3. 8. 1951 August Horch stirbt 82-jährig

1. 10. 1951 Auf Ministeriumsweisung wird in der DDR die Firmenmarke DKW durch IFA (Industrievereinigung Fahrzeugbau) ersetzt

1952 BMW meldet sich nach dem Verlust der Automobilwerke in Eisenach auf dem Automobilmarkt zurück

15. 6. 1952 Beim 24-Stunden-Rennen von Le Mans erringt Mercedes einen Doppelsieg

3. 12. 1952 DDR-Volkspolizei beschlagnahmt in Ost-Berlin alle Fahrzeuge mit westdeutschen Kennzeichen

1954 Die vor dem Krieg entwickelte RT 125 ist das meist kopierte Motorrad der Welt. Kopien entstanden in den USA (Harley-Davidson Hummer), SU (Ish), Großbritannien (BSA Bantam), Polen und Japan (Yamaha)

1. 2. 1954 Der Industrieverband meldet: Innerhalb von nur fünf Jahren hat sich die Autoproduktion der Bundesrepublik verachtfacht

30. 6. 1954 Mit dem Pkw Horch 240 „Sachsenring" beginnt in Zwickau nach zwölf Jahren Unterbrechung wieder der Personenwagenbau. (Vier-Türer, Sechssitzer, Viertakt-Otto-Motor, 2407 Kubikzentimeter, 140 Stundenkilometer, 13,2 Liter pro 100 Kilometer

8. 11. 1954 Der ADAC beschließt, für die Ergreifung von Autodieben Prämien auszusetzen

1. 5. 1955 Der VEB Audi wird in den VEB Automobilwerke Zwickau umbenannt

12. 6. 1955 Beim bisher schwersten Unglück kommen in Le Mans 85 Menschen ums Leben. Ein Auto rast in die Zuschauer. Rennen wird fortgesetzt

5. 8. 1955 Der einmillionste Käfer – meistproduziertes Auto in Europa – läuft in Wolfsburg vom Band. Preis: 3.790 DM

3. 2. 1956 Bosch stellt ein neues asymmetrisches Abblendlicht vor: die rechte Fahrbahnhälfte wird besser ausgeleuchtet als die linke

1. 2. 1957 Der VEB Horch wird in VEB Sachsenring Automobilwerke Zwickau umbenannt

19. 7. 1957 Bundestag begrenzt Geschwindigkeit innerhalb geschlossener Ortschaften auf 50 Stundenkilometer

November 1957 Wachsende Platzprobleme führen in Paris zur Einführung von Parkscheiben

7. 11. 1957 Der erste Trabant (P 50) geht in die Nullserie: 18 PS, 500 Kubikzentimeter. Name inspiriert vom Start des ersten sowjetischen Erdtrabanten „Sputnik" im gleichen Jahr

1958 Wartburg-Modelle finden besonders auch in Belgien und Dänemark immer mehr Käufer. Sie sind eine Weiterentwicklung des IFA F 9 aus Eisenach, den ehemaligen BMW-Werken

1958 MZ nimmt erstmals an der Straßen-Weltmeisterschaft teil. Horst Fügner wird in der Klasse bis 250 Kubikzentimeter Vizeweltmeister

2. 1. 1958 In Flensburg wird eine zentrale Kartei für Verkehrssünder eingeführt

15. 5. 1958 In Basel öffnet das erste „Autosilo" Europas. PKW werden über einen Aufzug zu ihrem Stellplatz transportiert

22. 5. 1959 Das Bundesarbeitsministerium lehnt die Zulassung von Selbstbedienungstankstellen nach schwedischem Vorbild aus Sicherheitsgründen ab

2. 11. 1959 Auf der Strecke London – Birmingham wird die erste britische Autobahn eröffnet

24. 11. 1959 NSU (Neckarsulm) stellt den Wankelmotor vor. Ein rotierender Drehkolben ersetzt den Hubkolben

1960 Der von Wankel entwickelte Kreiskolbenmotor (Drehkolben statt Hubkolben) erscheint MZ interessant und wird erprobt

1. 1. 1960 In der Bundesrepublik sind 7,331 Millionen Kraftfahrzeuge und 2,3 Millionen Mopeds zugelassen

17. 3. 1960 Der Volkswagenkonzern wird auf Bundestagsbeschluss teilweise privatisiert

Wanderer-Motorräder gehörten schon im ersten Jahrzehnt zum Feinsten, was die Motorradwelt zu bieten hatte. Hier der Typ mit 3 PS und Zweizylinder-V-Motor.

Mit dem Reichsfahrtmodell von 1922 (143 Kubikzentimeter Hubraum, 2,5 PS) begann der Siegeszug der Zschopauer Motorräder.

Diese Wanderer-
Maschine,
Baujahr 1925,
verfügte schon
über einen Motor
mit vier Ventilen
pro Zylinder.

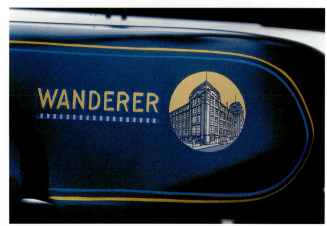

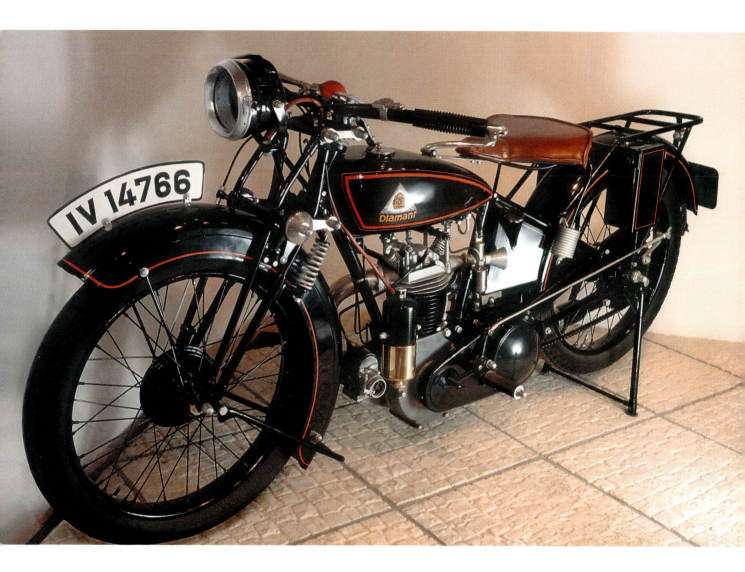

Diamant-Motorräder genossen dank ihrer soliden Bauweise einen hervorragenden Ruf. Hier eine 350er mit einem obengesteuerten Einbaumotor der Firma Kühne aus Dresden.

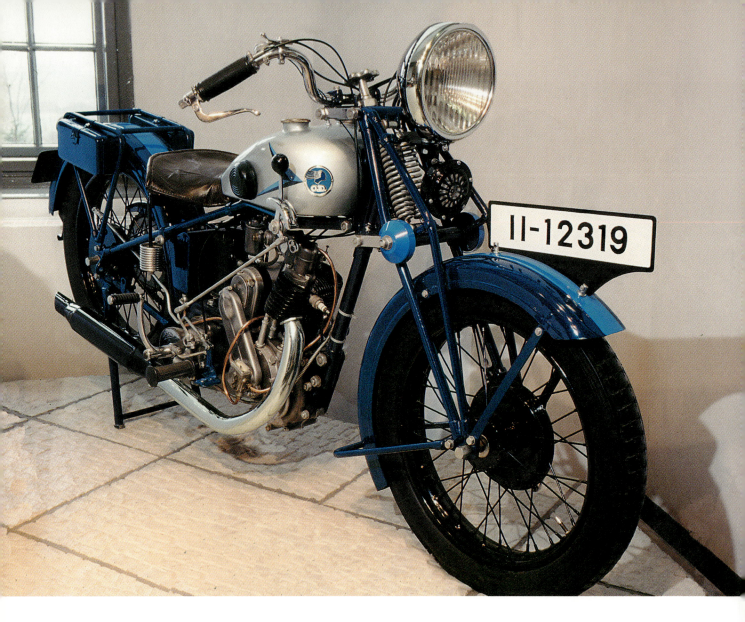

Lief wie ein
Uhrwerk:
500er OD aus der
kleinen, aber
feinen Zweirad-
schmiede
Willy Ostner
in Dresden mit
Schweizer MAG-
Einbaumotor.

DKW fahren
machte noch mehr
Spaß, wenn ein
Girl im Beiboot
saß.

Willkommen im
Club: Die Opel
Motorclub
verdankte ihr
Entstehen sächsi-
schem Know-how.

Königsklasse:
DKW SB 500 in
Luxusausführung
für ein arabisches
Herrscherhaus.

120 Stunden-
kilometer waren
locker drin – die
DKW Sport 500
mit wassergekühl-
tem Zweizylinder-
Zweitaktmotor.

Anfang und Ende einer Hoffnung in Zwickau

Arbeit zwischen marginalen Dingen und Zukunftsprojekten

Wieder einmal hatten wir in Zwickau kein Hotelzimmer bekommen. Warm und lange hell lagen die Sommertage über der kokereiblauen Dunstglocke des Talkessels zwischen Planitz und Weißenborn. Schwitzend und durstig arbeiteten wir bis spät abends in der 1 : 1-Sitzkiste am plastischen Innenmodell des Trabant P 603. Nur die Torwächter wussten wir noch mit uns im staubgrauen, düsteren Fabrikbau aus dem 19. Jahrhundert an der Seilerstraße; Entwicklung und Versuch von Sachsenring hatten sich bescheiden dort wieder eingerichtet.

Im Gasthof nahe Werdau, der uns aufnahm, vertrieb uns dröhnend-dudelnde deutsche Schlagermusik von Tisch und Bier. Ins Freie hinaus drängte es uns, die Felder hinter dem Dorf und frische Luft lockten und der hohe sommerweite Himmel, aus dem uns abends erst klar die vertrauten Klänge zwischen Beat, Jazz und Chansons über ein kleines Transistorgerät erreichten. Ein großes, weites Feld mit jungem Raps schwang sich hellgrün über die Hügel. Übermütig, guter getaner Arbeit gewiss, dunklen Hallen und schmalzigen Tönen entflohen, kosteten wir von den Trieben — sie schmeckten süß und gut. Lachend steckten wir uns davon den Mund voll und schlenderten zufrieden zum Schlafen ins Abenddunkel zurück.

Große Vorbilder für Fahrzeuggestaltung waren uns damals die Franzosen – mit dem legendären, eleganten Citroën DS 19 und auch dem kleinen, zwischen Volksfront und Resistance erwachsenen 2 CV. Dieser war frech und genial, ein Familienauto mit geringstem Aufwand, aber höchster Intelligenz und mit einem ungewöhnlichen Formkonzept, das wir gegen alle Modespießer, Chromleistenfetischisten und Stufenheckopas jugendlich-grundsätzlich verteidigten. Ähnlich begeisterte uns der vom 2 CV angeregte Renault R 4 und der geniale Morris Mini von Issigones. Von Fiat regten uns der kompakte, visionäre Multipla an und die klugen kleinen 600er.

Trabant P 603, Gestaltungsvariante Steilheck, Dietel 1966.

Westdeutsche Vorbilder fanden wir damals kaum. Außer dem NSU RO 80, der – zwar chrombepflastert – Jahre nach meinem Diplommodell verblüffende plastische Analogien zu diesem aufwies und der Autonova-Fam-Studie unserer Kollegen Conrad, Manzu und Werner von der Hochschule für Gestaltung Ulm – schien uns das meiste zwischen VW, Opel, Ford, Mercedes und BMW fade und chromleistenvernagelt nach rückwärts weisend. Der große Wandel bei VW mit Giugiaros Entwurf für den Golf, der dann 1975 erschien, war Mitte der Sechziger angesichts des betagten Käfers und Modelldurchein-

anders in Wolfsburg überhaupt nicht absehbar. So bewegten wir uns in der kühlen, manchmal eisigen Luft visionärer Höhen, wenn wir mit Entwicklern über Kompaktfahrzeuge heiß und andauernd debattierten. Wir wollten weg von Tagesmoden, die wir angesichts von langen Planzeiträumen, ständigem Investitionsmangel und ob des geringeren Gebrauchswertes für nicht sinnvoll erachteten. Interessiert beobachteten wir, was die später „68er" Genannten europaweit bewegten. Progressivere Gestaltung war unser Ziel, für das wir Entwickler und Leiter zu begeistern suchten; es war Arbeit an Konzepten, die auch nach Jahrzehnten nicht völlig veraltet sein sollten. Beispiele an Fahrzeugen aus der Geschichte gab es dafür einige. Das Wichtigste war uns maximales familienfreundliches Nutzvolumen bei möglichst kleiner Verkehrsfläche – eine Maxime, die vielleicht in unserer dichtbesiedelten Gegend Jahrzehnte vorher auch schon die DKW-Entwickler umtrieb und zu ihren legendären, weltweit beachteten kleinen Fahrzeugen kommen ließ. Frontantrieb, in Sachsen bei DKW mit erwachsen, war dafür hervorragend geeignet und hier schon lange keinen Religionsstreit mehr wert – wie teilweise bis heute noch bei einigen Produzenten praktiziert. Steile Heckneigung wegen optimalem Nutzvolumen und deutlich bessere Aerodynamik, 5-Türer als Standard und vor allem ein französisch großzügig bemessener Einstieg vorn und hinten, um nicht die Schwiegermutter mit dem Schuhanzieher ins Fahrzeug zwingen zu müssen; plastisch eindeutig ausgebildete Bug-, Heck- und Schwellerzone (wie schon teilweise beim DKW F 9 vor dem Krieg), optisch be-

Trabant P 603,
Gestaltung Werks-
entwurf
VEB Sachsenring
Zwickau und
Dietel/Rudolph
1965.

ste Rundleuchten vorn und hinten, umlaufende Stoßkanten, variables Bugteil und innen konzentrierte Bedien- und Kontroll- elemente des Operativbereiches möglichst in einem Block, Einspeichensicherheitslenkrad, große Ablagen vorn und seitlich prägten unser Gestaltungskonzept und waren als Ganzes und bis ins kleinste Detail tägliche Gestaltungsarbeit.

Kompaktes Vollheckfahrzeug hieß unser Konzept, um das alles kreiste. Heute scheint dies angesichts weltweiter Bestätigung selbstverständlich und nicht weiter aufregend. Aber damals? Mitte der sechziger Jahre? In Deutschland gab es davon nichts, weltweit nur wenig. Wir mussten deshalb Kompromisse eingehen, um unser Ziel verfolgen zu können. So entwarfen wir auch Stufenheck-Fahrzeuge, wenn wir gewiss sein konnten, das Vollheckfahrzeug blieb

eigentliches Entwicklungsziel. Waren wir anfangs noch die „Kunstspinner", änderte das sich langsam aber sicher. Die progressiven Entwickler hatten wir dabei meist auf unserer Seite, aber es gab viele, unendlich viele Gegner – berauscht von den jeweils letzten Moden und nicht zuletzt voller Angst, weil sich solches wie unsere Konzepte schließlich nicht in der „Weltstandsanalyse" als vorherrschende Tendenz nachweisen ließ. Deshalb gab es zu Form und Gestalt eines Fahrzeuges oder auch einzelner Bauteile oft harten, auch langwierigen Disput. Wohl schwebte in den Sechzigern noch eine Aura von Auto-Union-Qualität über den Büros, sie nahm aber ab und wurde nur langsam durch Neues ersetzt. Faschismus, Krieg und stalinistische Dogmen hatten tiefe Spuren hinterlassen. Ästhetischer Anspruch war, nicht zuletzt im bergbaugeprägten Zwickau, tief gesunken – je tiefer, desto höher in Crossen die Halden der Wismut wuchsen. In den Betrieben, an der produktiven Basis, war durch intensive gestalterische Arbeit am ehesten etwas zu bewegen. Barrieren gegen zeitgemäße Gestalt wurden meist größer, wenn Entwicklungen draußen vorzustellen waren. Die VVB Automobilbau in Karl-Marx-Stadt hatte Anfang der Sechziger schon beim Wartburg das gemeinsam erarbeitete Vollheckkonzept vereitelt, nun beförderte und verhinderte sie manches; von den technisch-wissenschaftlich etablierten Hochschulen in Dresden war zu zeitgemäßer Form und Gestalt keine Hilfe zu erwarten – dort herrschten konservative Auffassungen vor, wie sie Renn unter anderen Bedingungen für das Dresden des Jahrhundertanfangs deutlich beschrieben hatte.

Entwickler und Gestalter mussten härteste ökonomische Forderungen zu den Produktkonzepten erfüllen. Am Pfennig war zu sparen; jeder Entwurf daraufhin mehrfach abzuklopfen, ob nicht noch effektiver gefertigt werden könne – ginge das Fahrzeug einst in Serie... Es war eine harte, aber hohe Schule für Gestaltungsarbeit. Noch war nicht absehbar, was sich schon ein Jahrzehnt später deutlich abzeichnete – die Entwürfe für die Abstellräume.

Vor meiner Arbeit für Sachsenring hatte ich in Eisenach für AWE am Wartburg gestaltet. Dr. Werner Lang hatte mich nach Zwickau geholt. Noch wusste ich zu Beginn in Zwickau kaum etwas von den tiefen Gräben zwischen beiden Werken. Sie wurden mir erst allmählich, im Laufe mehrerer Jahre, bewusst. Eisenach hatte nach Kriegszerstörungen als deutsch-sowjetischer Awtowelo-Betrieb keine Demontage erleiden müssen. Fast an jedem Arbeitsplatz war dies dort spürbar. Anders in Zwickau. Hier mussten die Werke Horch und Audi, später Sachsenring Automobilwerke Zwickau, nach sowjetischer Reparationsdemontage von tief unten neu beginnen. Am ehesten war noch im Stamm ihrer Fachkräfte in Jahrzehnten gewachsene Entwicklungskultur zu spüren. Ohne diese wären unsere weitgreifenden Gestaltungskonzepte, das weiß ich heute sehr viel klarer als vor Jahrzehnten, nicht zu den Projekten gereift, die sich von jetzt aus betrachtet damals weit vorn in der weltweiten Fahrzeugentwicklung bewegten. So ist mir unver-

Innengestaltung
Operativbereich
Dietel/Rudolph
1965.

gesslich, wie im Musterbau ältere Facharbeiter mit geschlossenen Augen, über Formbauteile aus Holz mit der Hand hinwegstreichend, Qualität oder Mängel eines Bauteils mit nachtwandlerischer Sicherheit erkannten – beispielsweise der alte Meister Schilling von der Modelltischlerei.

Am ganzen Fahrzeug und vielen einzelnen Bauteilen wurde ändernd, immer wieder verbessernd gearbeitet. Standard- und „Luxus"-Varianten, Operativbereich mit Instrumenten, Lenkschloss, Ablage, Luftdüsen, Ascher, die Sitze, Seiten- und Türverkleidung, Haltegriffe, Sonnenblenden, Armlehnen, Kurbeln, Spiegel, Polstermaterial; außen ein anderer Bug, Blinkleuchten, Tankverschluss, Türgriffe, Felgen und vieles, vieles andere, nicht zuletzt Farb- und Grafikprogramm und Änderungen durch Triebwerksvarianten (Wankel-Motor, Viertakttriebwerk) forderten uns voll und ganz – Entwürfe, Konstruktion, Musterbau, Erprobung und Einschätzung, Akzeptanz oder Änderung – immer wieder.

1967 hatten wir uns mit Münchener Freunden im frühlingshellen Prag getroffen. Mit seismographischem Gespür, erwachsen während des Studiums im geteilten Berlin, reagierte ich auf den sich dort ankündigenden Wandel. Zurück, verfolgte ich seitdem alles hellwach, was sich im Tschechischen bewegte – hoffend auf Veränderungen und, weil von Skoda das Viertakttriebwerk für den Trabant-Nachfolger P 603 kommen sollte.

Im Sommer 1968 spitzten sich die Ereignisse in der CSSR zu: Breshnew drohte hemdsärmlig – ein Fernsehbild, das ich nie vergessen werde – im Verhandlungszug auf dem Grenzbahnhof Nisa Nad Tisou gegen die Hoffnungsgestalt Dubček. Anfang August dann begannen die Marschkolonnen der Roten Armee sich gen Süden zu bewegen. Nächtelang hörten wir im östlichen Teil von Karl-Marx-Stadt das dumpfe Grollen und Kettenkreischen der Panzer, das Aufheulen der schweren Fahrzeuge, die unweit der Stadt, Fernverkehrsstraßen und den Tag meidend, sich durch die Dörfer ins Gebirge hoch wälzten. Zwischen Hoffen und Angst arbeiteten wir in diesen bewegten Wochen am P 603. Auf der Rundstrecke fuhr dreischichtig schon das fünfte Funktionsmuster zur Erprobung.

Trabant P 603,
Gestaltung Werks-
entwurf
VEB Sachsenring
Zwickau und
Dietel/Rudolph
1965.

Wir begutachteten den erreichten Stand, gestalteten nötige Veränderungen.

1971/72 sollte das Fahrzeug den Trabant P 601 ablösen. Dieser absehbare Entwicklungssprung, nicht zuletzt gestalterisch, motivierte Konstrukteure, Musterbauer, Versuchstechniker wie Gestalter gleichermaßen. Wir wussten, wie weit vorn vor der Konkurrenz wir uns bewegten. Die politischen Entwicklungen in der benachbarten Tschechoslowakei erregten deshalb alle tief.

Am 21. 8. 1968 ging dann die befürchtete Nachricht vom Einmarsch der Warschauer-Pakt-Staaten in die CSSR über die Sender. Wir arbeiteten in Berlin. Am folgenden Sonntag stand ich morgens noch immer niedergeschlagen am Fenster unserer Zweizimmerwohnung, die wir nach sieben Jahren endlich zugewiesen bekommen hatten. Plötzlich bog ein großer Personenwagen in unsere stille Straße ein und hielt vor dem Haus. Die Türen öffneten sich und ich traute meinen Augen kaum – es stiegen vier Männer in voller Strahlenschutzmontur aus, (trotz fehlendem Armeedienst erkannte ich das sofort) gingen hin und her, blickten durch die unförmigen Schutzgläser über den Luftröhrenrüsseln zu unserer Wohnung hoch, stiegen später wieder ein und fuhren davon. Ich war wie erstarrt und von panischer Angst wie vom Blitz getroffen. Sei es ein Versehen gewesen oder war ich, was ich bis heute annehmen muss, bewusstes Ziel an jenem denkwürdigen Tag, wie auch immer: Die Instrumente *waren drastisch und zeitlich exakt gezeigt worden. Alles danach war dann nie mehr wie vorher. Die Erinnerung daran beeinflusste mein Handeln bis 1989.*

Sofort wirkte sich die politische Großwetterlage auf den Fahrzeugbau aus. Das Projekt P 603 wurde abgebrochen. Es war das hoffnungsvollste Projekt nach 1945, mit ihm wäre aufzuschließen gewesen an die internationale Avantgarde des Automobilbaus. Von diesem Schlag erholte sich der PKW-Bau der DDR nie wieder. Die größte Chance war vertan.

Mit meiner, unserer Gestaltungsarbeit in den fruchtbaren Sechzigern – sie waren dafür die beste Zeit in der DDR – war ich bald, während der Arbeit am P 603 wurde das zunehmend spürbar, ungewollt in die Königsebene geraten. Etwas früher schon und teilweise auch gleichzeitig, während meiner Arbeit am R 300, dem ersten Großrechner der DDR, an der ersten Datenfernübertragungsanlage DFÜ 400, für Ludwigsfelder Lastkraftwagen, zu Zeiss-Magnetbandspeichern und gemeinsam an der Heliradio-Studie Progamat mit Pilottonverfahren geriet ich in immer größere Zwänge. Freischaffende Gestaltungsarbeit sei, so beschlossen die Dogmatiker – künftig von solch wichtigen Entwicklungsthemen auszuschließen – die Bienen sollten auf den Bäumen angesiedelt werden. Vom kulturgeleiteten Institut für angewandte Kunst, mit dem noch gute Zusammenarbeit möglich war, über das dann schon technizistische Zentralinstitut für Gestaltung bis zum verhängnisvollen Amt für Formgestaltung zwang ein immer engeres, bösartiger geschnürtes Korsett unsere Arbeit mit den Betrieben in das gewollte Ende.

Im September 1968 fuhr ich erstmals seit Beginn meiner 1963 begonnenen freischaffenden Arbeit mit der Familie in den Urlaub nach Mecklenburg. Das Wasser der Seen dort war noch sommerwarm, nachmittags an einem schönen Tag spielten die Kinder am Strand und ich schwamm weit hinaus. Zurückgekommen, konnte die spätherbstliche Sonne nicht mehr recht erwärmen. Kalter Ostwind wehte gegen den tiefblauen Himmel, der sich von Kondensstreifen übender Jäger durchwoben zum Abend hin wölbte. Vorbei waren die hoffnungsgrünen Sechziger, ihr Frühling und mit ihnen unsere Aussicht auch auf ein neues Fahrzeug. Es hätte Tradition und Zukunft der sächsischen Fahrzeugbauer beweisen können.

Der lange Marsch gegen die Institutionen begann.   Prof. Clauss Dietel

Fünfundzwanzig Jahre baute man die RT, manches Detail wurde verändert. Geblieben sind ihre Unverwüstlichkeit und die einfache Handhabung.

Die 1940 vorgestellte RT 125 – oft kopiert, nie erreicht.

„Ist sie nicht eine Augenweide, die kleine ES?" scheint dieser Sportsmann zu fragen. Über 500.000 verkaufte 125/150er-Maschinen dieses Typs geben ihm recht.

Stoff für Benzin-
gespräche: die
1976 vorgestellte
MZ TS 250/1
mit neuartigem
horizontal verripp-
ten Zylinderkopf.

Winterabenteuer
auf dem Erzge-
birgskamm mit
der ETZ 250.
Der Superelastik-
Beiwagen ist
heute noch bei
Gespannfahrern,
auch anderer
Motorradmarken,
beliebt.

Das pfiffige Design
dieses 1985
vorgestellten
Kurvenflitzers ließ
jugendliche Herzen
höher schlagen.

Ob Landstraße,
Feldweg oder
Wüstenpiste, die
seit 1997 gebaute
MZ Baghira
mit 600-Kubik-
zentimeter-
Viertaktmotor
gibt immer eine
gute Figur ab.

Prototyp der MZ
1000 S mit einem
Liter Hubraum.

Mit der 1999 vor-
gestellten neuen
RT 125 kehrt auch
der berühmte
Firmenname MZ
zurück.
Mehr noch, das
Viertaktmotorrad
ist eine volle
Zschopauer Eigen-
konstruktion.

1961—
1970

1961–1970 Die Menschen zwischen Ostsee und Erzgebirhe hatten sich einen bescheidenen Wohlstand geschaffen. Jetzt konnte man an ein eigenes Fahrzeug denken. Motorräder waren sofort erhältlich, die Wartezeit auf den Trabant betrug ein anderthalbes Jahr. Allmählich belebten sich Autobahnen, Fernverkehrsstraßen und Alleen. Eine neue STVO trug den geänderten Bedingungen Rechnung. Die Zeitschrift „Der Deutsche Straßenverkehr" wurde von den Lesern geradezu verschlungen. Sie interessierten sich für Tests, Reparaturtipps, Reisegeschichten, für das Sportgeschehen, Hinweise zum Verkehrsrecht, für den internationalen Fahrzeugmarkt und – für kritische Meinungen.

Der ADMV organisierte Reisen ins sozialistische Ausland, wer nach Berlin fuhr, schwärmte von der „Grünen Welle", die Mitropa übernahm die Autobahnraststätten, im Rahmen des Nationalen Aufbauwerkes NAW wurden Reihengaragen errichtet. Auch im Hinblick auf die Verkehrssicherheit gab es Bemühungen, den internationalen Anschluss zu finden. In Dresden lieferte die Technische Hochschule Dresden ein Muster-Radargerät zur Messung der Geschwindigkeit an die Deutsche Volkspolizei, im Auftrag des zentralen Entwicklungsbüros für Kraftfahrzeugbau ZEK entwickelte das Institut Manfred von Ardenne einen Sicherheitsgurt.

Im Motorradsport verzeichnete die DDR internationale Erfolge. Der Bau der Berliner Mauer hatte bei vielen die Hoffnung auf ein „Deutschland, einig Vaterland" zerstört. Die Menschen sahen sich gezwungen, mit den gesellschaftlichen Verhältnissen zu leben. Mancher hoffte, Versorgungsengpässe und die Einschränkung der Meinungsfreiheit seien vorübergehender Natur. Die Betriebe der Kraftfahrzeugindustrie, die bisher Stahlrohre und Tiefziehbleche aus dem Westen bezogen hatten, waren jetzt verstärkt auf RGW-Lieferungen angewiesen. Kooperationspartner von Döbeln bis Beierfeld, von Klingenthal bis Pirna, von Fraureuth bis Oberoderwitz versorgten die Auto- und Motorradhersteller mit Zulieferteilen.

Vieles schien möglich. Neue Fahrzeugmodelle wurden vorgestellt, Forschungsarbeit geleistet, es gab Prototypen und Versuche mit Wankelmotoren, Teile ließen sich standardisieren, Neuerervorschläge brachten Materialeinsparungen. Die große Nachfrage konnte dennoch nicht befriedigt werden. Für gebrauchte Autos wurde auf dem Schwarzmarkt mitunter schon mehr als der Neupreis bezahlt.

Seite 153:
Begeistert aufgenommen – die 1969 vorgestellte ETS 250 mit Büffeltank und Teleskopgabel beendete die Vollschwingenära der ES-Modelle.

ADRIA (Kamenz) ALGE (Leipzig) ARI (Plauen) ATLAS (Leipzig) AUDI (Zwickau) AVOLA (Leipzig) BAMO (Bautzen) **BARKAS** (Hainichen/Chemnitz) BECKER (Dresden) CHEMNITZER MOTORWAGENFABRIK (Chemnitz) DIAG (Leipzig) DIAMANT (Chemnitz) DKW (Zschopau) DUX (Leipzig) EBER (Zittau) EISENHAMMER (Thalheim) ELFE (Leipzig) ELITE (Brand-Erbisdorf) ELSTER (Mylau) ESWECO (Chemnitz) FRAMO (Frankenberg/Hainichen) GERMANIA (Dresden) HARLÉ (PLauen) HASCHÜTT (Dresden) HATAZ (Zwickau) HEROS (Nieder-oderwitz) HIECKEL (Leipzig) HILLE (Dresden) HMW (Hainsberg) HORCH (Reichenbach/Zwickau) HUY (Dresden) IDEAL (Dresden) JCZ (Zittau) JURISCH (Leipzig) **KFZ-WERK „ERNST GRUBE"** (Werdau) KOMET (Leisnig) KSB (Bautzen) LAUER & SOHN (Leipzig) LEBELT (Wilthen) FAHRRAD- UND MOTORWAGEN-FABRIK (Leipzig) LIPSIA (Leipzig) LOEBEL (Leipzig) MAF (Markranstädt) MAFA (Marienberg) **MELKUS** (Dresden) MOLL (Tannenberg) MOTAG (Leipzig) **MZ** (Zschopau) MuZ (Zschopau) MZ-B (Zschopau) NACKE (Coswig) NEOPLAN (Plauen) NETZSCHKAUER MASCHINENFABRIK (Netzschkau) OD (Dresden) OGE (Leipzig) ORUK (Chemnitz) OSCHA (Leipzig) PEKA (Dresden) PER (Zwickau) PFEIFFER (Rückmarsdorf) PHÄNOMEN (Zittau) PILOT (Bannewitz) PORSCHE (Leipzig) POSTLER (Niedersedlitz) PRESTO (Chemnitz) REISIG/MUK (Plauen) RENNER (Dresden) **ROBUR** (Zittau) RUD (Dresden) **SACHSENRING-AWZ** (Zwickau) SATURN/STEUDEL (Kamenz) SCHIVELBUSCH (Leipzig) SCHMIDT (Fischendorf) SCHÜTTOFF (Chemnitz) SPHINX (Zwenkau) STEIGBOY (Leipzig) STOCK (Leipzig) TAUTZ (Leipzig) TIPPMANN & CO (Dresden) UNIVERSELLE (Dresden) VOGTLAND-WAGEN (Plauen) VOMAG (Plauen) VW (Mosel/Dresden) WANDERER (Chemnitz) WELS (Bautzen) WOTAN (Chemnitz/Leipzig) ZEGEMO (Dresden) ZETGE (Görlitz) ZITTAVIA (Zittau)

Meep statt Jeep

Der Tausendsassa Rolf Neubert
und die RT 125/4

Es gibt Fahrzeuge, die sind schon zu Produktionszeiten eine Legende. Wird ihre Fertigung eingestellt, weil sie sich beim besten Willen nicht mehr modernisieren lassen, ist das Bedauern groß, bei den Käufern und oft auch beim Produzenten. Manchmal wird in solchen Fällen die Fertigung zugunsten einer so genannten „Last Edition" noch einmal aufgenommen. So auch bei der RT 125. Ohne dass die Motorradfahrer in der DDR etwas davon erfuhren, geschah 1964 ein kleines Wunder: das Motorrad wurde – werksintern als RT 125/4 bezeichnet – noch einmal in einer Kleinserie produziert.

Der Mann, der hinter dieser Aktion steckte, heißt Rolf Neubert. Der war Vertriebsingenieur, Testfahrer, Haudegen und Diplomat in Personalunion und eine Frohnatur obendrein; noch heute steckt seine Zuversicht den Gesprächspartner an. Den Optimismus brauchte er wohl auch, schließlich hatte er den Krieg erlebt und überlebt, als Froschmann in Italien, bevor es ihn auf Umwegen ins Motorradwerk Zschopau verschlagen hatte. Als Selfmademan arbeitete er sich dort von der Pike auf zum Vertriebsingenieur empor. Englisch lernte er, indem er sich die Vokabeln auf den Motorradtank klebte und sie paukte, während er zu den Zulieferbetrieben fuhr. Als einmal Exportpartner die Qualitäten der MZ anzweifelten, bretterte er vor den Augen der verdatterten Diplomaten die Treppe der DDR-Botschaft in Damaskus rauf und wieder runter. Im Smoking, wohlgemerkt! Na, jetzt vom Können der Zschopauer überzeugt? Ja, sicher – und schon gingen die MZ-Bilder durch die Presse. 1965 gewann er mit einer getunten 125er vor

25.000 Zuschauern auf Ceylon ein Motorradrennen, „die Herausforderung durch die Hondas hinwegfegend (brushed off)", wie der „Observer" vom 8. 2. 65 begeistert berichtete. Und dabei wollte ihn die ostdeutsche Vertretung auf der Insel anfangs nicht fahren lassen, weil im Falle einer Niederlage das Ansehen der DDR gelitten hätte ... und dann sprach die ganze Insel davon und sogar die Westdeutschen klatschten Beifall. 1975 hatte er weniger Glück. Da warteten 120 W 50, die sie verkauft hatten, im syrischen Hafen Tartous darauf, ins 800 Kilometer entfernte Bagdad gefahren zu werden, mitten durch die Wüste. Woher aber sollten sie 120 Fahrer nehmen? Die Kraftfahrergewerkschaft in Beirut, das wäre eine Möglichkeit! Gesagt, getan. Sie fuhren hin, da hörten sie auf einmal Schüsse. Diese Hirnis, dachte Rolf, schießen bei Waffenstillstand. Noch ehe er ihnen einen Vogel zeigen konnte, erwischte ihn eine Kugel. Als wäre das nicht genug, feuerten die Kerle noch eine

Panzerfaust auf ihren Jeep ab. Die Granate pfiff über sie hinweg und zerlegte einen Gemüseladen, dass ihnen die Kohlköpfe nur so um die Ohren flogen. Im Krankenhaus konstatierten die Ärzte einen zerschmetterten Finger und einen Steckschuss im Bein, wenig später war Rolf schon wieder auf Achse. Da ging es bei der UN-Hilfslieferung, die er Ende der 70er mit einem W 50 nach Äthiopien fuhr, ruhiger zu. Ein neueres Husarenstück leistete er sich Anfang der 90er, als er mit seinem alten Volvo auf dem Landweg von Sachsen in die Golfkriegsregion reiste, mitten durch Kriegsgebiet. Freunde und Behörden wollten ihn abhalten, das sei zu gefährlich. Ach was, entgegnete Rolf, die Menschen dort könnten schließlich auch nicht einfach fortgehen, außerdem kenne er die Region. Dort würde Giftgas eingesetzt, sagte man ihm an der Grenze, Ausländer müssten einen Schutzanzug tragen. Na, dann her so ein Ding, und ab die Post, wird schon schief gehen und tatsächlich. Er ist unbeschadet wiedergekommen.

Er also war es, der der Werksleitung beständig im Ohr lag, etwas „Vernünftiges" für den asiatischen Markt zu entwickeln. Er fasste sich an den Kopf, als er die ersten Vollschwingenmaschinen über die katastrophalen Pisten schaukeln sah. Die Exportpartner in Thailand konnten mit der modischen, aber unpraktischen ES 125/150 nichts anfangen. Hier war das Motorrad nicht Hobbyfahrzeug, sondern Arbeitsmittel und als solches musste es große Lasten transportieren können. Die seit Jahrzehnten bewährte RT konnte das, die eben herausgebrachte ES mit ihrer wackligen Vorderradschwinge konnte es nicht. Er verstand die Bauern, für die Motorräder das einzig erschwingliche Transportmittel waren, egal ob es darum ging, vier Schweine à 20 Kilo auf einmal durch die Gegend zu kutschieren oder den gesamten Hausrat nebst Familie. Vor Ort experimentierte er mit den verschiedensten Tricks, um die ES geländetauglich

zu machen. Er baute Telegabeln in die ES-Fahrgestelle ein und so entstanden Versuchsmuster, die der späteren ETS schon verdächtig ähnlich waren. Aber in Handarbeit ließ sich die große Nachfrage nicht decken. Also machte Rolf der Werkleitung den Mund wässrig mit den vielen Devisen, die ihnen durch die Lappen gingen, schließlich schlief ja die Konkurrenz in Fernost nicht und wenn man schon einmal den Fuß in der Tür zum asiatischen Motorradmarkt hatte, sollte man das auch nutzen, capito?

Zum Glück gab es noch die RT-Ersatzteilproduktion, die aufrecht erhalten werden musste, um die Nachfrage der Reparaturwerkstätten zu befriedigen. Umformwerkzeuge, Maschinen, Konstruktions- und Fertigungspläne, alles war noch vorhanden. Vielleicht sollte man doch noch mal... kurz, die Firmenleitung in Zschopau hatte ein Einsehen und die neuerliche Fertigung der RT konnte beginnen. Die Maschine unterschied sich nur minimal von der RT 125/3. Sie wurde durchweg mit Sitzbank geliefert, der Tank erhielt eine Chromblende. Der benötigte weit ausladende und stabile Gepäckträger wurde von den Thailändern selbst angebracht. Indes fabrizierten die Zschopauer eine Betriebsanleitung, ohne Worte, dafür mit reichlich Bildern, mit denen der Rolf in den thailändischen Straßenwerkstätten die Mechaniker ausbilden konnte.

Insgesamt produzierte MZ noch einmal 4900 RT's, die nach Thailand, Guinea und in den Iran exportiert wurden. Der Rest der Maschinen ging unter der Hand doch noch in die DDR, wo inzwischen die RT-Ersatzteile knapp zu werden drohten. Die Exportpartner und der Neubert, Rolf aber jubelten und in Anlehnung an die amerikanische Bezeichnung für Jeep (GP: General Purpose) erfanden sie für die RT 125/4 die Bezeichnung Meep (MP: Multi-Purpose). *Jens Kraus*

Sieg per Telefon oder die Bank of England

Walter Kaaden führt MZ zu Rennsporterfolgen

In keinem anderen Jahrzehnt sind die Zschopauer Motorradwerker auf sportlichem Gebiet erfolgreicher als in den 60er Jahren. Sechsmal gewinnen die Geländesportler den Titel des Mannschafts-Weltmeisters bei den Six Days. Auch die Straßenrennsportler sammeln Erfolge auf den Pisten der Welt.

Der Auftakt der Nachkriegs-Rennsportgeschichte wird am 24. Juni 1949 mit dem „Stralsunder Bäderrennen" vollzogen. 1953 die Zäsur: In Zschopau entsteht das IFA-Rennkollektiv, zu dessen Leiter der 34-jährige, selbst noch aktive Walter Kaaden berufen wird. Theoretiker unken, dass der Zweitakter in seiner Leistung kaum noch zu steigern ist. Aber Walter Kaaden und sein Team beweisen das Gegenteil.

Schon nach wenigen Jahren stehen die MZ-Rennmaschinen und ihre Fahrer im internationalen Rampenlicht. Man schreibt 1958, als sich MZ erstmalig an der Straßen-Weltmeisterschaft beteiligt. Sechs Rennen werden ausgetragen, am Ende holt Horst Fügner Silber. Im schwedischen Hedemora schreibt er am 27. Juli MZ-Geschichte: Im zweitschnellsten Saisonrennen gewinnt er den ersten Grand Prix für MZ. In der Konstrukteurswertung kommt MZ hinter MV Agusta und NSU auf Rang 3.

Sein Können stellt Ernst Degner 1961 unter Beweis. Christian Steiner, in den 90ern für den M(u)Z-Cup verantwortlich, erinnert sich: Zu Beginn des Jahres hat die MZ-Rennabteilung mit Walter Kaaden an der Spitze den schnellsten Motor in der Klasse bis 125 Kubikzentimeter und mit Ernst Degner einen vorzüglichen Fahrer. Dies spüren wohl auch Suzuki und Yamaha, die

beide gerade in einem Leistungstief steckten. Die WM-Entscheidung wird zwischen MZ und Honda fallen. Nach drei Siegen (einer davon beim ersten WM-Lauf auf dem Sachsenring), drei zweiten Plätzen und zwei Nullrunden nach Defekt und Sturz liegt Degner klar vorn. Ein Sieg beim vorletzten Lauf in Schweden und er wäre vorzeitig Weltmeister geworden. Voller Zuversicht reist das MZ-Rennteam nach Kristianstad in Schweden. Was niemand weiß: Degner hat für diese Tage längst umfangreiche Vorbereitungen getroffen und sich mit Suzuki verbündet. Seine Frau und beide Kinder reisen illegal über den „Checkpoint Charly" in die Bundesrepublik aus, während er sich in Schweden aufhält. Als er vor dem Rennen erfährt, dass seine Familie angekommen ist, muss er nur noch handeln. In Führung liegend, überdreht er den Motor und verlässt sofort die Rennstrecke. So kamen die In-

Oberingenieur Walter Kaaden, Leiter der Sportabteilung führte MZ von Erfolg zu Erfolg.

formationen über den schnellsten Rennmotor der Saison in die Hände von Suzuki und Honda zum ersten Titel. Der englische Journalist Vic Villoughby erzählt später, dass eine ganze Zeit lang die MZ-Motorteile original Verwendung finden. Sie wären gegeneinander völlig problemlos auszutauschen gewesen. Vor allem für Kaaden stellt Degners Flucht eine tiefe menschliche Enttäuschung dar, stand doch sein Schaffen mit dem Titel kurz vor der Vollendung.

Dennoch, der bescheidene Familienvater trägt den Beinamen „geistiger Vater des Hochleistungs-Zweitakters" zu Recht. 1919 geboren, wohnt Kaaden Zeit seines Lebens nur einen Steinwurf vom Werk entfernt. Sein Vater, Chauffeur von Dr. Carl Hahn, nimmt den gerade achtjährigen Walter mit zur Eröffnung des Nürburgringes – das Schlüsselerlebnis. Mit einem kleinen Holzverarbeitungsbetrieb in Waldkir-

chen und einer 125er Eigenbau-Rennmaschine startet er ins Nachkriegsleben, bis er 1953 ins Werk geholt wird. Schon nach wenigen Jahren führt er den Renn-Zweitakter an die Weltspitze. 1958 übernimmt Kaaden auch die neugegründete Geländesportabteilung. Gesundheitlich stark angegriffen, schied er 1980 aus der Rennsportabteilung aus. Über viele Jahre gehört er dem Weltverband F.I.M. an. 1996 verstirbt Walter Kaaden 76-jährig.

So manche Anekdote rankt sich um das Unikum. Einer verdankt er seinen Beinamen: Bank of England. In den Anfangsjahren schickt die DDR-Führung ihre Auslandskader mit Bargeld, zumeist Dollar, ins Ausland. Kaaden war Verwalter dieser „Teamkasse". Auf einer der ersten Grand-Prix-Reisen muss der Transporter vor der Fähre umgeladen werden. Kaaden legt den Koffer auf das Dach des Begleit-PKW, hilft ... und fährt so wei-

Heinz Rosner (hier auf dem Sachsenring) fuhr für MZ in den Klassen 125, 250 und 350 bei der Weltmeisterschaft 1968 stets auf vorderen Plätzen.

Ein freudestrahlender Werner Salevsky mit der Six-Days-Trophy 1963.

ter. Als er später mit Schrecken den Fauxpas bemerkt und nachschaut, liegt der Koffer noch genauso auf dem Dach. Seitdem heißt es, dass die Kasse bei ihm so sicher ist wie bei der Bank of England. Lothar Müller aus Thum, ehemaliger Sandstrahler bei MZ und damals Lehrling im Zylinderbau, erinnert sich an Kaaden: „Wenn wir die Männer von der Rennsportabteilung sahen, ergriff uns die Ehrfurcht. Ich weiß noch, wie Walter Kaaden einmal im Spaß sagte: Gas geben kann der Grassetti, wenn nur die Kurven in den Spagetti-Nischel rein gehen würden..." Unvergessen bleibt auch der Grand-Prix-Sieg von Alan Shepherd in Daytona (USA) 1964. Da das MZ-Team kein Visa erhält, muss der Engländer selbst auf abenteuerlichen Wegen in die Staaten reisen. Auf dem Weg zum Flughafen gibt sein Transporter den Geist auf. Bis heute weiß Shepherd nicht, wie der helfende Ritter der Landstraße heißt. Er erreicht in letzter Minute sein Flugzeug, doch in Daytona kommt er im Training mit der RE 250 nicht klar. Erst ein langes Telefongespräch mit Walter Kaaden schafft Abhilfe und sorgt für den Sieg des Engländers auf MZ.

Mit der Krone der Weltmeister können sich die MZ-Rennfahrer nicht schmücken. Dafür sind die Geländesportler umso erfolgreicher. 1957 übernimmt der damals 31-jährige Walter Winkler die Gruppe Geländesport. Als die DDR ein Jahr später zum ersten Mal mit einer Trophy- und zwei Silbervasenteams an den Six Days teilnimmt, wird sie noch belächelt. Doch mit Rang vier gelingt bereits ein beachtenswertes Ergebnis. 1960 steht MZ an der Spitze, als ein Wassertropfen für Ärger sorgt. Die MZ 250/G von Erich Kypke springt nicht an, der Titel rückt in weite Ferne. In den nächsten beiden Jahren (England/BRD) erhält die DDR aus politischen Gründen keine Starterlaubnis. Doch in Spindleruv Mlyn (CSSR) ist es 1963 soweit, die Trophy siegt. 1965 gelingt jedoch der größte Triumph. Auf der Isle of Man demonstrieren die MZ-Männer unter härtesten Bedingungen ihr Können. Sowohl die Trophy als auch die Silbervase belegen Rang eins. Die „Motor Cycle News" berichtet: „Die Ostdeutschen beherrschen die härtesten und schärfsten Six Days seit Menschengedenken!" Auf Grund dieser Erfolge erhalten sowohl die ES- als auch die ETS-Typen den klangvollen Beinamen Trophy.

Matthias Heinke

Viele Erkenntnisse aus dem Rennsport kamen vor allem den Maschinen der TS-Baureihe zugute.

Badewanne. *Als in Köln der Taunus 17 M von Ford vorgestellt wurde – glatte gewölbte Flächen, Rundungen und keine scharfen Kanten – gaben Fachleute der Karosse den Beinamen „Linie der Vernunft", vom Volksmund wurde sie allerdings als „Badewanne" getauft.*

Gründlich, gut und schön

Über Freuden und Leiden eines Formgestalters

So sind die Dinge. Oder – so sollten sie sein: gut und schön, gründlich, genau und dauerhaft. Die Dinge sind anders heutzutage und hierzulande. Flüchtig, verschwenderisch, oft sogar hässlich. Clauss Dietel fühlt sich nicht besonders wohl inmitten solcher Dinge, wahrscheinlich stören sie sein ästhetisches Empfinden, und bestimmt erträgt er sie nicht, was er „Gebrauchspatina" nennt – „dass die Spuren des Alterns die Dinge immer besser werden lassen". Clauss Dietel, Jahrgang 1934, verheiratet und Vater dreier Töchter, war und ist, was man heutzutage und hierzulande Designer nennt. Er mag das Wort nicht und nennt sich stattdessen lieber Gestalter, Formgestalter – einer also, der den Dingen die Form gibt. Eine Form am besten, die diese Dinge gut und schön, gründlich, genau und dauerhaft macht. Denn so sollten sie sein, sagt Clauss Dietel.

Es ist zumindest merkwürdig, dass Clauss Dietel in all den Jahren nie einen Wartburg gefahren hat. Merkwürdig deshalb, weil er zusammen mit seinem Freund und Partner Lutz Rudolph dieses Auto Anfang bis Mitte der 60er Jahre maßgeblich entworfen und gestaltet hat. Der Wartburg 353, sagt Dietel heute, gut 30 Jahre später, sei „ein gelungener Entwurf" gewesen. Mit Kompromissen natürlich, aber mit gestalterischer Klarheit ebenso. Das „Neue Deutschland" lobte am 3. September 1966 in einem Testbericht nicht nur die „moderne Karosserie" (verglichen mit dem VW Käfer zum Beispiel oder dem ersten Audi aus Ingolstadt war sie das sogar), sondern auch so „bedeutende Vorteile" wie eine elektrische Scheibenwaschanlage und einen Wischermotor, der mit zwei Geschwindigkeiten arbei-

tet, dabei allerdings alle anderen Geräusche übertönt. Angeschaut hat sich Clauss Dietel den Wartburg 353 immer wieder gern, aber hören mochte er ihn nicht und riechen erst recht nicht. „Der Klang und der Gestank des Zweitaktmotors sind mir auf den Wecker gefallen", mäkelt Dietel, dessen erstes Auto deshalb ein Skoda MB 1000 war. Später ist er Lada gefahren. „Ich wusste schließlich von klein auf, wie ein gutes Triebwerk klingt – ein Viertakt-Triebwerk!"

Dabei hat es viele Anläufe gegeben, dem Wartburg dieses armselige Zweitakt-Knattern auszutreiben. Und einige Male waren die Autobauer in Eisenach ganz nah dran. Ende der 50er Jahre zum Beispiel hatte man in Eisenach bereits eine eigene Viertaktmaschine auf dem Prüfstand. Doch dann kam das Jahr 1961 und jene Direktive aus dem Politbüro, die den Viertaktmotor „Made in Eisenach oder Zwickau" ein für alle Mal abwürgte – zunächst, weil die Parteistrategen wieder einmal versuchten zu überholen ohne einzuholen: Mit dem Erwerb einer Wankel-Lizenz nämlich wollte man gleich die gesamte Viertakt-Motorengeneration abhaken. Aber mitten im Überholmanöver kam man mit der Wankel-Idee ins Schleudern. Neuen Schwung sollte das RGW-Einheitsauto bringen, mit einem tschechischen Motor. Aber auch dieses Projekt geriet 1972 auf halbem Wege ins Stottern. Und so blieb es beim blechernen Klang und der stinkenden Abgasfahne bis die bornierten Parteistrategen 1984 schließlich meinten (oder sich überzeugen ließen?), dass Wartburg und Trabant am besten mit einem VW-Motor fahren würden.

Die Gestaltung eines Automobils war schon immer ein zäher, beinahe schon klebriger Prozess. Auch der Wartburg hat endlose Diskussionen und mitunter sogar Streit ausgelöst. Anfangs plädierte Dietel für eine Steilheckvariante – „Auto bis hintenhin", nannte er das. Das zeitlos schlichte Kühlergrill seines Grund-

Diese Studien
eines Vollheck-
fahrzeuges
stammen aus dem
Jahr 1960 und
sind Ergebnis von
Clauss Dietels
Diplomarbeit.
Details des später
von Dietel
mitgestalteten
Wartburg 353 sind
unverkennbar.

entwurfs mit den Rundscheinwerfern missfiel dem Wirtschaftslenker Günter Mittag, der darin einen NATO-Jeep zu erkennen glaubte. Die Rundleuchten hat der Wartburg 353 auch deshalb nicht bekommen – immerhin aber konnte sich Dietel 1966 über ein Auto mit „klarer Funktionalität" freuen. Er konnte dabei jedoch nicht wissen, dass dieser Wartburg 353 beinahe ein Vierteljahrhundert lang unverändert vom Band und fortan auch über die holprigen Straßen der Republik rollen sollte. Und dass er, dieses einst so moderne, weltweit konkurrenzfähige Auto, genauso wie sein kleiner knatternder Plastebruder aus Zwickau zum rollenden Symbol für die geplante Mangelwirtschaft in der DDR werden sollte.

Wahrscheinlich, so schätzt Clauss Dietel heute ein, haben die Politbürokraten die Bedeutung des Autos unterschätzt. Allein schon deshalb, weil eine leistungsfähige Automobilindustrie wie ein stetig pumpendes Herz eine ganze Volkswirtschaft auf Touren bringen kann. Vor allem aber, weil das Thema Auto das deutsche, also auch das vormals ostdeutsche Gemüt bewegt wie kaum ein anderes.

Da wäre zunächst die Enttäuschung tausender Autobauer in Eisenach und Zwickau, die immer neue Ideen austüftelten, sie mit stolz geschwellter Brust nach Berlin trugen und sich dort die immer gleiche Abfuhr abholten. Und weil ja das ganze Volk zwischen Kap Arkona und Fichtelberg auch ein Volk von Autobauern und Bastlern war, wurde über kaum etwas so eifrig geraunt und spekuliert, wie über Neuigkeiten aus Zwickau und Eisenach, die sich spätestens jedoch beim Blick in die monatlich erscheinende Zeitschrift „Der Straßenverkehr" als alte Hüte entpuppten. Und nie war die Enttäuschung größer als Ende der 8oer Jahre, wo sich endgültig abzeichnete, dass auch der VW-Viertaktmotor aus dem Wartburg und Trabant keine wirklich neuen Autos machen konnte.

Clauss Dietel hatte längst die Chance der Selbstständigkeit genutzt, hatte Radios, Mokicks und Schreibmaschinen entworfen und manchmal noch Autos, die aber in Schubkästen verschwanden als gut gehütete Geheimnisse, damit das fahrende Volk nicht erfuhr, was man bauen könnte wenn man gedurft hätte. Es war bestimmt kein Zufall, dass die Ausstellung „Suche nach Gestalt unserer Dinge", die 1985 in den Städtischen Kunstsammlungen von Karl-Marx-Stadt gezeigt wurde, kein Echo in Presse, Funk und Fernsehen erfuhr. Trotzdem kamen 27.000 Besucher, und sie kamen auch, um Clauss Dietels Auto-Entwürfe zu sehen und zu erkennen, wie der pfiffige Formgestalter zum Beispiel den Trabi auf Trab bringen wollte. Nie zuvor waren es mehr und nie wieder sollten so viele Besucher in die Städtischen Kunstsammlungen von Karl-Marx-Stadt pilgern.

Eine von Clauss Dietels Auto-Studien stammt übrigens aus dem Jahr 1972: ein völlig neuer Trabant, der beinahe wie ein Zwillingsbruder des heutigen Renault Twingo daher kommt, mit Steilheck und den obligatorischen Rundleuchten natürlich – „außen kurz und klein und innen groß", sagt Dietel. Er nennt das „ein Auto, in dem der Mensch größer und die Technik zurückgedrängt wird". Man könnte sicher auch sein Auto dazu sagen oder das Ding genau und dauerhaft nennen, gründlich, gut und schön.

Matthias Behrend

Ente. *Der Generaldirektor von Citroën meinte, die Landbevölkerung brauche ein Auto, das „zwei Bauern in Stiefeln, 50 kg Kartoffeln oder einem kleinen Faß Platz bieten, eine Geschwindigkeit von 60 Kilometer pro Stunde erreichen und dabei höchstens drei Liter Kraftstoff verbrauchen kann": Die Ente war geboren.*

Chronik 1961–1970

16. 1. 1961 VW beginnt mit dem Verkauf von Aktien

1961 Auf Schloss Augustusburg öffnet mit Hilfe von MZ ein Zweitakt-Motorrad-Museum

3. 3. 1961 Die Bevölkerung der Schweiz lehnt per Volksentscheid die Anhebung des Benzinpreises zur Finanzierung des Straßenbaus ab

11. 9. 1961 Borgward (Bremen) meldet Konkurs an. 16.000 Entlassungen

9. 1. 1962 Fertigungsbeginn des VW-Variant

Juni 1962 Größte Automobilproduzenten sind General-Motors, gefolgt von Ford, VW und Chrysler

1963 Triumphaler Trophy-Sieg von MZ in der CSSR, nachdem die DDR-Fahrer 1961 (England) und 1962 (BRD) keine Einreise erhielten

1. 7. 1963 Statt der bisher üblichen Fahrtrichtungsanzeiger sind in der Bundesrepublik nur noch Blinker erlaubt

Februar 1964 Großbritannien und Frankreich vereinbaren Eisenbahntunnel unter dem Ärmelkanal (1994 eröffnet)

19. 3. 1964 Autotunnel unter dem St. Bernhard (5855 Meter) für Verkehr freigegeben

1. 4. 1964 Jugendliche unter 18 Jahren dürfen in Frankreich nicht mehr per Anhalter fahren

Oktober 1964 Das Anhalterwesen wird in den Ostblockstaaten staatlich gefördert (Versicherung, Lotterielose)

Mai 1965 Die höchsten Stundenlöhne in der Automobilindustrie zahlt VW (4,76 DM) vor Ford (4,42 DM) und Opel (4,35 DM)

Juni 1965 Rolls-Royce leiht Luxusfahrzeuge für 220 DM pro Tag aus (nur zusammen mit Chauffeur)

November 1965 Beim Durchfahren von Städten ist in Norwegen Rauchen am Steuer verboten

1966 Die Lieferzeiten für einen PKW liegen in der DDR bei sechs Jahren

Februar 1966 Babys, die in den USA in einem VW zur Welt kommen, erhalten vom Unternehmen eine Spareinlage von 50 Dollar

Mai 1966 Auf der Hannover Messe werden Brikett aus Trockenbenzin vorgestellt, die sich unter Druck verflüssigen

Juni 1966 In Japan wird der erste Airbag entwickelt

Oktober 1966 In Belgiens Schulen wird Verkehrsunterricht Pflichtfach

April 1967 Verkehrsbehinderndes Langsamfahren wird in Amsterdam mit einer Geldstrafe belegt

November 1967 In den USA werden Sicherheitstests nicht mehr mit Dummys, sondern mit Leichen durchgeführt

1968 MZ stellt die Arbeit am Wankelmotor wegen Zukunftslosigkeit ein

1. 1. 1968 In Frankreich werden Scheibenwaschanlagen Pflicht

10. 12. 1968 Vor dem Parlamentsgebäude in London wird die erste Signalanlage zur Regelung des Straßenverkehrs aufgestellt. In Berlin 1924 am Potsdamer Platz

22. 12. 1968 Die Brenner-Autobahn zwischen Innsbruck und dem Brennersee ist fertig gestellt

Februar 1969 Telefunken stellt Tankautomaten vor, die Zehnmarkscheine und Silbermünzen annehmen

März 1969 Nach ihrem Fahrziel befragt, befanden sich 27 Prozent der Autofahrer von New York auf Parkplatzsuche

21. 8. 1969 Audi und NSU verschmelzen zur „Audi NSU Auto Union AG"

1970 Exportwagen aus der DDR werden ab sofort mit „Made in GDR" oder „Hergestellt in der DDR" anstelle von „Made in Germany" gekennzeichnet

11. 7. 1970 Verkehrsfreigabe des ersten Tunnels durch die Pyrenäen zwischen Frankreich und Spanien

September 1970 Als Antwort auf den Ford Capri bringt Opel den Manta. Er entwickelt sich zum Kultobjekt, besonders bei Jugendlichen (preisgünstig, extravagante Aufmachung, Sonderlackierung, Front- und Heckspoiler)

Bearbeitungsstufen PKW Neuentwicklung
P 1100 (P 610) von 9/73 - 12/79

1979

1971–
1980

1971–1980 „Dynamisch und zuverlässig", mit diesem Spruch warb die Leipziger Herbstmesse für die Erzeugnisse der DDR-Fahrzeugindustrie. Zuverlässig waren sie ja, Trabi und Wartburg, W 50 und Robur, MZ und Simson, aber mit der Dynamik haperte es. An Stelle von Neuentwicklungen trat die Modellpflege in den Vordergrund. Dennoch war die Messe ein Besuchermagnet, um die Stände der Aussteller aus Ost und West drängte sich die Menge. Als Erich Honecker das Amt als Erster Sekretär des Zentralkomitees der SED antrat, fragte man sich: wie wird es nun weitergehen? Die „Einheit von Wirtschafts- und Sozialpolitik" und die „Hauptaufgabe, die Sicherung und ständige Verbesserung des materiellen und kulturellen Lebensniveaus" standen jetzt im Vordergrund. Billig Wohnen, konstante Preise für Grundnahrungsmittel, günstige Tarife im öffentlichen Verkehr, kostenlose Kindergartenplätze – oder ausreichend Konsumgüter und Autos für jedermann, so stellte sich die Frage, denn die in ihrer Bedeutung richtig erkannte Arbeitsproduktivität hinkte dem Weltniveau hinterher. Eine Abkehr vom eingeschlagenen politischen Kurs stand nicht zur Debatte. Die letzten mittelständischen Betriebe wurden verstaatlicht, Privatfirmen durften maximal noch zehn Mitarbeiter beschäftigen, das Berufethos litt. Das Hemd war hinten und vorn zu kurz. 25 Jahre nach dem Krieg hatten Nicht-Genossen kaum noch Verständnis dafür, dass man „so wie man heute arbeitete, morgen leben würde". Es war morgen. Offiziell wahrhaben durfte das keiner. Die Fahrzeugindustrie hinkte dem Weltniveau hinterher. Sie war der verlässliche Indikator für die wirtschaftliche Gesamtlage in der DDR.

Die Betriebe des Kraftfahrzeugbaus rationalisierten ihre Fertigung soweit dies möglich war, sie entwickelten Prototypen im modernen Design und mit Viertaktmotoren, sie drangen an verantwortlicher Stelle auf Unterstützung – vergeblich. Was blieb, war Fahrzeug-Kosmetik. Importe aus Polen, Rumänien, der UdSSR und der Tschechoslowakei konnten die Nachfrage nach Autos nicht decken. Ähnlich problematisch sah es in der Zulieferindustrie aus. Firmen, die ihre Waren ins westliche Ausland exportierten, und unter Umgehung des Wirtschaftsembargos über westliches Know-how verfügten, standen etwas besser da. Die materiellen Grundbedürfnisse waren befriedigt, doch vom Brot allein wollten Menschen auf Dauer nicht leben. Unruhige Zeiten standen bevor.

Seite 165:
An guten Ideen
hat es nie
gemangelt,
wie dieser
Trabant-Prototyp
von Clauss Dietel
beweist.

ADRIA (Kamenz) ALGE (Leipzig) ARI (Plauen) ATLAS (Leipzig) AUDI (Zwickau) AVOLA (Leipzig) BAMO (Bautzen) **BARKAS** (Hainichen/Chemnitz) BECKER (Dresden) CHEMNITZER MOTORWAGENFABRIK (Chemnitz) DIAG (Leipzig) DIAMANT (Chemnitz) DKW (Zschopau) DUX (Leipzig) EBER (Zittau) EISENHAMMER (Thalheim) ELFE (Leipzig) ELITE (Brand-Erbisdorf) ELSTER (Mylau) ESWECO (Chemnitz) FRAMO (Frankenberg/Hainichen) GERMANIA (Dresden) HARLÉ (PLauen) HASCHÜTT (Dresden) HATAZ (Zwickau) HEROS (Nieder-oderwitz) HIECKEL (Leipzig) HILLE (Dresden) HMW (Hainsberg) HORCH (Reichenbach/Zwickau) HUY (Dresden) IDEAL (Dresden) JCZ (Zittau) JURISCH (Leipzig) KFZ-WERK „ERNST GRUBE" (Werdau) KOMET (Leisnig) KSB (Bautzen) LAUER & SOHN (Leipzig) LEBELT (Wilthen) FAHRRAD- UND MOTORWAGEN-FABRIK (Leipzig) LIPSIA (Leipzig) LOEBEL (Leipzig) MAF (Markranstädt) MAFA (Marienberg) **MELKUS** (Dresden) MOLL (Tannenberg) MOTAG (Leipzig) **MZ** (Zschopau) MuZ (Zschopau) MZ-B (Zschopau) NACKE (Coswig) NEOPLAN (Plauen) NETZSCHKAUER MASCHINENFABRIK (Netzschkau) OD (Dresden) OGE (Leipzig) ORUK (Chemnitz) OSCHA (Leipzig) PEKA (Dresden) PER (Zwickau) PFEIFFER (Rückmarsdorf) PHÄNOMEN (Zittau) PILOT (Bannewitz) PORSCHE (Leipzig) POSTLER (Niedersedlitz) PRESTO (Chemnitz) REISIG/MUK (Plauen) RENNER (Dresden) **ROBUR** (Zittau) RUD (Dresden) **SACHSENRING-AWZ** (Zwickau) SATURN/STEUDEL (Kamenz) SCHIVELBUSCH (Leipzig) SCHMIDT (Fischendorf) SCHÜTTOFF (Chemnitz) SPHINX (Zwenkau) STEIGBOY (Leipzig) STOCK (Leipzig) TAUTZ (Leipzig) TIPPMANN & CO (Dresden) UNIVERSELLE (Dresden) VOGTLAND-WAGEN (Plauen) VOMAG (Plauen) VW (Mosel/Dresden) WANDERER (Chemnitz) WELS (Bautzen) WOTAN (Chemnitz/Leipzig) ZEGEMO (Dresden) ZETGE (Görlitz) ZITTAVIA (Zittau)

Der rundgelutschte Plastikbomber

Trabi-Produktionsalltag war kein Zuckerschlecken

Es war noch einmal ein Höhepunkt im Leben des legendären plastverkleideten Auto-Winzlings. Das Kalenderblatt zeigte den 25. Juli des Jahres 1990. Genau an diesem Tag rollte in der Montagehalle des VEB Sachsenring in Zwickau der letzte Trabi mit Zweitakt-Motor vom Band. Mancher, der in der Endmontage den Abgesang der „Rennpappe", so im Volksmund liebevoll genannt, miterlebte, hatte feuchte Augen. Eine Ära des Automobilbaus in Zwickau ging zu Ende. Man schrieb das letzte Kapitel der Geschichte einer „Legende auf Rädern", die 33 Jahre zuvor mit der Serienfertigung begonnen hatte. Einer, der die Geburt des ersten und schließlich das Ende des letzten Kleinwagen-Zweitakters der DDR hautnah miterlebte, war Manfred Meese. Der heute 65-jährige, über 22 Jahre lang als Meister im Getriebebau des Sachsenringwerkes tätig, könnte ein dickes Buch über den Trabi und seine tägliche Fertigung in den grauen Hallen

Zug um Zug rollten die Trabis vom Versandplatz in alle Gegenden der DDR.

des Werkes schreiben. Über viele Jahre hinweg hatte er als Meister einer neuralgischen Abteilung, im Bereich des Getriebebaus, täglich vor Ort die Höhen und Tiefen des Alltags der Produktion miterlebt. Während der Trabi-Motor aus Karl-Marx-Stadt kam, war das Getriebe bei Sachsenring in Zwickau entwickelt und danach auch hier gefertigt worden. Der Produktionsbereich Getriebefertigung nahm deshalb von jeher eine Schlüsselstellung im Betrieb ein. „Wenn ich da heute zum Beispiel allein an den Anfang der 60er Jahre denke", erinnert sich der Meister. „Die bisherige Getriebe-Fertigung hielt schon lange mit der Steigerung der Produktion nicht mehr Schritt. Wie soll's morgen bloß weitergehen? Werden wir die noch geforderten Stückzahlen schaffen? Wenn nicht, was dann...?" Der Meister hatte in diesen Tagen so manche schlaflose Nacht und bekam die ersten grauen Haare.

War der Kampf um die Erfüllung des Plansolls immer wieder eine Herausforderung für die Leiter und die gesamte Mannschaft des Bereichs, es sollte noch „dicker" kommen. Ab 1961 wurde eine komplette neue Getriebe-Taktstraße errichtet und schrittweise in Betrieb genommen. Fast alles bei laufender Produktion. Wie jede neue Anlage hatte auch diese ihre Mucken. Was es hieß, allein die Kinderkrankheiten zu meistern, das kann nur ermessen, wer den Kampf dafür Tag für Tag mit ausfechten musste. „Aus heutiger Sicht", meint Manfred Meese, „war es ein Wunder, wenn am Anfang die über 50 Meter lange Anlage ohne Störungen lief. Als sich alles eingelaufen hatte, wurde es glücklicherweise besser. Doch ohne Probleme ging fast kein Tag zu Ende."

Allein 1200 Zulieferbetriebe arbeiteten für den Trabi. Die Teile kamen aus allen Gegenden der Republik. Die Entfernungen waren dementsprechend. Verursachte das schon bei normalem Wetter nicht wenige Probleme, ging im Winter fast nichts mehr. „Wie oft lebten wir, was die Anlieferung von Material anging, von der Hand in den Mund", erinnert sich der Meister. „Wenn ich da beispielsweise nur an die Getriebegehäuse aus Harzgerode in Thüringen denke. Bei Schnee und Glatteis warteten wir darauf oft vergebens. Doch auch sonst war der Alltag der Trabi-Produktion, was Strom- und Dampfausfälle oder mangelhafte Werkzeuge und Technik anging, alles andere als ein Zuckerschlecken". „Operativ zu entscheiden und ständig zu improvisieren, das musste jeder Bereichsleiter und Meister aus dem ‚FF' beherrschen."

„Der Plan war Gesetz, er stand aber sowohl materiell wie finanziell auf recht wackligen Füßen. Man muss sich das noch einmal vor Augen halten", unterstreicht der Meister. „Zu Beginn der Trabi-Produktion ab Mitte Juni 1958 bis Jahresende galt es gerade mal 1800 Getriebe zu fertigen und kurz vor Toresschluss im Jahre 1988 war für die Jahresproduktion die enorme Anzahl von 145.600 Getrieben erforderlich. Allein daran wird klar, dass der Weg dahin auch nicht einen Tag lang ein Spaziergang war."

Bei einem Rundgang durch das Zwickauer Automobilmuseum „August Horch" in der Walther-Rathenau-Straße hat Manfred Meese seinen Besuchern viele Fragen zu beantworten. Zum Beispiel zu einigen Prototypen, die in aufwendiger Arbeit konstruiert und entwickelt, aber nie gebaut werden durften. Der Meister weiß nur zu gut, dass jeder neue Abschnitt, jede konstruktive Veränderung wie zum Beispiel eine neue Gelenkwelle oder der Einsatz einer asbestfreien Kupplung entscheidende Auswirkung auf die Produktion hatte. „Jede noch so kleine Neuerung wurde unter Schmerzen geboren", meint er. „Sie vollzog sich meist genauso schmerzhaft wie die Geburt des Trabi selbst. Schließlich war es schneller gesagt als getan, als der DDR-Ministerrat 1954 den Beschluss fasste, in nur 18 Monaten einen Kleinwagen mit einem Maximalgewicht von 600 Kilogramm, einem Spritver-

brauch von 5,5 Litern und einer Kunststoff-Karosserie aus dem Boden zu stampfen."

Doch Papier ist geduldig. Es sollten immerhin noch vier Jahre vergehen bis der erste P 50, von Spaßvögeln später der „Rundgelutschte" genannt, am 10. Juni 1958 unter dem Jubel seiner Erbauer vom Band laufen konnte. Da Fahrzeugblech in der DDR nicht vorhanden, hatten sie damit zugleich aus der Not eine Tugend gemacht und das Kunststück vollbracht, erstmals in der Automobilgeschichte für ein gesamtes Auto ein Kleid aus Spinnereiabfällen und Kunstharz zu schneidern. *Günter Meier*

Auch das gehört zum Trabant-Alltag in Zwickau: Frühstück am Montageband.

Schichtwechsel im Sachsenringwerk.

Hans im Glück

oder: Ode auf einen Autobestellschein

Es war einmal – nein, kein armer Müllerbursche, denn die Mühlen waren längst alle verstaatlicht worden, und die Müllerburschen hießen nicht mehr Müllerburschen, sondern Getreidezerkleinerungsfacharbeiter. Aber der Einfachheit halber wollen wir den Getreidezerkleinerungsfacharbeiter dennoch einen Müllerburschen nennen. Es war also einmal ein armer Müllerbursche, der hieß Hans, hatte seine Lehrjahre erfolgreich hinter sich gebracht und kam fröhlich nach Hause. Da freute sich sein Vater sehr und sagte: „Brav, mein Sohn. Damit hast du eine wichtige Etappe deines Lebens gemeistert, obwohl du noch kein Meister, sondern nur ein Facharbeiter bist. Es erwarten dich nun noch viele Überraschungen. Demnächst wirst du zur Nationalen Volksarmee einberufen, die das Volk nicht besonders mag – und das kannst du auslegen wie du willst. Danach wirst du in einem staatlichen

Vom Bestellschein für einen Trabi bis zu seiner Einlösung verging oft ein Jahrzehnt.

Mühlenfachbetrieb eine Arbeit bekommen und viel zu tun haben, wenn es nicht gerade an Getreide, Mahlwerken oder Säcken für das Mehl mangelt. In zirka drei, vier Jahren wirst du heiraten, und ihr werdet zwei bis drei Kinder bekommen. Dann werdet ihr es euch recht und schlecht bequem machen in der neuen Neubauwohnung, ihr werdet in den Urlaub an die Ostsee, in den Harz und vielleicht aller drei, vier Jahre nach Ungarn und in die Tschechoslowakische Sozialistische Republik fahren. Und gar nicht lange, und ihr werdet Rentner und könnt euch von den Enkeln verwöhnen lassen." Solch eine lange Rede hatte der Vater noch nie gesprochen, aber er hatte auch lange dafür geübt. Und er war noch nicht fertig. „Um dieses an Überraschungen reiche Programm erfolgreich absolvieren zu können, brauchst du noch etwas." „Ein bisschen Glück?", fragte vorlaut der Sohn. „Nein. Du brauchst ein Auto. Sonst kannst du ja nicht nach Ungarn fahren." An die damals noch recht häufig, wenn auch nicht pünktlich fahrenden Züge verschwendete der Vater keinen Gedanken. Er war eben auch ein Kind seiner Zeit. „Und deshalb schenke ich dir heute eine PKW-Bestellbestätigung vom VEB IFA-Betrieb. Sie wird dir im Leben von Nutzen sein." Er reichte dem Sohn eine unscheinbare Karte im A6-Format. „Wenn du weiterhin schön brav bist, wirst du in zirka zehn, zwölf oder 14 Jahren eine ähnliche Karte bekommen, und darauf wirst du lesen können, dass du dir einen Trabant abholen kannst."

Hans freute sich und las die Hinweise auf der kleinen, grauen Karte gründlich. „Diese PKW-Bestellung ist eine Vormerkung", hieß es da und dass sich daraus keine Ansprüche und Rechte im Sinne eines Kaufvertrages ableiten lassen, dass die Bestellung „personengebunden und nicht übertragbar" und dass sie erlischt, wenn er Veränderungen des Namens und der Wohnanschrift nicht meldet. Er überlegte, was ein „begründeter Ausnahmefall" sei, denn dann konnte er einmalig eine „Rückstellung bis zu einem Jahr" vereinbaren, also sein Auto statt nach 14 erst nach 15 Jahren abholen. Eine weitere Bestellung durfte er nicht aufgeben, und wenn ihm die Karte auf dem Postwege abhanden kam, war dies auch sein eigenes Risiko. Es ist also alles in Ordnung, dachte Hans und zog hinaus in die Welt, das heißt in eine schöne, graue NVA-Kaserne. Dort war es streng verboten, Alkohol zu trinken, und deshalb musste auch der Müllerbursche ab und zu eine Flasche Lunikoff-Wodka besorgen. Als sie einmal gerade über das Alkoholverbot sprachen, zeigte Hans auch stolz seinen Autobestellschein. Da fragte ein Kamerad, ob er den nicht tauschen wolle gegen einen schönen Jeansanzug aus dem Intershop. Hans liebte Jeans und willigte ein. Später lernte er deshalb ein schönes Mädchen von nebenan kennen, und als er nach der Armeezeit wieder nüchtern war, zogen sie zusammen in eine kleine Wohnung, wo sich bald ein Baby zu ihnen gesellte. Eines Tages, als Hans gerade den Kinderwagen durch den Park schob, fragte ihn ein Fremder, ob er nicht seinen schönen Jeansanzug tauschen wolle gegen eine nagelneue Badewanne. Tatsächlich hatten sie wegen des Babys schon über eine Badewanne nachgedacht. Hans willigte also ein, und fortan konnten sie alle oft baden. Bald jedoch bekam die junge Familie eine neue Wohnung, in die die fleißigen Bauleute schon eine Badewanne eingebaut hatten. Aber für die Fliesen hatte es nicht gereicht. Wie es der Zufall so wollte, traf Hans einen Nachbarn, der gerade eine Badewanne suchte und dafür eine ganze Palette weiße Fliesen anbot. Hans freute sich über den Tausch und dachte, dass er doch ein rechter Glückspilz sei. Es blieben sogar noch so viel Fliesen übrig, dass er den Rest gegen eine kleine, windschiefe Wellblechgarage eintauschen konnte. Nun hatte er zwar noch kein Auto – aber wenn er mal eins haben würde, dann konnte es in der Garage schön warm und trocken stehen. Über all den Tausch-

geschäften waren die Jahre vergangen, und langsam war es Hans leid, immer mit dem Schienenersatzverkehr in den Urlaub zu fahren. Also ging er zum Autoauslieferungslager und fragte nach einem Auto an. Ja, ob er denn überhaupt einen PKW-Bestellschein hätte, fragte die Verkäuferin. Nein, den hatte er nicht. Aber eine Garage hatte er. „Na, immerhin", sagte die Verkäuferin. Dann verschwand sie kurz und kam mit einer kleinen grauen Karte zurück. Als das Geschäft perfekt war, freute sich Hans – zumal er die Karte schon kannte. Hatte er die nicht vor ein paar Jahren gegen einen Jeansanzug eingetauscht? Und nun dauerte es gar nicht mehr lange – das Kind war noch nicht einmal ganz 18 Jahre alt – bis Hans tatsächlich Post vom Autoverkaufsbüro bekam. Er hat eben wirklich immer Glück gehabt.

Matthias Zwarg

8508.90 DM betrug 1958 der Preis für einen Trabi, wie die Rechnung der HO-Wismut ausweist.

Messe-Gold für die TS 250

MZ stellt Produktionsrekord auf

In der Blütezeit von MZ waren rund um Zschopau viele Plätze als Versandstellen belegt.

Die 70er Jahre sind bei MZ in Zschopau vor allem von der Einführung und Serienproduktion der TS-Baureihe geprägt. Aber auch zwei dunkle Kapitel überziehen in dieser Zeit den Motorrad-Hersteller. Zwei MZ-Mitarbeiter sterben bei einer Explosion in der Schleiferei, beim Unfall in der Galvanik wird der Fluss Zschopau erheblich verseucht. Jubiläen und weitere, zuneh-

mend aber etwas spärlich ausfallende Erfolge im Geländesport werden gefeiert, während die Werksunterstützung für den Straßenrennsport dem Rotstift zum Opfer fällt.

Pünktlich zum 50. Geburtstag im Jahr 1972 stellen die Zschopauer ein neues Modell vor, mit dem der Anschluss an die internationalen Entwicklungen gehalten werden soll: Die TS-Baureihe (Teleskop-Schwinge). Die Telegabel vorn mit 185 Millimeter Federweg, der Zentral-Brückenrohrrahmen (bereits erfolgreich im Geländesport eingesetzt), die elastische Motoraufhängung und ein auf 1:50 gesenktes Mischungsverhältnis von Öl/Benzin sind die wesentlichen Neuerungen am jüngsten Zschopauer Kind. Die Entwicklung dorthin kündigte sich bereits mit der gelungenen ETS (Einzylinder-Teleskop-Schwinge) an. Eine ETS 250 ist es auch, die im gleichen Jahr als einmillionstes Motorrad seit Wiederaufnahme der Produktion im Jahr 1950 das Fließband verlässt. Für ihre Nachfolgerin, die TS 250, gibt es Gold. Nicht irgendeines, sondern eines der vielbegehrten auf der Leipziger Messe für Spitzenexponate. Die mehr als 1.000.000 Testkilometer, die die Versuchsfahrer zurücklegen, bevor es für die Serienproduktion grünes Licht gibt, zahlen sich aus. Start für die TS 250 ist der 1. April 1973, die kleine Baureihe zieht am 1. Juni nach. Bis 1976 wird die TS in den Motorisierungen mit 125, 150 und 250 Kubikzentimeter gebaut, bevor zumindest die Große einer umfangreichen Modellpflege unterzogen wird. In vielen Details erneuert, glänzt die 250/1 vor allem mit einem modernen Fünf-Gang-Getriebe und einer verbesserten Teleskopgabel, die auch in den kleineren Motorrädern eingesetzt wird. Auf eine trotz einiger Änderungen umfassenden „Sanierung" in diesem Segment müssen die Kunden jedoch bis 1984 warten. Pfiffige Bastler rüsteten übrigens die TS 250 mit einer zweiten Zündkerze aus, die durch Umschalten eines unterm Tank versteckten He-

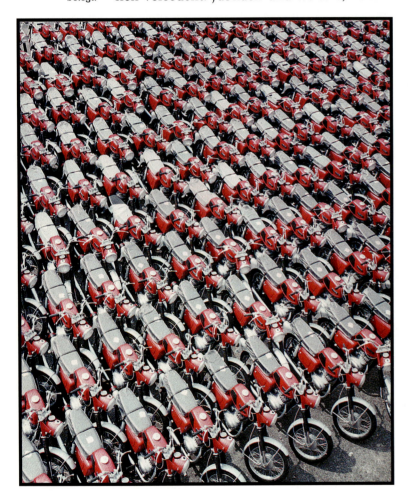

bels aktiviert wurde. Sie schauten sich dieses Meisterstück von Geländefahrern ab. Die Jahres-Kapazität liegt bei etwa 100.000 Stück, völlig ausgereizt wird diese Zahl jedoch nicht, da bei MZ eine ganze Reihe von Zusatzfertigungen laufen. Über zehn Jahre regenerieren die Zschopauer Kurbelwellen des Eisenacher Wartburgs, ein einträgliches Geschäft. Grundlage dafür ist die Tatsache, dass es im Erzgebirge auf diesem Gebiet große Erfahrungen gibt. Ende 1973 wird dieser Zweig jedoch eingestellt, eine Erhöhung der Produktion ist vorauszusehen. Und tatsächlich erreicht das Motorrad-Werk zwei Jahre später den höchsten Ausstoß seit Bestehen. Über 92.000 Einheiten gehen über die Bänder, 45.400 und damit knapp 50 Prozent finden Absatz im Ausland.

Aufgrund der spezifischen Vorschriften der Export-Länder müssen Modifizierungen vorgenommen werden, zeitweilig bis zu 65 verschiedene Varianten entstehen bei MZ. Im Ausland genießt die MZ den Ruf als zuverlässiges und robustes Motorrad. Wohin welches Zweirad in welchem Unfang zu liefern ist, darüber entscheidet der staatliche Außenhandel. Innerhalb des RGW (Rat für Gegenseitige Wirtschaftshilfe) verkaufen die Erzgebirger zum Beispiel auch nach Ungarn und Polen, die ihre Produktion zugunsten der CSSR und der DDR einstellten. Insgesamt sind es Anfang der 70er Jahre immerhin 65 Länder der Welt, die bei MZ ordern. Gingen die ersten Exportlieferungen bereits 1950 nach Norwegen und in die Niederlande, so gehören nun auch Albanien, Belgien, Finnland, Frankreich, die USA (ab 1974), Ägypten, Irak, Iran oder die Schweiz zu den Kunden.

Anfangs der 70er Jahre schloss die DDR die Enteignung von Privatbesitz ab. So fällt dem MZ-Werk auch der bekannte Seitenwagen-Hersteller Stoye aus Leipzig zu. Geführt wird die Firma ab sofort unter der Bezeichnung Werk IV. Auch wenn die Zschopauer dem IFA-Kombinat für Zweiradfahrzeuge mit Sitz in Suhl unterstellt

sind, so sind sie doch verantwortlich für eine ganze Reihe von Werksteilen, die sich hauptsächlich in Sachsen befinden. Sowohl leitungsmäßig als auch technologisch werden sie von Zschopau aus gelenkt.

Niederlassungen gibt es in Hohndorf (Sportabteilung), Gornau (Ersatzteilvertrieb und Blechpaletten), Annaberg (Leichtmetallgießerei), Niederau (Material- und Ersatzteillager), Leipzig (Seitenwagen, Schwingen, Ersatzteile), Brand-Erbisdorf (Armaturen, Lenker) und Hetzdorf (Alufelgen).

In Zschopau sind neben dem Stamm- das Lehrwerk, die Radspannerei und das Exportverpackungslager beheimatet, in Karl-Marx-Stadt wird sogar im Strafvollzug für MZ gearbeitet.

Am Ende des Jahrzehnts fällt eine weit reichende Entscheidung. Das nicht mehr den modernen Erfordernissen genügende Hauptwerk im Tal der Dischau an der Fernverkehrsstraße 174 soll in bestimmten Bereichen geschlossen, die Produktion teilweise nach Hohndorf verlagert werden. Doch „dank" des Bauwesens in der DDR dauert es bis weit in die 90er und damit in die Zeit von MuZ, bis das Vorhaben endlich abgeschlossen ist. *Matthias Heinke*

Neben modernsten Anlagen waren auch solche Arbeitsplätze bei MZ – wie hier in der Galvanik – nicht zu übersehen.

Tramptour

Autofahren ohne Auto

„Der Alltag hatte mich
wieder einmal fest im Griff,
als ich den Rucksack packte,
weil mich das Fernweh rief.
Der Weg war weit und unklar,
die Straße sah mich ziehn,
die Wolken zogen westwärts,
der Morgen war noch schön.
Bei Pockau dann im Regen
nahm mich ein Fahrer auf ... "

Das Lied „Tramptour" der Gruppe Wind, Sand & Sterne, 1975 von Stefan Gerlach geschrieben, ist so etwas wie ein Volkslied im Süden geworden. Autofahren, das war für viele junge Leute in den 70ern und 80ern vor allem Trampen. Unterwegs sein, nur nicht ankommen, sonst würden wir wohl so wie diese Leute, die jetzt verbissenen Blicks an uns vorüber fuhren. Und mit einem eigenen Auto wären wir schon an einem Ziel gewesen, das wir nicht erreichen wollten. Wir hatten andere Ziele. Wir waren, 1980, 20 Jahre alt und immer unterwegs. Freitag, Samstag, Sonntag von Zschopau zu Konzerten nach Plauen, Mülsen, Affalter, Olbernhau, unterwegs zu Freunden nach Leipzig, Dresden, Berlin, im Urlaub unterwegs in die CSSR, nach Ungarn, Bulgarien, Rumänien, die Mutigeren halb illegal in die Sowjetunion – auch das oft mit dem Daumen im Wind. Für ein eigenes Auto hätte das Geld ohnehin nicht gereicht – mit zu zweit rund 1000 Mark im Monat und einem Kind, bei Wartezeiten von zehn und mehr Jahren ... Also blieben Bus, Bahn und eben die Tramptour.

„Richtung Leipzig? Steig ein." Es war schon eine kleine, eine ganz kleine Mutprobe, sich in den „Auffahrbereich" der Autobahn zu stellen, denn das war verboten. Doch woher sollten die Autofahrer wissen, wohin wir wollten, wenn wir hunderte Meter vor der Autobahn an der Leipziger Straße im damaligen Karl-Marx-Stadt standen? Manchmal hatten wir den Eindruck, Autobahnzufahrten seien eigens tramperunfreundlich gebaut worden, und das waren sie wohl auch. Fortgeschrittenere Tramper erfanden später das Pappschild mit grober Angabe des Reiseziels. Es galt ein strenges, gerechtes Regime: Wer zuletzt kommt, stellt sich hinten an. Zuwiderhandlungen wurden mit Missachtung bestraft. Selbst wenn das Auto erst beim Nächsten oder Übernächsten hielt, wer am längsten stand, hatte das Vorrecht einzusteigen.

Nach einigen hundert Trampkilometern steckte jeder Autofahrer in seiner Schublade. Da waren die konsequenten Sonntagsfahrer, die es nicht zuließen, dass ihr gutes Stück von Tramperschuhen beschmutzt wurde. Da waren die Fieslinge, die hämisch feixten, hupten, abbremsten, um dann doch nicht zu halten. Da waren die Gleichgesinnten, die bedauernd auf die voll besetzten Sitze zeigten, und die Lügner, die andeuteten, sie würden nur bis zum nächsten Abzweig fahren – und dann haben wir sie doch nach 30 Kilometern überholt. Manchmal standen wir nur wenige Minuten, manchmal stundenlang im Regen oder in der prallen Sonne. Wir sind auch mal im Straßengraben eingeschlafen, weil ewig keiner hielt. Aber irgendwann hielt immer irgendwer.

Trabifahrer hielten am häufigsten. Die waren nicht so weit weg von uns, die wir kein Auto hatten. Sie hatten ja auch keins, jedenfalls kein richtiges. Aber sie fühlten mit uns, manch einer entschuldigte sich, dass die Heizung nicht funktionierte oder wir den Rucksack auf den Knien behalten mussten. Einmal hat ein olympischer

Skilangläufer gehalten, und manchmal, selten, stoppte ein „Westwagen". Zum Beispiel mit einer Fahrschülerin, die brav die Befehle ihres Mannes ausführte: „Du solltest etwas weiter rüber fahren, hier ist Rechtsverkehr." „Was denn, hier auch?" Wir sind mit einem Saporoshez getrampt, dessen Motorhaube aller fünf Kilometer hochklappte, mit einem Trabi, der sich mit Sommerreifen die verschneite Zschopauer Straße in Karl-Marx-Stadt hochquälte – „dann sind wir wenigstens zwei zum Schieben" – wir haben uns in Polen von einem freundlichen Herrn übers Ohr hauen lassen, der uns nach fünf Kilometern zur Grenze in Sczezcin um unser letztes Geld betrog. Wir sind mit streikenden Arbeitern nach Gdansk getrampt. Sie wollten unbedingt, dass sich die Freundin vor ins Fahrerhaus setzte, während ich auf der Ladefläche zwischen wütend lachenden Blaumännern hockte – furchtsam, was hatten die vor? Nichts, das Mädchen sollte es warm und trocken haben. Damals, im Sommer 1980, mussten wir in Polen manchmal laufen: „Sie sind zu einer unglücklichen Zeit gekommen", sagte eine alte Frau und zeigte auf die bestreikten Straßenbahnen und Busse, „aber wenn das vorbei ist, dann wird alles besser." Damals hielt fast jeder Autofahrer im Nachbarland – nicht nur, weil es eine Prämie für Trampkilometer gab – ebenso in Rumänien, Ungarn. In Bulgarien nahm uns zu dritt ein Wolga mit, der brav aller paar Kilometer anhielt, um unseren Sohn seine Übelkeit auskurieren zu lassen. Manchmal trafen wir Gleichgesinnte: „Hab früher auch so dagestanden wie ihr", manchmal Verrückte: „Mir ist egal, wohin ich fahre, steig ein". Die alte Dame, die so langsam fuhr, dass ich gern wieder ausgestiegen wäre, die, als das Moped vor ihr endlich abbog, lächelte: „So kann man auch überholen."

Und wenn wir angekommen waren, sang manchmal Wind, Sand & Sterne die „Tramptour": „Ich fuhr auf vielen Wegen und lief so manches Stück, war so frei und hatte ein Stück von dem großen Glück, von dem so viele träumen ..." Manchmal waren wir froh, heil anzukommen: Bei dem Tschechen, der treuherzig erzählte, dass er seinen Trabi erst seit zwei Tagen besaß, der vorige habe leider einen Totalschaden erlitten: soooooo groß war der LKW; bei dem Fordfahrer, mit dem wir 1990 das erste Mal die magische 180-Stundenkilometer-Grenze überschritten und vor Angst beinah vergingen. Es machte ihm Spaß zu demonstrieren, welch technische Überlegenheit uns nun erwartete. Es war unsere letzte Tramptour, zu Freunden nach Rüsselsheim, um ein gebrauchtes Auto zu kaufen. Nun hätten wir auch gern Tramper mitgenommen. Aber seitdem steht kaum noch jemand an der Straße. *Matthias Zwarg*

Gewohntes Bild: Tramper bitten um Mitnahme, selbst gegen das Verbot im Autobahnauffahrtbereich.

Kleistermasse. *Wegen der eingeführten Klebetechnik Kunstleder/Sperrholz im Karosseriebau tauften die Fans den 1933 eingeführten DKW Meisterklasse in „Kleistermasse" um.*

Langsamfahren. *Weibliche Fußgänger sollen auf Vorschlag der Automobile Association kurze Röcke tragen: „Hübsche Beine veranlassen Autofahrer zum Langsamfahren".*

Meine Autos,
mein Beruf

Der Autorestaurator Werner Zinke

Wir kennen uns seit langem: Manchmal, wenn ich am Schreibtisch saß, hörte ich eine „satte Kanne" draußen auf der Straße vorüberrauschen. Und da wusste ich: Werner Zinke treibt seinen Feuerstuhl über die Dorfstraße. Der Konditorsohn, gelernter Elektromeister, war der Faszination des Fahrzeugs verfallen. Nun, zu DDR-Zeiten gab es für solche Wunschträume nicht allzu viele Wohnungen. Man konnte Trabant reparieren oder Wartburg, aber dafür hatten wir hier im Ort schon den „Schmied-Helmut", einen alten Freund von Werner Zinke. Und Zylinderkopfdichtungen wechseln oder Anlasser reparieren, das war nicht sein Metier. So begann er

eines Tages einen alten Opel P 4 zu beschnuppern, und danach kam ein Benz von 1918, und irgendwann durfte er auch, wie es damals so schön hieß, im „Rahmen der gesetzlichen Möglichkeiten in Feierabendtätigkeit" für das Dresdner Verkehrsmuseum arbeiten. Mittlerweile war er ja Technischer Leiter einer Möbelfabrik geworden, die einst meinem Großvater gehörte. Da hatte er auch ein bisschen Feierabendzeit, denn er wollte ja gar kein „Leiter" werden, er suchte nach einer Möglichkeit, aus dem System der Bürokratie auszubrechen: „Ich wollte selbstständig werden, privat." Der Zeitpunkt kam zur Wendezeit, als er die Genehmigung zum Betreiben einer „Autopflegeanstalt mit Waschanlage" bekam.

Die Waschanlage übrigens, die holte er sich in einer abenteuerlichen Aktion aus Hannover, der Transport war ein Meisterstück. Aber nun war auch Gelegenheit, das eigentliche Hobby zum Beruf zu machen: Autos zu restaurieren.

Aus alt mach neu, eine Maxime des Autorestaurators Werner Zinke.

Zehn Jahre sind seither vergangen, und man darf es ruhig sagen, seine Werkstatt gehört heute ganz sicher zu den renommiertesten europäischen Unternehmen in dieser kleinen, aber feinen Branche. Er hat mittlerweile Kunden aus der Schweiz und aus Dänemark, aus Frankreich und auch aus den USA. In den gut eingerichteten Werkstatträumen arbeiten 30 Leute. In seinem Unternehmen gibt es viele Gewerke, die Karosseriearbeiten, das Polstern, die Werkzeugherstellung, da hat er sich nach und nach Fachleute ausgebildet. Als VW etwa seine neue Autostadt plante, da wollte man auch den ersten Käfer ausstellen. Aber den gab es nicht mehr, nur Fotos und eine Konstruktionszeichnung. Daraus machte nun Zinke einen neuen, alten, ersten Käfer, den man in Wolfsburg bewundern kann.

Er hat zu tun, er ist dabei, seine Werkstattkapazität zu vergrößern, und er macht dies ohne spektakuläre Kredite. Nur was man verdient, kann man ausgeben. Und Urlaub hat er seit zehn Jahren auch nicht gehabt. Aber der Beruf macht es möglich, dass er alte Autos irgendwo in der Welt besichtigt, in Detroit und anderswo. Und die Autos reisen dann zur Kur nach Zwönitz. Es macht Spaß, mit ihm durch die Werkstätten zu gehen, da steht auch das Horch-Kabriolett 670, ein Zwölf-Zylinder, den er eben für einen Sammler aus den USA saniert. Er selber fährt einen VW, nicht nur weil die Leute von Volkswagen und Audi zu seinen Auftraggebern gehören. Auch das Dresdner Verkehrsmuseum, das er einst in Feierabendtätigkeit bediente, gehört zu seinen Kunden. Und wenn einer kommt, der nicht gerade eine dicke Brieftasche hat, in seiner Branche hat er sehr moderate Preise, da ist er auch bereit, Jahr für Jahr ein Stückchen zu restaurieren, damit der Sammler bezahlen kann. Konditor-

Solche Oldtimer lassen das Herz jedes Automobil-Hobbiisten höher schlagen.

Ein Stamm erfahrener Facharbeiter schafft oft nur nach alten Fotos wahre Wunderwerke.

sohn, Elektromeister, Autorestaurator, das sind so Karrieren des vergangenen halben Jahrhunderts. Sie gehören zur Autolandschaft Sachsens. Ja, vielleicht sind sie ihr wichtigstes Kapital.

Klaus Walther

Ärger mit Schrott

Als Hunger seine Hänger baute

Unser Fahrer schimpfte, und der Linienbus von Chemnitz nach Frankenberg blieb plötzlich in Gunnersdorf stehen. Das war in den vierziger Jahren nichts außergewöhnliches; einige Fahrgäste befürchteten schon, sie müßten mal wieder den Rest der Strecke zu Fuß gehen. „Die Straße wird hier immer enger" polterte der Busfahrer und ließ erstmal einen entgegen kommenden Lastwagen vorbei. Der Bus stand kurz vor der Dorfschmiede, und die gehörte seit 1946 Walter Hunger. Der begnügte sich nicht mit Hufbeschlag und Kleinarbeit. Er reparierte Anhänger, vor allem für die Landwirtschaft. Und wenn einer mal einen Hänger brauchte, aber keinen hatte, wußte ihm Hunger auch zu helfen und baute eben einen neuen. Material gab es damals ebensowenig wie neue Anhänger. Also sammelte Walter Hunger allen „Schrott", den er kriegen konnte. Das Wort steht hier ganz bewußt in Anführung, denn was für andere Schrott war, nutze Hunger als Fundgrube. Wo immer Militärfahrzeuge umher lagen oder altersschwache Gefährte ihren Geist aufgaben — Hunger holte die Wracks und schlachtete sie aus. Sein Materiallager war der Platz zwischen Schmiede und Fernverkehrsstraße (heute B 169) — kaum vier Meter breit. Als dort wirklich nichts mehr hinpaßte, kaufte er das Grundstück gegenüber, so daß der Fernverkehr eben nun mitten durch Hungers Materiallager rollte. Da konnte es schon passieren, daß es kein Durchkommen gab, wenn gerade ein größeres Teil von der einen Seite auf die andere gezogen wurde. Der Busfahrer war sicher nicht der einzige, der damals heftig geschimpft hat – vorerst waren Hunger nur die Landwirte dankbar.

Das sollte sich ändern, denn was an der Gunnersdorfer Dorfschmiede mit einer Handvoll Leute begann, war wenige Jahre später ein Spezialbetrieb für Fahrzeughydraulik mit tausend Beschäftigten, und dann ein Zweigwerk von Barkas, wo bis 1991 Teile für den B 1000 produziert wurden.

Werner Beckmann

Dorfschmiede wie die Richters aus Leubsdorf waren über Generationen hinweg und nach dem Weltkrieg besonders wegen ihres Einfallreichtums begehrt.

Ein Schiff
wird kommen
Für Kaffee eine Marktlücke gefunden

„Ein Schiff wird kommen" – die ganze DDR lachte damals über den Witz des Minisachsen Eberhard Cohrs, als der Mangel an Kaffee und Bananen von oberster Stelle mit dem Hinweis auf ein Schiff erklärt wurde, das mit der begehrten Fracht irgendwo auf dem Atlantik dümpeln sollte. Nur wenige kennen eine andere Kaffeegeschichte, denn in Wahrheit fehlte es ja an Devisen, und nur schnelle Tauschgeschäfte konnten die eine oder andere Versorgungslücke zeitweilig schließen.

Es geschah in den 50er Jahren, als der Fahrzeughydraulikbau von Walter Hunger in Frankenberg den ostdeutschen Weihnachtsfrieden retten mußte. Wir brauchen Kaffee. Brasilien hatte solchen zu verkaufen. Doch womit bezahlen? Man fand eine Marktlücke. Brasilien brauchte rund 200 Raupen, und zwar ganz schnell, denn ohne Raupen gab es keinen Kaffee. Die Raupen baute das Traktorenwerk Brandenburg, aber eben nur die Raupen, die Fahrzeuge mit den Ketten. Die spezielle Ausrüstung für den brasilianischen Bedarf kam aus Frankenberg – Schiebeschilde und Überkopflader. Hier montierte in der Regel ein erfahrener Hydraulikschlosser diese Teile an die Brandenburger Fahrzeuge. Das reichte für den normalen Bedarf. Doch der Vertrag mit Brasilien war erst auf der Herbstmesse geschlossen worden. Zu Weihnachten aber sollte der Kaffee schon da sein. Die Raupen mußten unbedingt vorher nach Brasilien. So war bei Hunger, wo es ohnehin nicht an Arbeit fehlte, manche Sonntagsschicht angesagt, von Überstunden ganz zu schweigen. Schlosser aus anderen Abteilungen mußten einspringen, Mechaniker wurden mit Sonderaufträgen betraut und so weiter. Die Raupen kamen pünktlich nach Brasilien. Dank des Einsatzes der Frankenberger Fahrzeughydraulikbauer mischte sich in den weihnachtlichen Wohnstuben der Geruch vor Räucherkerzen und Stollen mit dem Duft brasilianischer Kaffeebohnen.

Werner Beckmann

Kaffee-Mix verbessert
(Aus einem Zeitungsbeitrag vom 23. 9. 1977)

Berlin (ADN). Das Ministerium für Handel und Versorgung hat sich erneut mit der Frage befaßt, wie trotz der außerordentlichen Preissteigerung auf dem Weltmarkt die Versorgung mit Kaffee auch in Zukunft gesichert werden kann.

Dabei mußte es von der Tatsache ausgehen, daß im Vergleich zum Jahre 1975 die Weltmarktpreise für Rohkaffee um das Vier- bis Fünffache gestiegen waren und gegenwärtig noch das Drei- bis Vierfache betragen. Gleichzeitig ist bis Mitte September der Kaffeeverbrauch in der DDR – trotz der seit August weggefallenen Sorte „Kosta" – um 2290 Tonnen, das sind 8,5 Prozent gegenüber dem gleichen Zeitraum des Vorjahres gestiegen ...

In vielen Ländern ist infolge der Erhöhung der Einzelhandelsverkaufspreise der Verbrauch von Kaffee erheblich zurückgegangen. In den USA sogar um 40 Prozent. Dafür wird in vielen kapitalistischen Ländern im verstärkten Maße Mischkaffee bzw. Tee angeboten und getrunken.

... werden in der nächsten Zeit in den Delikatgeschäften bzw. gleichgestellten Spezialgeschäften weitere ausgewählte Kaffeesorten zu den entsprechend höheren Preisen angeboten ...

Der Verkauf von „Malzkaffee" erfolgt weiterhin zu dem bisherigen Preis von –,25 Mark pro 250 g, „Im Nu" für 100 g 2,– Mark und „Kaffeeersatzmischung" für –,22 Mark pro 250 g-Packung.

Chronik 1971–1980

1971 Einer Studie zufolge werden in den USA jede Stunde etwa 100 Autos gestohlen

4. 2. 1971 Britanniens Rolls-Royce geht in Konkurs. Regierung verstaatlicht defizitäre Unternehmenszweige

1972 Eine Verkehrserhebung in DDR-Städten ergibt, dass im Durchschnitt 46 Prozent aller Wege zu Fuß zurückgelegt werden

17. 2. 1972 Der VW Käfer bricht mit über 15 Millionen Wagen den Verkaufsrekord des Ford-Erfolgsautos „Tin Lizzie"

3. 8. 1972 Automobilfirma Volvo in Schweden schafft das Fließband ab

22. 9. 1972 Bundestag verabschiedet Verkehrsvertrag mit der DDR

1973 Die Jahresproduktion an PKW erreicht mit weltweit fast 30 Millionen einen Rekordstand

1973 Sonntagsfahrverbote in der Bundesrepublik infolge der Benzinknappheit durch arabisches Öl-Embargo

1. 1. 1973 In der Bundesrepublik wird das Mitführen eines Verbandkastens zur Pflicht

29. 7. 1973 Formel-1-Fahrer Roger Williamson verbrennt nach Unfall in Zandvoort

22. 11. 1 973 Der einmillionste PKW Trabant rollt in Zwickau vom Band

25. 11. 1973 Erster von drei autofreien Sonntagen in der Bundesrepublik

10. 1. 1974 Wegen Verkaufsrückgang beschließt BMW 14 Tage Arbeitspause

Februar/März 1974 Die Produktion des VW Scirocco wird eingestellt

15. 3. 1974 Geschwindigkeitsbegrenzung auf Autobahnen der Bundesrepublik aufgehoben. Nur noch Richtgeschwindigkeit 130 Stundenkilometer

September 1974 VW präsentiert den Audi 50

2. 10. 1974 Rennbetrieb auf Avus wegen Lärmbelästigung untersagt

16. 10. 1974 Nach heftigen Protesten schaffen die USA die Gurtanlegepflicht wieder ab

1975 Die Kraftfahrzeugproduktion der Welt verbraucht 20 Prozent des erzeugten Stahls, 50 Prozent des erzeugten Bleis, 70 Prozent des erzeugten Gummis und 20 Prozent des erzeugten Rohöls

1975 46,3 Prozent des PKW-Bestandes der Welt haben Vorderradantrieb (bessere Voraussetzungen für Block-Technologie — Motor, Getriebe und Achsantrieb an einem Block — größeres Kofferraumangebot)

März 1975 VW stellt den Polo vor

20. 8. 1975 Ergebnis eines Großversuchs mit Tempo 130 Stundenkilometer auf Autobahn Aachen — Köln: 43 Prozent weniger Unfälle

16. 10. 1975 50 Jahre Fordwerke in Deutschland. 8,7 Millionen Fahrzeuge bisher produziert

1976 Der Lada Niva (Allrad) ist der einzige russische Wagen, der im westlichen Ausland zu einem großen Erfolg wird

1. 1. 1976 Bundesrepublik macht für alle Fahrzeuge ab Baujahr 1970 das Anschnallen zur Pflicht

2. 2. 1976 Ein Liter Super-Benzin kostet erstmals 99,9 Pfennige

16. 9. 1976 Bisher größter Arbeitskampf in den USA bei Ford: 170.000 Arbeiter streiken

September 1976 Der erste Dieselmotor von VW kommt — im Golf quer eingebaut – zum Einsatz

27. 10. 1976 Der einmillionste Golf läuft nach nur 31 Produktionsmonaten in Wolfsburg vom Band

1. 3. 1976 DDR erhebt Straßennutzungsgebühren von Westberlin nach Ostberlin und der DDR in Höhe von zehn DM

1977 Auf der Wunschliste deutscher Jugendlicher steht das Auto an erster Stelle, gefolgt von einer Wohnung

August 1977 Vertrag über die Lieferung von 10.000 Golf in die DDR

1978 Nach Angaben des Deutschen Touring-Automobil-Clubs wurden über 1000 in die falsche Richtung fahrende Autobahnbenutzer — Geisterfahrer — registriert

Januar 1978 Durch ihren Sieg über Ägypten (4:1) erhalten die Fußballer der tunesischen Nationalmannschaft je einen neuen Mercedes

1. 1. 1978 Die in Europa üblichen Schilder für Stopp, Halte- und Parkverbot werden von der DDR übernommen. Rechtsabbiegen bei Rot wird verboten, das absolute Alkoholverbot beibehalten

19. 1. 1978 In Deutschland läuft der letzte Käfer vom Band

1. 1. 1979 Kanada stellt sein Rechnungssystem um. Statt Meilen – Kilometer, statt Galonen – Liter

5. 9. 1980 Der 16,3 Kilometer lange St.-Gotthard-Tunnel (Schweiz) ist als längster Straßentunnel der Welt fertiggestellt

November 1980 BMW investiert 30 Millionen DM in die Anschaffung von Schweißrobotern, um die Automatisierung zu beschleunigen

1981–
1990

182

1981–1990 Die Wartezeit auf einen PKW betrug inzwischen gut 15 Jahre, Altautos kosteten deutlich mehr als Neuwagen, auf den Straßen reihten sich die Schlaglöcher, die Reparaturwerkstätten wiesen Kunden ab, Ersatzteile fehlten. Intershops, Delikat- und Exquisitläden konnten die wirtschaftlichen Mängel nicht überdecken. Genex-Fahrzeuge, auf unerklärliche Weise auftauchende Mazda und Golf verstärkten eher die Unzufriedenheit mit den heimischen Autos. Mit ihrem veralteten Grundkonzept haftete ihnen schon im Neuzustand der Makel des moralischen Verschleißes an. Neuerungen am Trabant kommentierte der Volksmund mit sarkastischen Bemerkungen, wie etwa die Kraftstoff-Momentananzeige, die kurz Mäusekino hieß. Das lange Festhalten am Zweitaktmotor stieß zunehmend auf Unverständnis. Forschungsergebnisse beispielsweise von der Technischen Hochschule Zwickau zur elektronischen Benzineinspritzung kam nicht zur Anwendung.

Im mittlerweile geduldeten Westfernsehen sahen die Menschen, wie weit ihre gewachsenen Bedürfnisse und die internationale Entwicklung auseinander klafften. Manch einer erhoffte sich Impulse von Gorbatschows Politik der Perestroika. Aber nichts geschah. Die Fragen häuften sich. Ersatzteiljagd wurde zum zweiten Hobby. Gegen die Einwände der Fachleute, die ein neues Auto forderten, präsentierte die Fahrzeugindustrie einen auf Viertakt umgerüsteten Trabant. Die Mehrzahl der Bevölkerung reagierte frustriert.

Gespannt blickten die Menschen dagegen auf das Gelenkwellenwerk in Mosel und die Lizenzfertigung von VW-Motoren in Chemnitz. War doch noch eine Trendwende in Sicht? Als Ungarn seine Grenze zu Österreich öffnete, erfasste eine Fluchtwelle die DDR, welche das Ende der SED-Herrschaft einleitete. Noch einmal erwiesen sich die bespöttelten und doch gehegten und gepflegten DDR-Autos als unverzichtbar. Von Sizilien bis zum Nordkap brachten sie ihre Fahrer. „Seht her, wohin wir damit fahren können!" Jetzt, da der Druck gewichen war, verklärte sich die Summe ihrer Unzulänglichkeiten zum Charakter. Doch längst stand ein „Westauto" ganz oben auf der noch nicht bezahlbaren Wunschliste. Nach der Währungsunion boten Händler auf Wiesen die begehrten Gebrauchtwagen an. Mancher fuhr mit dem Trabant gen Westen, und kehrte mit einem Opel, Ford oder VW zurück. DDR-Fahrzeuge wurden tonnenweise verschrottet.

ADRIA (Kamenz) ALGE (Leipzig) ARI (Plauen) ATLAS (Leipzig) AUDI (Zwickau) AVOLA (Leipzig) BAMO (Bautzen) **BARKAS** (Hainichen/Chemnitz) BECKER (Dresden) CHEMNITZER MOTORWAGENFABRIK (Chemnitz) DIAG (Leipzig) DIAMANT (Chemnitz) DKW (Zschopau) DUX (Leipzig) EBER (Zittau) EISENHAMMER (Thalheim) ELFE (Leipzig) ELITE (Brand-Erbisdorf) ELSTER (Mylau) ESWECO (Chemnitz) FRAMO (Frankenberg/Hainichen) GERMANIA (Dresden) HARLÉ (PLauen) HASCHÜTT (Dresden) HATAZ (Zwickau) HEROS (Nieder-oderwitz) HIECKEL (Leipzig) HILLE (Dresden) HMW (Hainsberg) HORCH (Reichenbach/Zwickau) HUY (Dresden) IDEAL (Dresden) JCZ (Zittau) JURISCH (Leipzig) KFZ-WERK „ERNST GRUBE" (Werdau) KOMET (Leisnig) KSB (Bautzen) LAUER & SOHN (Leipzig) LEBELT (Wilthen) FAHRRAD- UND MOTORWAGEN-FABRIK (Leipzig) LIPSIA (Leipzig) LOEBEL (Leipzig) MAF (Markranstädt) MAFA (Marienberg) MELKUS (Dresden) MOLL (Tannenberg) MOTAG (Leipzig) **MZ** (Zschopau) MuZ (Zschopau) MZ-B (Zschopau) NACKE (Coswig) NEOPLAN (Plauen) NETZSCHKAUER MASCHINENFABRIK (Netzschkau) OD (Dresden) OGE (Leipzig) ORUK (Chemnitz) OSCHA (Leipzig) PEKA (Dresden) PER (Zwickau) PFEIFFER (Rückmarsdorf) PHÄNOMEN (Zittau) PILOT (Bannewitz) PORSCHE (Leipzig) POSTLER (Niedersedlitz) PRESTO (Chemnitz) REISIG/MUK (Plauen) RENNER (Dresden) **ROBUR** (Zittau) RUD (Dresden) **SACHSENRING-AWZ** (Zwickau) SATURN/STEUDEL (Kamenz) SCHIVELBUSCH (Leipzig) SCHMIDT (Fischendorf) SCHÜTTOFF (Chemnitz) SPHINX (Zwenkau) STEIGBOY (Leipzig) STOCK (Leipzig) TAUTZ (Leipzig) TIPPMANN & CO (Dresden) UNIVERSELLE (Dresden) VOGTLAND-WAGEN (Plauen) VOMAG (Plauen) VW (Mosel/Dresden) WANDERER (Chemnitz) WELS (Bautzen) WOTAN (Chemnitz/Leipzig) ZEGEMO (Dresden) ZETGE (Görlitz) ZITTAVIA (Zittau)

Fußgänger

Über den Dino unter den Verkehrsteilnehmern

„Nun, was haben wir denn falsch gemacht?" – Herr Wachtmeister, ich weiß nicht, was in Ihrem Leben schief lief, aber was mich betrifft, so bin ich Fußgänger. Das ist mein Makel spätestens seit Erfindung des Otto-Motors, wenn nicht des Rades. Aber darauf wollen Sie wohl nicht hinaus, sondern auf mein Gehen bei Rot, obwohl, wie wir beide doch einsichtig sind, weit und breit nicht ein Auto heranbraust, noch ein Kind sich ein Beispiel nimmt, aber ums Prinzip, nicht wahr, gehts? Aufmerksam und rücksichtsvoll, also nur bei Grün. Und was machen wir nun mit mir – am Ende dieses Zebrastreifens?

Ich bin, jawohl, Fußgänger. „Solche wie dich sollten sie überfahren!" – Hat man mir noch nie so gesagt, was mich ein bisschen verwundert, woher soviel Zurückhaltung? Sind Kraftfahrer höflich? Betrachten Sie unsereins als eine Art possierlichen Saurier, der an etwas erinnert,

Fußgänger: Dem Verantwortungsbereich der KFZ-Lenkung entzogen.

woran bloß? (Die Ölkrise.) Natürlich spüre ich Herablassung, wenn in spottseliger Runde mein Fußgängertum zur Sprache kommt. „Wie, du hast noch nicht mal eine Fahrerlaubnis gemacht?" Mit Mitte vierzig! „Jungfrau biste nich' zufällig noch?" – Was heißt hier zufällig? Ich habe nicht aus Versehen nicht die Fahrerlaubnis. Ich entziehe mich aus Verantwortungsbewusstsein der Kfz-Lenkung. Einer wie ich ist der Menschheit auf Rädern, der Fahrbahnverschlingung und Vorfahrtsdiskussion da draußen einfach nicht zuzumuten, denke ich. Es fahren ja schon genug Idioten herum. „Da kannste recht haben." – Mit Verlaub. – „Nee, brauchste nicht einzuschränken. Idioten. Aber…" – Ja, ja, ich weiß, Fußgänger sind oft auch eine Zumutung.

Aber nicht als Beifahrer. Notorische Fußgänger, falls es außer mir noch welche geben sollte, ich rede nicht von Konvertierten, Leuten, die die Fahrerlaubnis verloren haben, die reden gerne rein, machen das Treiben verrückt, greifen (!) sogar ins Steuer (wirklich!). Nein, ich rede jetzt von mir. Ich bin der stille Passagier, der ideale Kopilot, der schicksalsergeben zusteigt wie der Kosmonaut in die Zentrifuge. Ich lege den Gurt an und spreche nur, wenn ich gefragt werde. Oder unverfängliches. Mich nimmt man gern auch mal wieder mit. Ich klage nie.

Nicht einmal, wenn der Fahrzeugführer Tiervergleiche bemüht. „Planet der Affen" und so. Für meines- oder auch seinesgleichen. Ich bin als Rohrpost unterwegs. Und wie es draußen zugeht, geht mich nichts an. – Was euern Lack, tja, das kratzt noch lange nicht meine Haut. Mag sein, dass ihr dafür nun gar kein Verständnis habt, aber so ist es.

„Na gut", sagt man mir, „wer nicht will, der hat schon. Dann latsch dir doch die Absätze schief, nutz öffentliche Verkehrsmittel, wandere…" Womit gleich mehrere Probleme angerissen wären, etwa: wie verlässt man die Stadt in Richtung Natur? Wenn nicht im Auto, dann immer mit einem Bein im Straßengraben. Ganz zu schweigen von weitläufigen Sackgassen in der Stadtrandbebauung, z. B. so genannten Gewerbegebieten. – Soll ich noch von Bus und Bahn zu klagen anfangen? Unglaubliches berichten wie: einst fuhr ich nachts im Lumpensammler über die Dörfer, nein? Oder über den Zusammenhang von Automobilproduktion und Erfindung des Billigschuhs sowie natürlich komplementär des „festen Schuhwerks", mithin einen gewissen Rückgang der Schuhreparatur spekulieren? – Mir fiele noch manches ein, die Meinung zu verfestigen, ich sei doch ziemlich verschroben. Aber woher, fragt man mich, kommt eigentlich dein Glaube, für Gas und Gänge, Lenkrad und Bremse nicht zu taugen? Das kann doch jeder. Wie Schwimmen. Nun, ich bin eben oft in Gedanken, die allein schon schwer zusammenzuhalten sind... So hat man sich solche wie mich immer vorgestellt. Ein Freund von mir macht jetzt „die Fleppen". Recht spät auch er. Dringend nötig wärs ja nicht. Die Frau in seinem Leben fährt gut und gern. Aber sie ist jetzt schwanger und meint wohl: „Ich lass ihn das machen, da hat er auch was." – Nachts träumte ihm, er sehe sich im Spiegel mit angeklebtem Schnauzbart. „Das ist zu offensichtlich, das weigere ich mich zu deuten", erwiderte ich.

Freilich bin ich neidisch. Zwar lebe ich kostenärmer (besser sollte ich wohl sagen: kostengünstiger, klingt netter), doch dafür finde ich mich immer wieder auf Verkehrsinseln im Regen von der Welt verlassen und vollgespritzt von Leuten, die im Trockenen sind und vorwärts kommen: schneller, weiter, wendiger. Ich verpasse Abfahrten, ich kann keinen Zahn zulegen und mich nicht herausreden, im Stau gestanden zu haben. Allerdings muss ich nie einen Parkplatz finden und verblüffe, all dies zusammengenommen, immer wieder durch ein gänzlich anderes Empfinden für Distanz und Dauer. Einbahnstraßen beispielsweise können mir völlig gleichgül-

tig sein. Fußgängerzonen sowieso. Am schönsten aber ist, dass ich keinen Durchsagen-Sender dudeln lassen muss. Zwar ist für mich der Walkmann erfunden, aber aus der Mode – jedenfalls im Straßenbild. Milde betrachte ich Versuche, auch mir noch kleine Räderchen unter die Sohlen zu tun: Roller-Blades, Klapproller usf.; das hat doch alles keine Zukunft. Sage ich, der Dinosaurier unter den Verkehrsteilnehmern. – Zum weiterführenden Kulturgenuss empfehle ich: Cope, Julian: „Autogeddon", CD, American Recordings 1994; in jeder gut sortierten Ramschkiste Ihres Tonträger-Ladens zu finden (speziell track 4: „I gotta walk" - die Fußgängerhymne schlechthin).

Hans Brinkmann

Der Dino unter den Verkehrsteilnehmern.

Für den Frieden ein Auto

Die 80er Jahre im Osten – ein goldenes Zeitalter der Mobilität

Wenn heute Autohersteller dreist mit dem Slogan „Autos zum Leben" werben, kann ich nur abwinken: was haben die für Phantasien...

Sollte es so eine Qualität in Deutschland überhaupt gegeben haben, dann im Osten vor 1990. Nehmen wir den Trabant. Einmal zehn Jahre auf das gute Stück gewartet, war man für den Rest seiner Tage versorgt. Man bezahlte seine Zehntausend, fuhr den Trabi zehn Jahre, verkaufte ihn zum Neupreis, kaufte den nächsten. Ein finanzielles Perpetuum mobile made in GDR. Ich mag gar nicht darüber nachdenken, wie viel von meinem mühsam erschriebenen Geld späterhin für Allerweltsautos zum Teufel gegangen ist. Früher wartete man wohl lange, aber mit welcher Spannung und welchem Besitzerstolz wurde man belohnt! Das Auto bedeutete Lebensqualität, wenn man sich sonnabends am Vormittag mit einem Eimer voll schamponiertem Wasser auf dem Parkplatz vorm Haus einfand. Da gab es atlasweiße, papyrusfarbene und taubenblaue Trabanten. Man trat zu dem seinen, schloss, um es auszukosten, die Tür auf, kramte im Handschuhfach, gab der Brockenhexe am Innenspiegel liebevoll einen Klaps, dass sie munter hin und her wippte, ging einmal, wie um die Reifen zu prüfen, um seinen Wagen herum, öffnete Kofferklappe, Motorhaube, fasste an die Kerzenstecker (sitzen), schloss Klappe und Haube, ließ die Tür in das Schloss schmatzen und tauchte den Lappen ins Wasser. Wrang ihn aus, zog ihn übers Dach. Streifen für Streifen. Fragte dabei seinen Nächsten, wo er die Unterboden-

Ein jahrelanges Gespann: Autor Rainer Klis mit seinem Trabi.

pflege machen ließ. Der kam mit einer Packung f6 heran. Man tauschte Tricks und Tipps. Warf den Lappen in den Eimer zur kleinen Pause. Hatte Zeit bis zur Kohlroulade. – Heute sitzt jeder für sich in seiner Möhre und wartet, ehe er in die Gruft darf, in der dann gewaltige Klosettbürsten übers Blech donnern. Was Wunder, dass kein Mensch an seinen Untersatz noch einen Gedanken verschwendet. Mal ganz zu schweigen davon, dass das DDR-Auto jeden, der es fuhr, in seinem technischen Verständnis weiterbrachte. Man musste nur die Motorhaube öffnen, um sofort zu erkennen, was Motor war, was Getriebe, was Tank oder Gebläse, Anlasser oder Sicherungskasten – das gläserne Automobil! Selbst intellektuelle Blaustrümpfe wie meine Kollegin Meier-Motzen, die nicht begreifen wollte, dass elektrischer Strom einfach nur ein mit Erbsen gefülltes Blasrohr ist, in das ständig neue Erbsen eingeführt werden, verinnerlichte irgendwann, was sie da durch die Welt bewegte. Ich sage das, weil ich es beweisen kann. Ich traf sie nämlich nachts um halb drei zwischen Bronkow und Finsterwalde, wo sie mit ihrem Trabi im Schneetreiben festsaß und gerade den Vergaser in ziemlicher Dunkelheit allein zerlegt hatte. Sie wollte die Düsen durchblasen und bat mich, ihre Zigarette kurz zu halten. Und was soll ich sagen, ohne dass ich ihr helfen musste, baute sie alles wieder zusammen, startete und der Motor sprang an. – Wie dagegen ist der Mensch heute allem entfremdet! Klar, es gibt den ADAC. Aber was, wenn der Strom zum Telefonieren ausfällt? Hören Sie einfach hin, wenn Ihre Fahrerin schaltet, dann wissen Sie, was ich meine. – Ach, sie fährt mit Automatik? Na um so besser, erklären Sie ihr das mal! Oder ein anderes Beispiel: Der Wartburg. Auch er besaß Motor, Getriebe, Tank, Gebläse... ein wenig größer eben.

Ähnlich solide der Dacia, der, in Karpatentälern noch in Handarbeit montiert, als Rumäniens Mitgliedsbeitrag zum RGW auf uns kam.

Oder der Moskwitsch aus der großen Sowjetunion. Wegen seiner Straßenlage zwar für Anfänger ungeeignet, war er berühmt für seine Heizung – ein Wintertraum!

Nicht ganz so gemütlich, aber ebenso robust die sowjetische Fiat-Variante, der Lada. Ein Cockpit, das den Fahrer entrückte.

Vom Wolga sprach man gar als kleinem Bruder des Ural (Truppentransporter der Roten Armee, der auf mitteleuropäischem Gelände nicht festzusetzen war). Für den Frieden ein Auto, im Krieg eine Waffe! Was war dagegen der Schrott aus dem Westen? Teuer und nicht zu reparieren. Wenige fielen darauf herein. Autos, die in Konvois aus Ladas und Wolgas fahren mussten, um überhaupt durchzukommen.

Man hätte auf sie verzichten sollen. Es musste schief gehen.

Rainer Klis

Der Verlagsdirektor und sein Autor. *Hier ist Gelegenheit, noch eine Anekdote zu erzählen: Rainer Klis war ja einmal ein junger Autor, und deshalb wurde er auch zu einer Verlagstagung eingeladen. Der Zufall wollte es, dass der Verlagsdirektor und sein beginnender Autor zur gleichen Zeit an jenem Gasthof ankamen. Autor Klis stieg aus einem Mazda, den er durch mancherlei Glücksumstände als Gebrauchtwagen hatte kaufen können. Und neben ihm hielt ein strammer Trabant, dem sich der körperlich große Verlagsdirektor entwand. Da standen sie nun, der Verleger mit kleinem Ostauto, der junge Autor mit elegantem Westwagen. Sie schauten sich an, sie guckten auf die Autos. Nun hätte es wohl beinahe zu Ende sein können mit der Autorenkarriere, die noch gar nicht richtig begonnen hatte. Aber der Autor war ein kluger Mann und sagte: „Ich hatte ja bis vor kurzem auch einen Trabant, das war keine schlechte Zeit.“ Da lächelte der Verleger und meinte: „Na ja, Ihr Auto ist ja auch nicht schlecht, aber als Autor kommt es ja nicht so sehr auf das Auto an, das man hat, sondern auf die Auto-Biografie, die man ins Schreiben einbringt.“ Das war nicht schlecht gesprochen, aber es war Verlegerlatein, denn ein Mazda war eben ein Auto, ein Trabant war es nur beinahe.*

Vom Kamel auf die MZ

Motorradhandel im Irak

Bereits Mitte der 60er Jahre sucht MZ verstärkt nach neuen Exportmöglichkeiten. In diese Zeit fallen die ersten Beziehungen zu großen Exportmärkten wie Großbritannien, Ägypten und dem Irak.

Die Lieferungen nach Irak beginnen ganz bescheiden Mitte der 60er. Bekannt sind dort nur die großen englischen Viertakter. Die Kunden von den Vorteilen des Zweitakters zu überzeugen, gestaltet sich anfänglich für die MZ-Mitarbeiter sehr schwierig. Besonders Rolf Neubert, der als Gelände- und Versuchsfahrer sowie Exportverkäufer sein Handwerk glänzend versteht, macht bis in den letzten Winkel des Landes zwischen Euphrat und Tigris den Zweitakter bekannt. 1970 komme ich, Christian Steiner, als Vorführfahrer auf die Messe Bagdad und demonstriere über Treppe, Wippe und Sprunghügel die Leistungsfähigkeit der MZ-Motorräder. Ich beschäftige mich mit Land und Leuten, verbessere meine Englischkenntnisse und lese im Koran. Vor allem aber lerne ich, mich auf die arabische Mentalität einzustellen. Als ich 1978 als offizieller MZ-Vertreter nach Bagdad delegiert werde, habe ich schon sechs Mal die dortige Messe hinter mich gebracht. Zu diesem Zeitpunkt ist der Boden von meinen Vorgängern gut vorbereitet. Meine Partner, die größte staatliche Organisation für Fahrzeugimport, die Automobil State Enterprise, und das irakische Verteidigungsministerium, sind froh, eine Ansprechperson ausschließlich für Motorräder zu haben. Und das zahlt sich bald aus. Werden 1970 etwa 1000 MZ-Motorräder exportiert, so steigert sich der Absatz 1981 auf 22.300 (alle mit 250 Kubikzen-

timeter). Millionenschwere Ersatzteilverträge sind die Folge. Nun ist der Irak kein traditionelles Motorradland. Es gibt neben Straßen viele Wüstenpisten, im Sommer Temperaturen von über 50 Grad Celsius im Schatten. Und die orientalischen Städte sind auch nicht gerade das Paradies für Biker. Aber ganz gleich, ob in den Bergen Kurdistans, wo es im Winter auch Temperaturen von minus 20 Grad Celsius gibt, in den Sumpfgebieten im Süden oder den Wüsten im Westen des Landes – die Maschinen vom MZ verrichten zuverlässig ihren Dienst. Da es keine Führerscheinregelung gibt, steigen Kunden wie Gärtner, Postboten, Soldaten, Bauern und Beduinen manchmal vom Fahrrad, nicht selten vom Esel, und manchmal auch direkt vom Kamel, auf die MZ um. Der Grund für die große Beliebtheit im ganzen Land sind die einfache und unkomplizierte Konstruktion, die Wartungsarmut und die Langlebigkeit. Konstruktionsdetails wie aufwendige Luftfilterung, der wärmeunempfindliche Breitrippenzylinder und der MZ-Kettenschutz scheinen für das Einsatzgebiet maßgeschneidert zu sein. Langjährige Erfahrungen auf Wüstentouren schon vor den ersten Exportlieferungen und das Können der Zschopauer Ingenieure sind die Grundlage. Eine gut organisierte Ersatzteilversorgung und der zeitweilige Einsatz von MZ-Spezialisten geben den Kunden die notwendige Sicherheit. Irakische Niederlassungen in Bagdad (Zentrale), in Basra für den Süden, in Mosul für den Norden und der Erdölprovinz Kirkuk tragen ihren Teil zum großartigen Gesamterfolg bei. Ich erlebe im September 1980 auch den Ausbruch des Krieges Irak – Iran in Bagdad. Auf Grund der guten Kontakte zur irakischen Armee glauben wir uns in Bagdad ganz sicher. Als die ersten Khomeini-Phantoms in Bagdad dicht über die Häuser flogen, ist der Spaß vorbei. Die Motorradlieferungen reißen aber nicht ab. Erst als Mitte der 80er Jahre das Geld bei den Irakern knapp wird, endet der Export. Aber immerhin haben wir bis dahin schon etwa 150.000 MZ nach dem Irak geliefert. Der gute Name MZ dürfte jedoch erhalten geblieben sein. Vielleicht gibt es nach dem Ende des derzeitigen Lieferembargos mit dem Regime Saddam Husseins wieder Chancen für die Lieferung vom MZ-Motorrädern.

Auf technischem Gebiet legen die Motorradbauer 1981 mit einem neuen Modell nach, der MZ ETZ. Dafür gibt es Leipziger Messe-Gold. Mit über 4000 Mark der DDR reicht jedoch der Griff für die ETZ tief in den Geldbeutel. Wer sich gar mit einer Brembo-Scheibenbremse am Vorderrad ausrüsten will, legt nochmals satt drauf. Aber auf die Motorräder muss zumindest nicht ewiglich gewartet werden, vielerorts können sie sogar sofort mitgenommen werden.

Vor dem Jugendclub wird die ETZ dann kritisch geprüft: 12-Volt-Elektrik, Drehstromlichtmaschine (180 Watt), die problemlos auch nachträglich angebrachte Zweiklangfanfaren oder auch andere Extras speist, 18-Zoll-Hinterrad und der Kastenprofilbrückenrahmen – die „Etze" hinterlässt einen guten Eindruck. Ins Ausland geht die Maschine mit einer Getrenntschmierung durch eine Mikuni-Öldosierpumpe. Eine ETZ 250 ist es auch, die am 7. Juli 1983 als zweimillionstes Motorrad seit 1950 in Zschopau vom Band rollt.

Auf die kleine ETZ-Baureihe muss jedoch noch bis 1985, dem Jubiläum „100 Jahre Motorrad", gewartet werden. Es war am 29. August 1885, als Gottlieb Daimler das Patent auf seinen Petroleum-Reitwagen erteilt wurde. Zunehmend macht sich auch im Erzgebirge die immer prekärer werdende wirtschaftliche Situation bemerkbar. Aber vorerst warten die Ingenieure noch mit der ETZ 125 und 150 auf. Am 25. September 1985 geht die Baureihe in Serie. 1987 rollen noch täglich etwa 300 Zweiräder vom Band, aber die Kapazität wird schon längst nicht mehr ausgelastet. Mal fehlt es an Material, mal an Leu-

ten, obwohl auch viele ausländische Arbeitskräfte eingesetzt werden.

Im Rahmen der (Un-)Möglichkeiten gehen die Arbeiten am neuen Standort in Hohndorf voran. 1988 werden ein modernes Heizwerk, zwei Bürogebäude und eine Montagehalle fertiggestellt. Eine weitere, zweigeschossige Produktionshalle ist im Entstehen. Mit der ETZ 251 überarbeitet MZ die 250er vor allem optisch.

Im Wendejahr 1989 sollen die Zschopauer Motorräder auf der „Automotive China 89" ausgestellt werden. Doch die Ausstellung wird verschoben. Grund dafür sind die Ereignisse auf dem Platz des himmlischen Friedens in Peking sowie die Unruhen im Land.

In der DDR gärt es ebenso. Von Leipzig geht mit den Montagsdemonstrationen der Ruf nach mehr Demokratie und Reisefreiheit aus. Auch in Karl-Marx-Stadt und Zschopau wird demonstriert. Bei MZ tüftelt man unterdessen weiter am eigenen Viertaktmotor, im Herbst startet der erste Probelauf. Doch der Motor mit Hubraum zwischen 250 und 400 Kubikzentimeter gelangt nicht bis in die Serie.

Christian Steiner und Matthias Heinke

MZ in Kairo – viele Ägypter sind direkt vom Kamel auf die MZ umgestiegen.

Zweitaktforschung in Zwickau

Magermix für die Zwiebacksäge

„Patsch, Patsch" – Gewehrsalven gleich hallten die Fehlzündungen über den Hof der Ingenieurhochschule Zwickau. Das Institut für Verbrennungskraftmaschinen testete einen neuen Motor. Uneingeweihte rätselten: Was mochte sich hinter den verschlossenen Türen im Kellergang verbergen? In der Tat ging in den Laborräumen in der Lessingstraße Aufsehen Erregendes vor sich, ein Team um Prof. Martin Behrens entwickelte einen Zweitakt-Einspritzmotor.

Das Engagement für den Zweitaktmotor kam nicht von ungefähr. Die auf Agricola zurückgehende Lehrstätte bildet seit 1897 Ingenieure aus Mit der zeitweiligen Umprofilierung zur Fachschule für Kraftfahrzeugbau in den 50er Jahren gingen Überlegungen einher, den Zweitaktmotor zu verbessern. Dessen Potenzial liegt in seiner theoretisch möglichen größeren Leistungsausbeute, denn bei jeder Kurbelwellenumdrehung erfolgt ein Arbeitstakt und damit doppelt soviele Arbeitshübe verglichen mit dem Viertaktmotor.

Landläufig freilich galt der Zweitaktmotor als stinkende, benzinaufende Zwiebacksäge, die allenfalls unteren Hubraumklassen vorbehalten bleiben konnte – ein fataler Irrtum; fälschlicherweise wurden die zeitgenössischen, konzeptionell aus den 30er Jahren stammenden Antriebsaggregate, mit dem Zweitaktprinzip an sich gleichgesetzt. Die Untersuchungen der Zwickauer Wissenschaftler zusammen mit dem WTZ-Automobilbau zielten folgerichtig nicht auf eine Verbesserung dieser überalterten Maschinen, sie galten einer neuen Zweitakt-Motorengeneration, einer neuen Qualität von Motor, mit elektronisch gesteuerter Benzineinspritzung und einem Magermix-Konzept, bei dem jedes Teilchen Kraftstoff sein Teilchen Luft findet und so optimal verbrennt. Tests an einem kennfeld-gesteuerten Trabant-Einspritzmotor ergaben, dass sich der Kraftstoffverbrauch annähernd auf das Niveau eines Vorkammer-Dieselmotors reduzieren ließ.

Kennfeldsteuerung, das heißt elektronisches Motormanagement, und das ab Ende der Siebziger! Zur Serieneinführung kam es nicht. Es fehlte an Zulieferern für die benötigten Elektronikteile, man hätte alles selbst bauen müssen, kompetente Partner gab es nicht. Ein Import verbot sich wegen fehlender Devisen. Als weiterer Hinderungsgrund entpuppte sich die emotional geführte Diskussion um die Ablösung des Zweitakters, die darin mündete, dass auf höchsten Beschluss die VW-Lizenzmotoren-Fertigung in Karl-Marx-Stadt aufgebaut wurde. Zudem beeinflussten taktisch-politische Überlegungen die Entscheidung: die Einführung des elektronischen Motormanagements hätte den Fahrzeugpreis mindestens um 1000 Mark verteuert – das wäre den Menschen kaum zu vermitteln gewesen. Und last but not least fanden die Fahrzeuge so oder so reißenden Absatz.

In Fachkreisen dagegen stießen die wissenschaftlichen Beiträge aus Zwickau auf reges Interesse. Studenten, die sich heute an der Westsächsischen Hochschule Zwickau (FH) einschreiben, können aus mehreren Fachbereichen ihren ganz persönlichen Studiengang wählen. Das Spektrum reicht von technischen Wissenschaften wie Maschinenbau und Kraftfahrzeugtechnik, aber auch Elektrotechnik und Informatik über Wirtschaftswissenschaften bis hin zur angewandten Kunst. Keine Frage, es wird spannend bleiben in Zwickau.

Jens Kraus

Der B 1100
aus Frankenberg

Das Auto, das es gar nicht gibt

Im Frankenberger Neubauviertel an der Mühlbacher Straße steht ein Auto, das es eigentlich gar nicht gibt. Der schnittige Schnelltransporter B 1100 zieht die Blicke der Besucher an, sobald sie das Museum betreten: große Frontscheibe, zwei Sitzbänke, breite Pritsche mit Plane – noch heute würde das Fahrzeug gut ins Straßenbild passen. Aber es wurde nur einmal gebaut, jedes Teil von Hand gefertigt. Viele technische Parameter des B 1100, der 1975 in Serie gehen sollte, markierten internationale Spitzenwerte. Doch kaum war im Frühjahr 1972 in der Barkas-Ver-

suchsabteilung Frankenberg der Prototyp fertig, verschwand er im Versteck, alle Dokumente kamen unter Verschluss: die Wirtschaftsgewaltigen der DDR hatten das Todesurteil für den B 1100 gefällt.

Heinz Schmieder gehörte zu den wenigen, die von diesem flotten Schnelltransporter wussten, er war der Messtechniker in der Versuchsabteilung. Sein Vater hatte seit 1924 in den Frankenberger Motorenwerken (Framo) gearbeitet, der Großvater schon eher. Er selbst hatte seit 1948 bei Framo gelernt und blieb im Betrieb, bis die Wende das Ende für den VEB Barkas und den vielseitigen Kleintransporter brachte. Wenn wir schon keine Fahrzeuge mehr bauen können, so dachte sich Heinz Schmieder, wollen wir wenigstens retten, was wir und andere vor uns aufgebaut haben. Er suchte Verbündete und fand sie schnell – Walter Richter, einst Versuchsleiter,

Mit viel Mühe entwickelt, internationale Spitzenwerte verkörpernd hatte der B 1100, aus welchen Gründen auch immer, keine Chance, über den Prototyp hinauszukommen.

Jürgen Rehm und Heinrich Schmieder. Bevor Barkas für immer seine Pforten schließen musste, sicherten sie nicht nur ihr Traumauto B 1100, sondern auch viele ältere Fahrzeuge, die in Frankenberg und Hainichen in Scheunen und Schuppen abgestellt waren. Die Schar der Interessenten und Helfer wuchs. Manche Arbeit ließ sich über ABM regeln, viele Stunden blieben unbezahlt. Bürgermeister und Stadtverwaltung Frankenberg unterstützten die Barkas-Enthusiasten. Als 1991 18 Fahrzeuge aus den Beständen von Barkas offiziell an die Stadt übergeben wurden, war zunächst das Rettungswerk vollendet. Nun galt es, Räume für ein Museum zu finden und die Fahrzeuge für eine Ausstellung vorzubereiten. Richter, Schmieder und die anderen gründeten den Förderverein Fahrzeug-Museum und arbeiteten unverdrossen weiter. Endlich bot sich das Untergeschoss einer Turnhalle als bestmöglicher Platz für die Ausstellung an. Vereinsmitglieder und ABM-Kräfte richteten die Räume her, reparierten Drei- und Vierrad-Transporter, nahmen Teile mit nach Hause und setzten sie im Hobby-Keller instand, restaurierten jedes Stück originalgetreu und zauberten neuen Glanz auf die Oldtimer. Oft musste der Verein betteln

gehen, denn von den Mitgliedsbeiträgen konnten sie nicht viel kaufen. In der heißen Phase vor der Eröffnung leisteten die Auto-Service Bauer, Auto Kunze und andere Handwerksbetriebe wertvolle Hilfe. Seit dem 9. August 1996 konnten sich nun schon Tausende Besucher überzeugen, was der Verein und seine Helfer geschaffen haben. Alle Grundtypen von Framo und Barkas seit 1927 bis 1991 haben einen Platz in der Turnhalle gefunden. Da ist der erste dreirädrige Lieferwagen des Typs DKW mit sieben PS, der bis 1928 tausendmal gebaut wurde, ebenso zu sehen wie der letzte B 1000 mit Viertaktmotor, der am 11. 4. 1991 mit schwarzem Trauerflor in Hainichen vom Band rollte. Modelle, Schautafeln und Vitrinen informieren den Besucher über die Anfänge in Zschopau und Frankenberg, die Verlagerung nach Hainichen, drei Jahrzehnte B-1000-Produktion und vieles mehr. Schon denken Heinz Schmieder und die anderen über einen Anbau nach, denn noch manches Schätzchen sächsischer Fahrzeugbauer wartet in Außenlagern auf den Tag, an dem es jungen und alten Automobilbauern präsentiert werden kann.

Werner Beckmann

Chronik 1981–1990

4. 1. 1982 Dr. Carl H. Hahn ist neuer Vorstandsvorsitzender der Volkswagenwerke AG
20. 8. 1982 Die Transit-Autobahn Hamburg – Berlin wird eröffnet
Januar 1984 VW stellt seinen neuen Jetta vor
1. 1. 1985 In den USA wird eine zusätzliche und hochgestellte Bremsleuchte Pflicht
1985 VW streicht den traditionsreichen Namen NSU (für Neckarsulm) aus der Firmenbezeichnung

18. 1. 1985 Erstmals wird in der Bundesrepublik Smogalarm der Stufe III ausgerufen (totales Fahrverbot)
21. 2. 1986 VW erwirbt den spanischen Automobilhersteller SEAT
1987 Rekordjahr für deutsche Automobilhersteller: 4,63 Millionen neue Automobile
23. 3. 1987 In Wolfsburg läuft der 50.000.000ste Volkswagen vom Band

Juli 1987 BMW krönt seine 7er-Reihe mit dem neuen 750i, dem ersten deutschen Zwölfzylinder seit 50 Jahren
21. 5. 1990 In Mosel läuft der 3.000.000ste Trabant vom Band, das erste Modell mit Viertakt-Otto-Motor von VW
26. 9. 1990 Grundsteinlegung für das Werk Mosel der Sächsischen Automobil GmbH

1991–
2000

1991–2000 Autos wurden gebaut in Sachsen, keiner wollte sie mehr haben. Die traditionelle Fahrzeugindustrie brach zusammen. Mit der Einführung der D-Mark sahen sich die Autohersteller und MZ von einem Tag auf den anderen der internationalen Konkurrenz ausgesetzt. Unmöglich, selbst bei Niedriglöhnen zu den dort herrschenden Preisen zu produzieren! Investitionsaufschübe und dadurch ausbleibende Erneuerungen rächten sich jetzt auf bittere Weise. Einzig MZ gelang es, durch Firmenneugründung und einer auf die Freizeitgesellschaft zielenden Firmenphilosophie, den Anschluss an den internationalen Markt zu halten. Die anderen Fahrzeugproduzenten mussten die Fertigung einstellen. Wen es nicht betraf im wiedergegründeten Freistaat Sachsen, der nahm vorerst wenig Notiz davon. Zu vielfältig und bunt waren die neuen Eindrücke. Die Wirtschaft eines ganzes Landes musste von Grund neu aufgebaut werden. Nicht immer legten Verantwortliche das nötige Augenmaß an den Tag. Mancher erlebte erstmals die Schattenseiten der neuen Gesellschaftsordnung. Plötzlich bekam die eigene Geschichte Bedeutung. Der Kauf eines neuen Autos enthob die Menschen nicht ihres Lebenslaufs.

Die Dinge brauchten ihre Zeit, der Nachholebedarf war groß, auch im Verkehrswesen. Es galt Straßen zu bauen, Tankstellen zu errichten, Vertragswerkstätten umzurüsten oder neu zu gründen. Erste Firmen verlegten Niederlassungen nach Sachsen. Mit dem neu errichteten VW-Werk in Mosel knüpfte ein weltweit führender Konzern an die große sächsische Fahrzeugtradition an. Ein Zeichen auch in moralischer Hinsicht. Weitere Investoren siedelten sich an, die Zulieferbetriebe erhielten neue Impulse, neue Arbeitsplätze entstanden. Das Auto eroberte sich nun auch hier seinen Platz, mit all seinen Begleiterscheinungen. Als Transportmittel und Produktionszweck, als Freizeitgerät, Arbeitsplatz, Refugium und Statussymbol ist es in der modernen auf Mobilität beruhenden Gesellschaft unentbehrlich geworden. Seine Entwicklung spiegelt menschliche Träume und Sehnsüchte, aber auch das Wogen der Zeit, das Geflecht der Kausalketten, kurz den gesamten fortschreitenden Prozess der menschlichen Entwicklung wider.

Seite 193:
Auf vollen Touren.
Die Automobil-
industrie in
Sachsen brummt
wieder.

ADRIA (Kamenz) ALGE (Leipzig) ARI (Plauen) ATLAS (Leipzig) AUDI (Zwickau) AVOLA (Leipzig) BAMO (Bautzen) **BARKAS** (Hainichen/Chemnitz) BECKER (Dresden) CHEMNITZER MOTORWAGENFABRIK (Chemnitz) DIAG (Leipzig) DIAMANT (Chemnitz) DKW (Zschopau) DUX (Leipzig) EBER (Zittau) EISENHAMMER (Thalheim) ELFE (Leipzig) ELITE (Brand-Erbisdorf) ELSTER (Mylau) ESWECO (Chemnitz) FRAMO (Frankenberg/Hainichen) GERMANIA (Dresden) HARLÉ (PLauen) HASCHÜTT (Dresden) HATAZ (Zwickau) HEROS (Nieder-oderwitz) HIECKEL (Leipzig) HILLE (Dresden) HMW (Hainsberg) HORCH (Reichenbach/Zwickau) HUY (Dresden) IDEAL (Dresden) JCZ (Zittau) JURISCH (Leipzig) KFZ-WERK „ERNST GRUBE" (Werdau) KOMET (Leisnig) KSB (Bautzen) LAUER & SOHN (Leipzig) LEBELT (Wilthen) FAHRRAD- UND MOTORWAGEN-FABRIK (Leipzig) LIPSIA (Leipzig) LOEBEL (Leipzig) MAF (Markranstädt) MAFA (Marienberg) MELKUS (Dresden) MOLL (Tannenberg) MOTAG (Leipzig) **MZ** (Zschopau) **MuZ** (Zschopau) **MZ-B** (Zschopau) NACKE (Coswig) **NEOPLAN** (Plauen) NETZSCHKAUER MASCHINENFABRIK (Netzschkau) OD (Dresden) OGE (Leipzig) ORUK (Chemnitz) OSCHA (Leipzig) PEKA (Dresden) PER (Zwickau) PFEIFFER (Rückmarsdorf) PHÄNOMEN (Zittau) PILOT (Bannewitz) **PORSCHE** (Leipzig) POSTLER (Niedersedlitz) PRESTO (Chemnitz) REISIG/MUK (Plauen) RENNER (Dresden) **ROBUR** (Zittau) RUD (Dresden) **SACHSENRING-AWZ** (Zwickau) SATURN/STEUDEL (Kamenz) SCHIVELBUSCH (Leipzig) SCHMIDT (Fischendorf) SCHÜTTOFF (Chemnitz) SPHINX (Zwenkau) STEIGBOY (Leipzig) STOCK (Leipzig) TAUTZ (Leipzig) TIPPMANN & CO (Dresden) UNIVERSELLE (Dresden) VOGTLAND-WAGEN (Plauen) VOMAG (Plauen) **VW** (Mosel/Dresden) WANDERER (Chemnitz) WELS (Bautzen) WOTAN (Chemnitz/Leipzig) ZEGEMO (Dresden) ZETGE (Görlitz) ZITTAVIA (Zittau)

Der Glücksfall war die Partnerschaft

Von einer verborgenen ingenieurtechnischen Meisterleistung

Die Partnerschaft war ein Geheimnis. Im Barkas-Echo jedenfalls suchen wir vergeblich nach den beiden Buchstaben VW oder dem Wort Volkswagen. Das Barkas-Echo war einst „Organ der Betriebsparteiorganisation des VEB Barkas-Werke Karl-Marx-Stadt", und vielleicht wollte diese Partei ja partout nicht wahrhaben, dass es ausgerechnet der kapitale Klassenfeind aus dem Westen war, der Trabant und Wartburg das Knattern austreiben würde.

Seit Anfang der 8oer Jahre verhandelten hochrangige Vertreter des IFA-Kombinates mit den Abgesandten der Wolfsburger Volkswagen AG hinter schalldichten Türen in Berlin. Aber das „Alpha-Projekt", das später im Barkas-Echo „Vorhaben Antriebsaggregat" heißen sollte und im Grunde nichts anderes war, als der Beginn einer Partnerschaft, die nicht mal ein Jahrzehnt später eine ganze Region vor dem Ruin retten sollte.

Wolfgang Schindler baut seit 33 Jahren Motoren. Die kleinen, knatternden Zweitaktmaschinen zuerst, als das fast 100 Jahre alte Motorenwerk am Ufer der Chemnitz noch in Karl-Marx-Stadt stand und niemand sich vorstellen konnte, dass die Stadt eines Tages wieder wie der Fluss heißen würde und Motoren dann von Maschinen gebaut werden, die genauso funktionieren: tagaus-tagein im gleichen Takt. Wolfgang Schindler ist Schichtmeister an solch einer Maschine, der knapp 150 Meter langen Fertigungslinie für Zylinderkurbelgehäuse, kurz: ZKG. Kennen gelernt haben sich die beiden, also Mensch und Maschine, 1986. Seit zwei Jahren schon wurde in dem Motorenwerk eine riesige Halle aus Stahl und Beton aus dem Boden gestampft. Die tonnenschweren VW-Anlagen, auf denen die 1,1- und 1,3-Liter-Viertaktmotoren gefertigt werden sollten, brauchten außer Platz auch stabile und millimetergenau ebene Böden, die es bislang in diesem Werk nicht gab. Schindler gehörte im Sommer 1986 zu jenen 120 Barkas-Werkern, die den Maschinen nach Hannover und Salzgitter entgegenfuhren, um sie verstehen zu lernen. Am Montag hin, am Freitag zurück, ein halbes Jahr lang. „Klar, war das

alles beeindruckend", sagt er, „aber wir haben den Mund auch wieder zugekriegt." Nur am Rande sei bemerkt, dass keiner der Gastarbeiter aus dem Osten damals im Westen blieb.

Am 31. August 1988 begann schließlich die Serienfertigung von VW-Viertaktmotoren im Barkas-Motorenwerk Karl-Marx-Stadt, und die damals schon ausgelaugte DDR-Wirtschaft hatte knapp zehn Milliarden Mark in diesen Kraftakt investiert, der aus Wartburg und Trabant neue Autos machen sollte: Etwa drei Viertel aller Trabi-Teile mussten dem neuen, viel zu starken Herzen, das im Viervierteltakt schlug, angepasst werden. Eine ingenieurtechnische Meisterleistung war das, die jedoch unter der inzwischen nur noch spöttisch belächelten Plaste-Karosse verborgen blieb.

Ein Jahr später war die DDR bankrott. Trabant und Wartburg starben trotz neuer Herzen den schnellen Tod, und viele der damals etwa 15.000 Autobauer zwischen Chemnitz und Zwickau fragten sich verzweifelt, was die Zukunft bringt, jetzt, da plötzlich keiner mehr ihre Autos kaufen wollte. Wolfgang Schindler an seiner ZKG-Linie hat sich das nie gefragt. „Wir hatten eigentlich immer das Gefühl, dass es weitergeht und wir haben immer produziert." Der Glücksfall war die Partnerschaft. Und die Tatsache, dass von Anfang an ein Großteil der auf den VW-Anlagen in Karl-Marx-Stadt produzierten Motoren zurück nach Wolfsburg geliefert und dort in Golf und Polo eingebaut wurden. Aus der Partnerschaft wurde zunächst eine gemeinsame Firma, die in Mosel nahe Zwickau, in der fast fertigen neuen Trabi-Montagehalle, ein Auto der Polo-Klasse bauen wollte. Doch die Rechnungen gingen nicht auf und deshalb wurden neue, größere aufgemacht: Ein Automobilwerk, so modern und zukunftsweisend wie kein anderes in Deutschland, wollte VW in Sachsen errichten. Im Herbst 1990 wurde in Mosel der Grundstein für das Montagewerk gelegt, zwei Jahre spä-

ter in Chemnitz der für die Motorenfertigung. Und wieder rückten die Bagger an. Diesmal, um abzureißen und Platz für das Neue zu schaffen. Nichts blieb stehen, außer jener Halle, die 1984 für die VW-Maschinen gebaut worden war. Annähernd 3,5 Milliarden Mark hat die Volkswagen AG bis heute in ihr sächsisches Standbein investiert, das längst zur tragenden Säule geworden ist: für den Konzern selbst und auch für die annähernd 20.000 Menschen, die in den beiden Werken und in der Zulieferindustrie ringsum Arbeit gefunden haben. Wolfgang Schindler ist seiner ZKG-Linie all die Jahre treu geblieben. Auch wenn die inzwischen ein lärmender Oldtimer ist, und die Arbeiter nebenan, entlang der neuen Motoren-Montagelinie, längst weiße Hosen und Westen tragen, um zu zeigen, wie sauber hier jetzt gearbeitet wird. Schindler trägt Blau und ist stolz darauf, dass an seiner Linie der Motor geboren wird.   *Matthias Behrend*

Der dreimillionste Trabant war zugleich eines der ersten Viertaktmodelle. Zugleich lief der erste montierte Polo in Zwickau vom Band.

Mauer weg –
Markt weg –
Arbeit weg

Neuanfang bei MZ mit Hindernissen

1990: Die Mauer ist gefallen, die meisten „Ossis" haben die Brüder und Schwestern im, wie sich erweist, nicht ganz so goldenen Westen besucht. Die DDR-Wirtschaft gerät auf den Prüfstand. Die Situation bei MZ: 3200 Menschen in Lohn und Brot, darunter einige 100 Kollegen aus dem Ausland und 350 Lehrlinge. Die Aufbauhilfe Ost soll in Form von Mitarbeitern japanischer Marken und von BMW kommen, eine Zusammenarbeit geprüft werden.

Die Einführung der Deutschen Mark stellt MZ vor Existenzprobleme. Die Auftragslage ist gut, die Kunden kommen jedoch überwiegend aus Osteuropa. Polen, Ungarn, Bulgarien und auch die CSFR können nicht in konvertierbarer Währung zahlen. Am 1. September wird der VEB MZ in eine GmbH umgewandelt, einziger Gesellschafter ist die Treuhand Berlin. Auf der Leip-

Bange Frage der MZ-Beschäftigten in der Nachwendezeit: Wie geht es weiter und wohin?

ziger Messe und der IFMA versucht MZ, mit verbesserten Modellen und den ersten Viertaktern Fuß zu fassen. Im Herbst kommt der Präsident von Suzuki nach Zschopau. Ein Vertrag über den Bau von Enduro-Maschinen steht zur Debatte. Doch eine Einigung mit der Treuhand kommt nicht zu Stande.

Die Situation verschärft sich, längst ist MZ zum Politikum geworden – und zum Identifikationsobjekt für eine ganze Region. 1991 sind noch knapp 2000 Frauen und Männer im Werk beschäftigt, kaum eine Zschopauer Familie, die nicht irgendwie mit MZ verbunden ist. Doch die Wende hat die Marktlage für MZ dramatisch verändert: Der „Ostmarkt" zusammengebrochen, im Inland werden kaum noch Zschopauer Motorräder abgesetzt. Die zuverlässigen Maschinen waren in der DDR-Mangelwirtschaft jahrzehntelang auch eine Alternative zum Auto. Plötzlich aber wird Motorradfahren zum Hobby und die MZ zur Randerscheinung auf dem vor allem von Japanern dominierten Markt. Für das verlängerte Geschäftsjahr von Juli 1990 bis Dezember 1991 weist das Werk zwar noch einen Umsatz von 146 Millionen Mark aus, der Verlust – begünstigt von Umständen, die nicht allein beim Motorradwerk liegen – beläuft sich jedoch auf 81 Millionen Mark. Am 15. November 1991 legt die Treuhand ein Sanierungskonzept vor. Es gibt lediglich 250 Mitarbeitern eine Chance in der Motorradproduktion. Doch auch dies ist kurz darauf hinfällig. Als Ende November der letzte Kaufinteressent für das Unternehmen abspringt, beschließt die Treuhand am 18. Dezember die Liquidation des Werkes – das Entsetzen ist groß. Der MZ-Betriebsratsvorsitzende André Hunger wirbt beim sächsischen Ministerpräsidenten Kurt Biedenkopf um die Gnadenfrist von einem halben Jahr, in dem die MZ GmbH beweisen will, dass sie in der Marktwirtschaft lebensfähig ist. In Zschopau (später auch in der Landeshauptstadt Dresden) wird wieder demonstriert – nun für den Erhalt des Werkes, das die Region ein dreiviertel Jahrhundert lang geprägt hat. In den Zschopauer Familien geht die Angst vor der Zukunft um. Mit dem Mut der Verzweiflung und mit Billigung der kompromissbereiten IG Metall verzichtet die MZ-Belegschaft für ein halbes Jahr auf zehn Prozent ihres Lohnes, um das Geld dem Werk als zinslosen Kredit zur Verfügung zu stellen. So erwirken die Zschopauer durch ein persönliches Opfer einen weiteren Aufschub: MZ darf sich bis 30. Juni 1992 noch einmal beweisen. Kurz bevor die Galgenfrist ausläuft, akzeptiert die Treuhand ein Sanierungskonzept für die neu zu gründende Motorrad- und Zweiradwerk GmbH MuZ, deren Geschäftsführer Petr-Karel Korous wird. Doch der Preis für die Zschopauer ist hoch: Ganze 80 Mitarbeiter bauen zunächst noch Motorräder. Aber ohne

diesen Preis jedoch gäbe es heute wahrscheinlich gar kein Motorradwerk mehr in Zschopau.

Im Januar 1993 wird auf Schloss Augustusburg die vom britischen Designer-Team Seymour/Powell entworfene und mit internationalen Preisen (London, New York) überhäufte Skorpion vorgestellt. Außerdem drängt witzig-frech Charly, der Elektroroller, auf den Markt. Korous definiert die neue Firma MuZ unter anderem mit „Mut und Zuversicht" sowie „Motorräder unserer Zukunft". Die Zukunft beginnt in Hohndorf. Der Umzug an den neuen Standort läuft auf Hochtouren. Mit einer Saxon Sportstar (125 Kubikzentimeter) wird das Kapitel der Produktion im Dischautal, Rasmussens einstigem Startplatz für den Durchmarsch an die Weltspitze, am 7. Februar 1994 beschlossen. Im April beginnt die Produktion am neuen Standort. Am alten sind bis dahin rund 3,2 Millionen Motorräder unter den Markenzeichen DKW, IFA und MZ auf die Räder gestellt worden.

In Sachen Rennsport regt sich etwas. 1993 startet MuZ in der Sound of Singles (SoS). Nahezu zeitgleich regt sich ein Pflänzchen, das längst verstorben schien. Eine kleine Geländefahrt

Serge Rosset arbeitete 1998 erfolgreich mit dem MZ-Grand-Prix-Team.

Designstudie Kobra mit 850 Kubikzentimeter – Yamaha-Motor (1994)

unter Organisation des EMC Witzschdorf. Es ist der Grundstein für ein beeindruckendes Comeback von „Rund um Zschopau".

Doch dem Motorradhersteller wird die Luft zunehmend knapper. Korous sucht weltweit Investoren für die junge Firma. Bereits Ende des Jahres 1995 wird mit der malaysischen Hong Leong Industries Berhad verhandelt. Aber erst im zweiten Halbjahr 1996, nachdem Korous am 12. Juli die Gesamtvollstreckung beim Amtsgericht Chemnitz beantragen muss, entscheidet sich der Einstieg der Asiaten. Sequester Dr. Bruno M. Kübler, der bereits AEG sanierte, ist offenbar ein Glücksgriff. Entgegen politischer Unkerei stehen die Malaysier unter Führung von Ron Lim Kim Chai zu ihrem Wort.

1996 folgt ein interessantes Signal aus dem Altwerk. Die MZ-B Fahrzeug GmbH Zschopau, eine Tochter des ehemaligen MZ-Zweigwerkes

Die Scorpion Traveller ist heute noch im Programm von MZ. Die Maschine hat sich besonders unter Reisenden einen Namen gemacht.

in Berlin, stellt die RT 125 Classic vor. 1997 präsentiert MZ-B den altehrwürdigen Namen Horex. Es bleibt eine Episode.

Im Jubiläumsjahr 1997 stellt MuZ zwei Neue vor, ein Funbike namens Mastiff und eine Alltagsenduro namens Baghira. Am 22. Oktober gibt MuZ nach über 20-jähriger Abstinenz die Rückkehr in die Motorrad-WM bekannt. Wie im Märchen fügt es sich, dass 1998 der (neue) Sachsenring wieder in den Grand-Prix-Zirkus aufgenommen wird. Das MZ-Team wurde vom Franzosen Serge Rosset geleitet.

Nach den Topp-Veranstaltungen der Vorjahre mit Zuschauerzahlen bis zu 50.000 gründet sich 1999 mit dem MSC „Rund um Zschopau" e.V. im ADAC eine ehrenamtlich arbeitende Veranstaltergemeinschaft, die die Traditionen dieses Geländesport-Klassikers fortsetzt. Eurosport spricht 1999 vom weltbesten Endurolauf, und der weltbeste Endurofahrer des Jahres 2000, Stefan Merriman (Australien) meint: „Hier schlägt das Herz des Endurosports." Viele junge Fahrer der Region kämpfen um den Anschluss an die Weltspitze, allen voran Marko Barthel (Flöha) und Christoph Seifert (Hilmersdorf).

Im Oktober 1999 folgt die Rückbesinnung auf die Geschichte: MZ is back. Im Jahr 2000 kommt ein eigenentwickeltes Motorrad: Die RT 125. Kurioserweise gewinnt ausgerechnet ein Däne – wie der Firmengründer Rasmussen – den MZ-Cup 2000.

Geschichte kehrt also doch wieder.

Matthias Zwarg und Matthias Heinke

Namensgebung. *Mit originellen Namen wird oft der Autocharakter festgelegt. VW hat eine Vorliebe für das Spiel der Winde: „Passat", „Scirocco". Fiat leiht in der Tierwelt aus: „Panda". Renault: „Fuego" (Feuer). Nobelfirmen (Mercedes und BMW) machen ihre Modelle durch Zahlen deutlich.*

Mit dem Uni 1 Gesicht gezeigt

Trabi-Schmiede hat sich
als Systemzulieferer profiliert

Es hätte kein schönerer Tag sein können, an dem die Sachsenring Automobiltechnik AG aus Zwickau ihr Gesicht gezeigt hat. Die Sonne strahlte vom blauen Himmel über dem Sachsenring, den das gleichnamige Unternehmen bewusst als Kulisse gewählt hatte, um mit einem eindrucksvollen Spektakel die automobile Zukunft zu präsentieren: Ein Auto, entwickelt und montiert in Zwickau mit dem schwungvollen Sachsenring-S am Kühlergrill und – was zwar nicht bedeutender aber wichtiger ist – mit einem Einwellen-Parallel-Hybrid-Antrieb, der mit Elektro- oder Verbrennungsmotor oder auch mit bei-

den zugleich bewegt werden kann sowie mit einer Aluminiumkarosserie, die das Auto zum Leichtgewicht macht. „Uni 1" heißt dieses Auto, von dem es drei Prototypen gibt, die an jenem sonnigen 1. September 1998 auf dem Sachsenring den Elchtest mit Bravour bestanden haben, an dem zuvor sogar ein Stern verblasst war.

Gut zwei Jahre sind vergangen seit jenem sonnigen Septembertag, als der Sachsenring-Vorstand Jürgen Rabe noch zuversichtlich war, dass dieser „Uni 1" irgendwann auch in Serie gebaut werden würde. Zugleich aber betonte der besonnene Manager schon damals, dass Serienreife nicht gleich Serienstart sei. Inzwischen ist klar, dass die Sachsenring AG den „Uni 1" nicht bauen wird. „Zirka 350 bis 400 Millionen Mark würde es kosten, eine eigene Marke am Markt zu platzieren", schätzt Rabe. Ein nicht zu bewältigender Kraftakt für den Konzern, der sich auf den Grundmauern der alten Trabi-Schmiede seit

Die drei Prototypen des Uni 1 (Pickup, Van, Taxi), die am 1. September 1998 auf dem Sachsenring mit Bravour den Elchtest bestanden haben. Inzwischen stehen sie gut verpackt auf dem Gelände der Sachsenring AG in Zwickau.

1993 als Systemzulieferer für die Automobilindustrie profiliert hat und der inzwischen jährlich 450 Millionen Mark umsetzt. Dagegen sind
die 14 Millionen Mark, die innerhalb von drei
Jahren für die Entwicklung des „Uni 1" ausgege-
ben wurden, wirklich nur Peanuts gewesen, zumal der Freistaat Sachsen fast zwei Drittel dieser Summe beigesteuert hat.

Die drei Prototypen – ein Pickup, ein Van und
ein Taxi nach englischem Vorbild" stehen der-
zeit verhüllt auf dem Sachsenring-Firmenge-
lände in Zwickau. Was aber nicht heißt, dass der
„Uni 1" nur ein Fall fürs Abstellgleis ist. Mehr als
40 Patente sind ein Ergebnis der Tüftelei und haben der Sachsenring AG immerhin so lukrative
Aufträge beschert, wie die Entwicklung und Her-

stellung der superleichten LKW-Fahrerkabine
Econic für Daimler-Chrysler. Hier wird die sogenannte Spacecage-Technologie angewendet, bei
der Aluminiumprofile zum Karosseriegerippe
verschweißt und mit Aluminiumblechen oder
Kunststoffteilen beplankt werden. Oder die mobile Emissionsmessung, bei der Schadstoffwerte
im Auspuff permanent gemessen und auf eine
Chipkarte gebannt werden, die dann Grundlage
für die Berechnung einer wirklich schadstoffab-
hängigen KFZ-Steuer sein könnte. Es ist kein Geheimnis, dass Siemens oder Daimler-Chrysler
fieberhaft an ähnlichen Projekten arbeiten.

Das aufsehend erregende Spektakel im September 1998 war ganz sicher wichtig. Für die
Sachsenring AG zunächst, die mit dem „Uni 1"
ihr Gesicht gezeigt und dabei mehr als nur ein
Auto präsentiert hat. Und natürlich auch für die
Menschen hierzulande, die bewiesen haben, dass
der Trabant kein Schlusskapitel gewesen sein
muss für eine Region, in der ein großes Stück ge-
samtdeutscher Automobilbautradition begründet liegt.
Matthias Behrend

Montage von Bau-
gruppen, die für
das Werk Mosel
bestimmt sind.

Das Rückgrat

Zulieferindustrie in Sachsen
bündelt ihre Kräfte

Die Kundenliste der UFT Stanz- und Schmiedeteile GmbH & Co. KG im vogtländischen Unterheinsdorf ist lang. Das mittelständische Unternehmen mit 65 Mitarbeitern stellt komplizierte Tiefziehteile für den Automobilbau her. Weil die Umformtechniker von Anfang an auf Qualität bei ihren hochpräzisen Blechumformteilen setzten, ist das Interesse der Automobilindustrie groß. Von Audi, über den Gelenkwellenhersteller GKN, einige Tochterunternehmen von General Motors bis hin zu Volkswagen reicht die Kundenliste. Jährlich werden in Unterheinsdorf nahe Reichenbach Teile für rund sieben Millionen Autos produziert. Doch das ist längst nicht das Ende der Fahnenstange. Das Unternehmen steht vor einem Wachstumsschub. „Die Strukturveränderungen in der Automobilindustrie erfordern auch bei den Zulieferern eine höhere Leistungsfähigkeit", sagt UFT-Geschäftsführer Werner Wackershauser. Rund vier Millionen Mark hat der Zulieferer aus dem Vogtland dafür in den vergangenen Monaten investiert. „Das ist eine gute Basis für das angestrebte Wachstum", ist sich Wackershauser sicher.

Szenenwechsel. Die riesigen Pressen im Zwickauer Presswerk von Tower Meleghy arbeiten auf Hochtouren. Das Unternehmen mit 360 Mitarbeitern stellt Karosserie- und Fahrwerkteile sowie Schweißbaugruppen für die Automobilindustrie her. In den vergangenen Jahren wurden in Zwickau über 100 Millionen Mark in die Produktionsanlagen investiert. Heute fertigt das Presswerk für nahezu sämtliche europäischen Autohersteller. Die ursprünglich als Familienunternehmen geführte Firmengruppe Dr. Meleghy aus Bergisch-Gladbach hat ihre Konsequenzen aus der zunehmenden Globalisierung der Automobilindustrie gezogen. Seit Februar 2000 gehört auch das Presswerk in Zwickau zum weltweit agierenden US-amerikanischen Automobilzulieferer Tower Automotive. „Mit der Übernahme von Meleghy sind wir auf dem wichtigen deutschen Markt jetzt gut vertreten", versicherte Tower-Chef Dugald K. Campbell bei der Bekanntgabe der Übernahme. Für Zwickau soll die Zusammenarbeit im größeren Verbund der Tower-Gruppe zusätzliche Aufträge bringen.

Seinen eigenen Zulieferverbund hat sich die Volkswagen Sachsen GmbH in Zwickau-Mosel geschaffen. 14 so genannte Modullieferanten stehen bereit, um fertige Komponenten für den VW-Golf oder den Passat an das Band im Fahrzeugwerk zu liefern. Bei diesem Logistik-Konzept führt der Faktor Zeit die Regie. So hat beispielsweise der Modullieferant VDO in Zwickau-Crossen genau 200 Minuten Zeit, zwischen dem Einlauf einer lackierten Karosse in der Montage und dem Eintreffen dieser Karosse am entsprechenden Einbautakt, das passende Cockpit zu fertigen und zu liefern. Dabei müssen die jeweils speziellen Kundenwünsche für das betreffende Auto berücksichtigt werden. Das prozessbedingte Zeitmanagement, das dem Fabrikkonzept von VW in Zwickau-Mosel zugrunde liegt, hat die Zusammenarbeit von Zulieferer und Fahrzeughersteller verändert. Auf jedes Problem, jede Störung muss sofort und schnell reagiert werden. Ansonsten würde der gesamte regionale Produktionsverbund zum Stillstand kommen. „Die Ergebnisse im Werk

Herzschrittmacher. Der dreimillionste Trabant läuft vom Band. Der umweltschädliche Zweitakter wurde gegen einen Viertakter von VW eingetauscht. Urteil der Fans: „Der Trabi mutierte von der Gehhilfe zur Mumie mit Herzschrittmacher"

Mosel zeigen, dass ein Produktions- und Logistik-Netzwerk die Störanfälligkeit nicht erhöht", freut sich Dr. Werner Olle, Leiter Logistik und Beschaffung bei VW-Sachsen, über die guten Ergebnisse der „Produktion in Partnerschaft". Längst gilt die Fahrzeugproduktion bei VW-Sachsen als Musterfall für die flexible und schnelle Automobilfabrik der Zukunft. Eine Erfolgsstrategie, die auf einem neuen Verständnis von Arbeitsteilung und Partnerschaft beruht.

Die Umformtechniker aus Unterheinsdorf, das Tower-Meleghy-Presswerk in Zwickau und der Volkswagen-Modullieferant VDO in Crossen sind Beispiele für die Vielfältigkeit der Automobilzulieferer in Sachsen. Vom Rollbolzen am Fahrersitz bis zum komplizierten Airbag, von der Gelenkwelle bis zur Anhängerkupplung, vom Getriebeteil bis zum kompletten Motor, es gibt kaum ein Bauteil im Fahrzeug, das nicht irgendwo in Sachsen hergestellt wird. Mehr als 400 Betriebe im Freistaat arbeiten für die Automobilindustrie. Zu der Branche zählen deutlich mehr als 40.000 Beschäftigte. Die Struktur der Unternehmen ist genauso vielfältig wie das Produktionsprogramm. Von dem vom Inhaber geführten Kleinbetrieb im Erzgebirge, dem Mittelständler im Vogtland bis zur Konzerntochter in Zwickau reicht die Palette der Betriebe, die sich in den vergangenen Jahren zumeist dynamisch entwickelt haben. Und das Wachstum in diesem Sektor ist längst nicht zu Ende. Die Entscheidung von Porsche für einen Standort in Leipzig und die Gläserne Manufaktur des Volkswagen-Konzerns in Dresden geben dem Automobilbau in Sachsen neue Impulse. „Wir sehen eine positive Zukunft für die Automobilindustrie in Sachsen", sagt der Präsident des Verbandes der Automobilindustrie, Bernd Gottschalk. Die Zulieferer sind zu einem wichtigen Rückgrat der sächsischen Industrie geworden.

Die Firma Grupo Antolin in Crimmitschau hat sich als Zulieferer von Teilen für die Innenausstattung von PKW etabliert.

Die Renaissance dieser Branche entstand aus einer Mischung von Anknüpfen an alte Industrietraditionen, gezielter Wirtschaftsförderung und Unternehmergeist. Nicht zuletzt waren die Investitionsentscheidungen von VW für das Fahrzeugwerk in Zwickau-Mosel und das Motorenwerk in Chemnitz ein Schlüsselfaktor für die Wiederbelebung des Industriezweiges. Trotz der Erfolge der vergangenen Jahre und positiver Zukunftsaussichten stehen die sächsischen Partner der Automobilindustrie allerdings weiterhin vor großen Herausforderungen. Die Fusionswelle der Automobilhersteller, immer kürzere Produktzyklen und die Globalisierung im Beschaffungswesen erfordern neue Strategien. Bereits 1999 wurde deshalb die Verbundinitiative „Automobilzulieferer Sachsen 2005" (AMZ) ins Leben gerufen. Damit reagiert die Branche auf die steigenden Anforderungen der Automobilhersteller, die zunehmend auf die Abnahme fertiger Komponenten und die Entwicklungskompetenz der Zulieferer setzen. Mit der vom sächsischen Wirtschaftsministerium angeregten Verbundinitiative sollen mittels produktbezogener Projekte die Kompetenzen für jedes Fahrzeugmodul in Sachsen aufgebaut und gebündelt werden. AMZ-Projektmanager Dr. Volkmar Vogel ist überzeugt: „Die Automobilhersteller erkennen, dass wir in Sachsen uns wieder auf unsere Tradition als Autoland besinnen und daraus Kraft für die aktuellen Herausforderungen schöpfen."

Die weitere Reduzierung der Fertigungstiefe bei den großen Automobilherstellern könnte für die sächsische Zulieferindustrie die Chance für eine neue Wachstumsphase sein. Sie führt zu Produktionsverlagerungen in diesem Sektor. „Die Zulieferer müssen sich rechtzeitig positionieren, um zusätzliche Wertschöpfungsanteile der Automobilindustrie nach Sachsen zu holen", meint Vogel. Die Bildung konkreter Produktionsnetze, die mit innovativen Produkten neue Akzente setzen, ist dafür ein geeigneter Weg. Durch die Schlüsselinvestitionen des Volkswagenkonzerns in Sachsen haben zahlreiche Zulieferer bereits Erfahrungen mit den Anforderungen moderner Logistikkonzepte der sich wandelnden Automobilindustrie, die eine verstärkte Prozessverantwortung ihrer Partner erfordert. Der Zusammenarbeit sächsischer Unternehmen als Modul- und Systemlieferanten wird die Zukunft gehören.

Gute Voraussetzungen für innovative Konzepte gibt es in Sachsen nicht zuletzt durch die Präsenz eines weiteren Wirtschaftszweiges, der eng mit der internationalen Automobilindustrie verbunden ist. Der Werkzeug- und Sondermaschinenbau in Südwestsachsen gilt als wichtige strategische Komponente zur Weiterentwicklung auch der Automobilindustrie. So gehört beispielsweise der Chemnitzer Maschinenbauer Niles-Simmons zu den Basislieferanten der Power Train Division des US-Autobauers General Motors. Auch für Starrag-Heckert ist die Automobilindustrie wie für zahlreiche Maschinenbau-Unternehmen in Sachsen einer der Hauptkunden. Denn zu neuen Fertigungsmethoden gehören meist auch neue Maschinenkonzepte. Die sächsischen Maschinenbauer haben sich nach einem beispiellosen Strukturwandel für die Bewältigung dieser Aufgabe ebenfalls gut positioniert. *Christoph Ulrich*

Bibendum. *Die Brüder Michelin suchten lange nach einem einprägsamen Werbeträger für ihre Reifen. Der Anblick verschiedener übereinander gestapelter Reifen erinnert sie an Gambrinus, den dicken Schutzheiligen der Bierbrauer. Werbezeichner O'Galop machte daraus das Michelin-Männchen. Der lateinische Trinkspruch „Nunc est bibendum" („Nun muss getrunken werden", Glasscherben und Nägel, nämlich) verkündet nicht nur was Michelin-Reifen alles wegstecken können, er gab dem Männchen auch seinen Namen: Bibendum oder kurz Bib.*

Wann kommt die Brennstoffzelle?

Auf der Suche nach der Alternative

Auf den Philippinen lebt ein Mann, der Ungeheuerliches behauptet. „Mein Toyota fährt mit gewöhnlichem Wasser", sagt Daniel Dingel in einer großen deutschen Autozeitung. Und tatsächlich gibt es bei seinem Corolla angeblich keinen Hinweis auf das Verbrennen von fossilen Brennstoffen. Nun, wenn dem – gegen jedes Gesetz der Thermophysik – wirklich so wäre, hätte Herr Dingel eine hoch entwickelte Branche beschämt und würde wohl bald zu den reichsten Menschen der Welt gehören. Aber noch wurde dem Mann kein Nobelpreis in Aussicht gestellt, und auch die Scheichs des Opec-Kartells scheinen sich in keiner Weise für Herrn Dingel zu interessieren.

Und so wird weltweit weiter an einem Brennstoffzellen-Antrieb geforscht, der einmal die Nachfolge der bislang üblichen Diesel- und Benzinmotoren antreten soll. Diese Antriebe nutzen die Energie hervorragend aus, arbeiten nahezu lautlos und produzieren als einziges Abgas harmlosen Wasserdampf. Als Treibstoff wird beispielsweise Methanol – eine Flüssigkeit, die als Wasserstoffspeicher dient – verwendet. Denn die Brennstoffzelle erzeugt aus der chemischen Reaktion von Wasser- und Sauerstoff saubere Energie.

Obwohl bereits heute Hersteller wie Mercedes oder BMW solche Fahrzeuge bauen – bis zur Serienreife ist es noch ein ganzes Stück Arbeit. Milliarden werden noch investiert werden müssen.

Und in Südwestsachsen wird mitgeforscht, wenngleich in einem noch relativ bescheidenen Ausmaß. Immerhin können Dr. Stefan Nettes-

heim und Dr. Matthias Boltze von der Sachsenring Entwicklungsgesellschaft mbH, Zwickau, die eigene Brennstoffzelle „PowerBag XS" präsentieren, die gemeinsam mit dem Zentrum für Sonnenenergie- und Wasserstoff-Forschung (ZSW) Baden-Württemberg entwickelt wurde. Die Zelle weist bereits jene Vorteile auf, die die neue Energieerzeugungsform so interessant macht. Denn die „PowerBag XS" arbeitet bei einer Dauerleistung von 400 Watt lokal emissionsfrei, mit einem doppelt so hohen Wirkungsgrad wie ein Verbrennungsmotor und ist dazu noch sehr leise. Besonders im Freizeit- und Campingbereich oder als Notstromaggregat kann diese Brennstoffzelle umweltfreundlich zur Stromerzeugung eingesetzt werden.

Bereits im nächsten Jahr ist geplant mit der 3. Generation dieser Systeme auf den Markt zu kommen, wissen die Forscher aus Zwickau. Im Bereich der Leistungsdichte und der Kosten sind enorme Fortschritte erzielt worden, so dass langfristig auch der PKW-Elektroantrieb mit Leistungen oberhalb von 60 kW absehbar ist.

Mittelfristig ist allerdings der Markt für Brennstoffzellen mit Leistungen von 5 bis 15 kW (7 bis 20 PS) attraktiver. Mit dieser Leistung könnten beispielsweise Sonderfahrzeuge wie ultraleichte Shuttle-Busse, Gabelstapler, Boote oder Behindertenfahrzeuge angetrieben werden. Auch im herkömmlich angetriebenen Automobil kann diese Leistungsklasse einen dringenden Bedarf decken: „Weil moderne Fahrzeuge mit immer mehr Elektronik ausgestattet sind, die die PKW sicherer und komfortabler macht, ist der so genannte Nebenaggregatverbrauch künftig nur mit einem stärkeren Bordnetz in den Griff zu bekommen", erläutert Dr. Nettesheim. Die notwendige Energie dafür soll eine hoch effiziente Brennstoffzelle liefern. Der Verbrennungsmotor einer größeren Limousine wird so um etwa 10 Kilowatt entlastet und ca. 20 Prozent Treibstoff wird eingespart. Die Probleme der herkömmlichen Bleibatterie und der Licht-maschine wäre damit Vergangenheit. Ein Brenn-stoffzellen-System kann ohne Risiko lange Zeit inaktiv bleiben oder bei Bedarf lautlos Strom für Klimaanlage, Kommunikation und Multimedia liefern. Eine völlige Entladung wie bei einer Bat-terie ist praktisch ausgeschlossen, solange Treib-stoff im Tank vorhanden ist.

Allerdings funktioniert die gute alte Bleibat-terie bei extremen Außentemperaturen, ist kom-pakt, leistungsfähig und zudem noch sehr preis-günstig. Um diese Eigenschaften zu übertreffen, bedarf es bei der Brennstoffzelle noch erhebli-cher Entwicklungsanstrengungen die in einer preiswerten Serientechnologie münden muss. Matthias Boltze nennt die Stichworte Ferti-gungstechnologie und Systemvereinfachung. Diese beiden Themenkreise sind im „Rennen" um das leistungsfähigste Brennstoffzellen-Sys-tem oft unterbewertet geblieben und werden bei Sachsenring sehr ernst genommen. Denn in Zu-kunft kann sich die Brennstoffzelle nur durch-setzen, wenn sie technisch ausgereift und in großer Stückzahl preiswert herzustellen ist.

Dafür interessiert sich ebenso Dr. Matthias Putz vom Fraunhofer Institut Werkzeugmaschi-nen und Umformtechnik in Chemnitz. Was sind eigentlich die produkttechnischen Konsequen-zen des Einsatzes von Brennstoffzellen? Was pas-siert mit konventionellen Getriebeteilen wie die Nockenwelle und welche Auswirkungen hat der Betrieb der Zellen auf Werkzeuge und Werk-stoffe? „Gerade auf diesem Gebiet liegen ja un-sere Kernkompetenzen", betont der Chemnitzer Experte. „Unsere Aufgabe ist es, nach Konzep-ten zu suchen, diese zu analysieren und eigene zu entwickeln", so Dr. Putz.

Die Forschung geht dabei bereits sehr ins De-tail. Bei der Erzeugung von Energie in der Brenn-stoffzelle stört beispielsweise ein Zuviel an Sau-erstoff. An der TU Chemnitz sucht man daher nach einer geeigneten Sauerstoffreduktions-elektrode, die nicht so teuer und problematisch ist wie das bisher zumeist verwendete metalli-sche Platin.

Mögen die bisherigen Beiträge zur Brennstoff-zellen-Forschung in Sachsen auf den ersten Blick als wenig spektakulär erscheinen. Auch im Freistaat wollen Forscher und Industrie dabei sein, wenn die Brennstoffzelle eines Tages ihren Siegeszug antreten sollte. Es sei denn Herr Dingel kommt doch noch viel eher zum Zuge...

Maurice Querner

Der Tank für den Flüssigwasserstoff reicht für fast 400 Kilometer.

Die erste vollauto-matische Wasser-stofftankstelle der Welt steht in München.

Chronik 1991–2000

1.1.1991 In den neuen Bundesländern wird das westdeutsche Autokennzeichen-System eingeführt. Mehrere Buchstaben-Kombinationen wurden mit Blick auf eine Wiedervereinigiung seit 1956 freigehalten
Februar 1991 Der erste Golf und der 5000ste Polo verlassen das Montageband in Mosel
1992 Umweltverbände beziffern den Kohlendioxid-Ausstoß auf deutschen Straßen mit 150 Millionen Tonnen
1994 Als erstes Unternehmen in Deutschland führt VW die Vier-Tage-Woche als flexibles Arbeitszeitmodell ein

7.2.1994 In Zschopau rollt im alten Werk das letzte Motorrad vom Band
1.5.1994 In San Marino (Imola/Italien) kommt der Brasilianer Ayrton Senna ums Leben. Rennen fortgesetzt, Sieger Michael Schumacher
13.9.1994 Michael Schumacher wird erster deutscher Formel-1-Weltmeister
6.6.1995 VW stellt der Presse die Großraumlimousine Sharan vor
Oktober 1996 Ein Golf TDI verbraucht auf einer Vergleichstestfahrt (Greenpeace) 3,3 Liter Biodiesel pro 100 Kilometer

11.11.1997 Ein Elchtest – plötzliches Ausweichen beim Auftauchen eines Tieres – legt die A-Klasse von Mercedes flach
5.1.1998 Der New Beatle wird vorgestellt
7.5.1998 Daimler-Benz Stuttgart und Chrysler Michigan fusionieren zum drittgrößten Autokonzern der Welt (421.000 Mitarbeiter)
27.7.1999 Grundsteinlegung Gläserne Fabrik Dresden
7.2.2000 Erster Spatenstich für Porsche-Werk Leipzig

Fahrzeugzukunft mit Vernunft

So könnte es in den Büchern unserer Enkel stehen

Von Clauss Dietel

Was den Wandel hatte eintreten lassen, konnte später keiner mehr genau benennen. Waren es die wieder verstärkt auftretenden Waldschäden im Erzgebirge, zunehmende Straßenblockaden in westsächsischen Langdörfern gegen nicht mehr akzeptierte Fahrzeuglawinen, der wiederum in ungeahnte Höhen emporgeschnellte Preis für traditionelle Treibstoffe, immer längere Fahrzeiten und Staus für zigtausende von Pendlern, Kultur- und Freizeitverluste junger Leute aus stadtfernen Schlafsiedlungen gegenüber gleichaltriger Stadtjugend, neuer Höchstpreis für Ackerboden und ökologische Landwirtschaft oder der selbst Ignoranten nun auffällige Klimawandel und noch vieles andere mehr – ein einziger Grund jedenfalls war es nicht, sondern ganze Problembündel hatten langsam, aber sicher den Sinneswandel zum Verkehr eintreten lassen.

Ein großer öffentlicher Diskurs hatte sich daraus und durch extrem verteuerte Energien mit der seit Hitler feststellbaren Rückstufung der deutschen Bahnen befasst. Die Verzerrung des Verkehrs im Jahrhundert der Diktaturen wurde bewusst, europäischer Vergleich hatte schmerzlich den enormen Rückstand Sachsens deutlich werden lassen. Bald überwunden wurde die politische Benachteiligung der Schiene seit 1990 im Lande. Das weckte viele auf: Junge Strategen hatten den Preis des existenten, von den Vorvätern geschaffenen Trassennetzes sächsischer Bahnen nach gegenwärtigen Kriterien berechnet. Veröffentlicht, wurde die riesige Summe zum Politikum. Keiner wollte mehr verantwortlich sein, sollte noch eine einzige Strecke stillgelegt werden. Im Gegenteil: Das sächsische Bahnnetz, einst das dichteste Deutschlands, wurde nun wieder intensiv genutzt und ausgebaut, stillgelegte Strecken reaktiviert. So war einseitiger Autobahn- und Straßenbauwahn bald vergessen, durch ökologische Landwirtschaft wieder kostbar gewordener Boden und tausendjährige Siedlungsgeschichte erlaubten zudem kaum noch extensiven Bau von Siedlungen und Verkehrswegen; Gewerbegebiete wurden teilweise wieder zurückgebaut. Jetzt endlich entwickelten sich kluge Vernetzungen von Bahnen und Straßen: In kürzester Zeit wurden neue Haltepunkte, auch Bahnhöfe dort errichtet, wo Nutzer sie brauchten und nicht wie ehedem, als Transportmonopol von anno dunnemals teils willkürlich sie oft neben den Orten festlegten. An allen Bahnhöfen, Haltestellen befanden sich nun ausreichend Parkplätze, teilweise als Parkhäuser, Parktürme oder Parkriegel über und an die Gleise gebaut; dazu selbstverständlich Haltestellen für Busse. Bisher ungünstige Streckenführungen wurden durch Neubauten verkürzt – so zwischen Chemnitz-Einsiedel und Zschopau nach Annaberg, von Limbach an Penig vorbei zum Flughafen Altenburg und mit Strecken nach Tschechien. Durchstiche halfen dabei erheblich – der große Tunnel zwischen Plauen und Hof beförderte andernorts viele Vorschläge, die nun mit uralter bergmännischer Tradition und modernster Technik an vielen Stellen realisiert wurden. Teilweise nutzte man auch Straßen, Autobahnen doppelt: Neuartige, aufgestelzte Bahnen wurden auf Mittelstreifen errichtet, die Abfahrten zu verkoppelten Umsteigeknoten verdichtet. Erstmals seit der Nazizeit arbeiteten Automobilbau, Schienenfahrzeugbau und öffentlicher Verkehr nicht mehr gegeneinander, sondern aus wechsel-

seitigem Interesse miteinander. In Zeiten begrenzter, hochgradig teurer Energien kam am energetisch unschlagbaren Rad-Schiene-System keiner vorbei. Kommunal- und Privatbahnen schufen zur ehemals behäbigen DB AG lebhafte, das Angebot enorm verbessernde Konkurrenz. Die Ergebnisse waren verblüffend. Fahrpläne der Bahnen oder Busse brauchte kaum noch jemand – die Telematik der Autos wurde verknüpft mit jener von Bahnen und Bussen; Triebwagen selbst an Nebenstrecken waren über elektronisch vorgemeldeten Bedarf, gestaffelt nach wirtschaftlichen Kriterien, in Minuten zur Stelle. Zu den Schienenfahrzeugen und Bussen hatten Entwicklungsgruppen und Gestalter aus der Automobilindustrie ihre Fähigkeiten eingebracht – die ehemals teils schwerfälligen Vehikel waren leicht, leise, schnell, komfortabel und elegant geworden und sie ließen sich variabel koppeln. In Mosel und Plauen entstanden neben PKW, Transportern und Bussen schon längst auch kleine, hocheffektive Schienentriebwagen und fuhren direkt aus dem Werk auf das Gleis.

Wie andere Große hatte VW während der letzten tiefen Depression des Automobilbaues vieles hinterfragt, Strategien überdacht und sich neuen Denkansätzen endlich geöffnet. Als erste erprobten sie davon ausgehend das Pfalzprinzip. Es verwies mit Pfalz auf deutsche Geschichte, während der über Jahrhunderte hinweg – es waren nicht die schlechtesten! – Wohl und Wehe des Landes jeweils von unterschiedlichen Orten aus geleitet wurde – meist zum Vorteil des Ganzen. Die trügerische Weite beispielsweise um Wolfsburg oder Ingolstadt herum und Fixierung auf amerikanische Verhältnisse hatte Fahzeugkonzepte befördert, die vor allem im dichtbesiedelten Mitteleuropa zu immer größeren Problemen führten. Nun wechselten Leitung und vor allem die Konzeptgruppen in Ballungsgebiete. Dort bündelten sich immer die härtesten Forderungen zu Fahrzeugen, das ergab jeweils kreativen Auftrieb in der aufgesuchten Region und kräftige Innovationsschübe für Künftiges. Virtuell vernetzte Leitungs- und Entwicklungsprinzipien hatten dafür alle Wege geebnet. Am ersten Ort, der nach dem Pfalzprinzip inmitten von Ruhrstadt aufgesucht wurde, hatte dies verblüffende Konzepte entstehen lassen. Kleinere, hochintelligente und mit Elektronik für telematische Vernetzung zu Schnittstellen anderer Verkehrsmittel hin entwickelte Fahrzeuge wurden nun zum Kerngeschäft.

Chemnitz in Westsachsen war nach Ruhrstadt und Rhein-Main dritter Ort für fünf Jahre, der zu einem Pfalzzentrum wurde. Vieles sprach dafür, einige Zeit hierher zu gehen – große Verkehrs- und Logistikprobleme, die sich hier auftürmten, ökologische Schäden in der Region und nicht zuletzt aufgeworfene Fragen zum alten westsächsischen Fahrzeugbau. Warum war jener in vergangenen Zeiten so innovativ gewesen, worin wurzelte damals dessen Kreativität?

Auch die Vielzahl von experimentellen Fahrzeugen, die in letzter Zeit zwischen Reichenbach und Freiberg, Schwarzenberg und Meerane auftauchten, hatten teilweise weltweites Interesse gefunden. Sie waren meist extrem leicht und energiesparend, gefertigt mit hochfesten Faserverbundwerkstoffen und aufgeschäumten Materialien; kurz, breit, hoch und einladend elegant gestaltet, für vernetzte Verkehrskonzepte viel besser geeignet als die schweren, immer größer, aggressiver gewordenen und energiefressenden Fahrzeuge vom Jahrhundertanfang des dritten Jahrtausends. Miniaturisierte Rechner steuerten sensorgeführt in ihnen fast alles, Auffahrunfälle beispielsweise waren kaum noch möglich. Dem Prinzip des immer perfekter gepolsterten Panzers war ein eher bionisch Leichtes gefolgt: Wer schon hatte jemals aus einem Schwarm Vögel, Insekten oder Fischen durch Zusammenstoß beschädigte Tiere gesehen? Denken und Handeln ließen daraus die extrem leichten Fahrzeuge entstehen, sparsamen Hybridantrieben folgten alternative Energiekonzepte. Bewundert wurde von daher wieder der weltweit wirkende Pioniergeist der kleinen, intelligenten und langlebigen DKW-Wagen aus der Vorkriegszeit. Ursachen und Entwicklungsumfelder wurden hinterfragt, die damals schon dichtbesiedelte Region zum heutigen Ballungsgebiet verglichen. Experimentierfreudige Tüftler und Gestalter – seit Ende der Silberzeit gab es hier immer wieder begnadete, sparsam und klug entwickelnde Strukturwandler! – schufen Konzepte, die von den großen Konzernen hellwach registriert wurden. Natürlich fuhren auch noch immer etliche große, reich und kämpferisch ausgestattete Energiefresser durchs Land. Sie wurden zunehmend belächelt, glichen sie doch inmitten der inzwischen telematisch gesteuerten Flotte den aufgeputzten Turnierpferden des Spätmittelalters, als diese den neuen, weittragenden Feuerwaffen gegenüberstanden.

Alles Neue zum Verkehr entwickelte sich deshalb aus Widersprüchen, zwischen Zwängen und Hoffen. Die Sachsen hatten sich über die Geschichte hinweg schon oft in teilweise harten und jähen Wendungen wandeln und bewähren müssen. Wandel hin zu einem Verkehr, der Zukunft sicherte und nicht mehr daran Raubbau trieb, war nicht leicht. Viele Gewohnheiten, historisch zwar jung, aber scheinbar angenehm, mussten aufgegeben werden und Neues war mit Anspruch zu gewinnen. Die Bewohner der Region lernten, teilweise widerwillig, teilweise begeistert, unter neuen Bedingungen wieder wie ihre Vorfahren energetisch von den Zinsen des Raumschiffs Erde zu leben – nicht mehr von dessen Kapital Kohle, Erdöl, Erdgas. Diese Rohstoffe wurden fast nur noch für biochemische Prozesse eingesetzt, sie waren rar und kostbar geworden. Sie verfeuern und verfahren konnten und wollten ob der extremen Preise und ob des Sinneswandel immer weniger. Das trieb die Entwicklung voran zum sächsisch vernetzten Verkehr. Bald war der Rückstand zu den fortgeschrittenen Ländern überwunden. Wie vor Jahrhunderten und Jahrzehnten überraschten neue, hier entstandene Lösungen die Fachleute, das Interesse daran förderte den Export. Sächsische Fahrzeuge zwischen Schienen und Straßen und die Systeme für ihre Vernetzung fanden wieder ihren Weg in die Welt. Aus Traditionen war neues Selbstvertrauen erwachsen. Es setzte Kräfte frei, die sich zu neuen Horizonten hin ihren Weg suchten.

So könnte es sein …

Clauss Dietel, 1934 in Glauchau-Reinholdshain geboren, studierte Formgestaltung an der Kunsthochschule Berlin-Weißensee und arbeitet seit 1963 bis heute freischaffend, außer in der Zeit von 1986 bis 1990 als Direktor der Fachschule für Angewandte Kunst Schneeberg. Tätig war er für Heliradio; von ihm stammt der Grundentwurf des Wartburg 353. Er entwarf zukunftsweisende Nachfolgetypen für den Trabant sowie für die Lastkraftwagen W 50 und Robur, welche jedoch allesamt nicht gefertigt wurden.

Mit Zuversicht in die nächsten 100 Jahre

Ausblick auf die Zukunft des Automobilbaus und der Automobilität

Von Carl H. Hahn

Kennzeichnend für den wirtschaftlichen Erfolg Sachsens als eine der am stärksten industrialisierten Regionen Deutschlands vor dem Ersten und Zweiten Weltkrieg und als ein wichtiges Zentrum der deutschen Kraftfahrzeugindustrie waren insbesondere die innovative Dynamik sowie ausgeprägte Leistungs- und Wettbewerbsorientierung seiner Unternehmen. Die sächsische Automobilindustrie, die noch bis in die 40er Jahre hinein den Stand der Kraftfahrzeugentwicklung jener Zeit entscheidend geprägt hatte, stand sicher exemplarisch hierfür. Krieg, Demontage und Planwirtschaft bewirkten schließlich eine tiefgehende Zäsur. Aber selbst unter den Bedingungen der DDR-Mangelwirtschaft stellten die sächsischen Automobilbauer, die Ingenieure wie Facharbeiter, ihre Kreativität, ihr handwerkliches Können wie auch ihr außerordentliches Improvisationstalent ein ums andere Mal unter Beweis, wenngleich die zentralisierte Kommandowirtschaft die Handlungsfreiheit zusehends einschränkte.

Als Volkswagen unmittelbar nach dem Fall der Mauer als erster und gleichzeitig größter Investor in den neuen Ländern unternehmerische Verantwortung übernahm, konnte man hier an bereits langjährige Zulieferbeziehungen mit einer Reihe von DDR-Betrieben anknüpfen. Erste Kontakte gingen auf das Jahr 1975 zurück, als man begonnen hatte, Fahrzeugkomponenten, Maschinen und Werkzeuge aus Ostdeutschland zu beziehen, unter anderem auch aus der Region um Aue und Schwarzenberg, von wo Ende der 30er Jahre bereits die Ziehwerkzeuge für die ersten Käfer gekommen waren. In den 80er Jahren wurde in Chemnitz auf der Basis eines Lizenzvertrages und der Lieferungen von Maschinen und Werkzeugen für den Bau des VW Motors „111" investiert. Der Serienanlauf erfolgte kurz vor dem Fall der Mauer und gestattete den sofortigen Export von VW dringend benötigter Motoren.

Heute zählen die Fertigungsstätten von Volkswagen Sachsen dank der Umsetzung neuester Fertigungs- und Logistikkonzepte sowie fortschrittlicher Formen der Arbeitsorganisation zu den modernsten und produktivsten innerhalb des Konzernverbundes. Gleichzeitig ist Volkswagen Sachsen das umsatzstärkste Unternehmen und einer der größten Arbeitgeber in den neuen Bundesländern. Zwickau (Fahrzeugmontage) und Chemnitz (Motorenwerk) belegen in eindrucksvoller Weise, dass die große Automobiltradition Sachsens und das hohe Ausbildungs- und Leistungsniveau der Mitarbeiter auch unter den schwierigen Bedingungen einer mehr als 40-jährigen Planwirtschaft nicht verloren gegangen sind. Die jüngste Entscheidung des Volkswagen-Konzerns, Luxuslimousinen in der gläsernen Manufaktur in Dresden zu fertigen, stellt einen neuerlichen Vertrauensbeweis in die Leistungsbereitschaft und das große Potenzial der Ingenieure und Facharbeiter dieser Region dar.

Dass sich die Kraftfahrzeugbranche mittlerweile wieder zum dynamischsten Industriezweig Ostdeutschlands entwickelt hat, gibt uns allen sicher Anlass zur Freude, auch zu etwas Stolz. Dies darf jedoch nicht den Blick auf die Realitäten des Weltmarktes und die Zukunft verstellen. Wir stehen heute in einer zunehmend integrierten Welt vor völlig neuen Dimensionen des Wettbewerbs und der Arbeitsteilung. Moderne Informations- und Kommunikationstechnologien sowie die Liberalisierung des Handels- und Kapitalverkehrs lassen über alle Grenzen hinweg Entfernungen schrumpfen. Gleichzeitig erhöhen die zunehmende Transparenz der Preise dank Internet und Euro, die sich beschleunigende technologische Entwicklung und damit einhergehende immer kürzere Produktzyklen massiv den Wettbewerbsdruck.

Um unter diesen Bedingungen als Automobilhersteller zukunftsfähig zu bleiben, ist Größe und globale Präsenz unabdingbar. Erst sie schaffen die Voraussetzung, um Kostendegressionen, Synergieeffekte und damit Rationalisierungspotenziale zu nutzen sowie aufwendige Produktentwicklungen und eine immer größere Modellvielfalt überhaupt finanzieren zu können. Weltweite Präsenz bedeutet nicht nur eine größere Marktnähe, sondern gestattet zugleich, regionale Nachfrageschwankungen besser auszugleichen. Wie weit der Globalisierungsprozess in der Automobilindustrie inzwischen fortgeschritten ist, dokumentieren folgende Zahlen: Laut dem World Investment Report 2000 sind unter den elf größten multinationalen Konzernen der Welt gleich fünf Automobilhersteller zu finden, darunter mit Daimler-Chrysler und Volkswagen zwei deutsche. Insgesamt ist die deutsche Automobilindustrie mit Fertigungs- und Montagestätten in über 40 Ländern der Welt vertreten. Bei einer weltweiten Automobilproduktion von bald 60 Millionen Einheiten pro Jahr werden über zwölf Millionen Fahrzeuge von deutschen Firmen hergestellt, davon wiederum über fünf Millionen in Deutschland selbst.

Absehbar ist, dass sich das Wachstum von den klassischen – weitgehend gesättigten – Automobilmärkten auf andere Regionen, insbesondere im asiatisch-pazifischen Raum, aber auch Südamerika, Zentral- und Osteuropa, verlagern wird. Allein für die Region Asien-Pazifik wird bis 2020 eine Jahresproduktion von über 15 Millionen PKW erwartet und damit eine Größenordnung, die in etwa dem gesamten heutigen westeuropäischen Fertigungsvolumen entspricht. Nur wer in diesen Märkten bereits heute mit einer ausbaufähigen Basis vertreten ist, wird sich á la longue auch als Global Player behaupten können.

Mit zunehmender Globalisierung hat sich auch der Strukturwandel in der Automobilindustrie in den letzten Jahren beschleunigt. Fusionen, Beteiligungen und strategische Allianzen sind Ausdruck eines Konsolidierungs- und Konzentrationsprozesses, der dazu geführt hat, dass sich die Zahl der unabhängigen Hersteller weltweit inzwischen auf 15 reduzierte und sich in Zukunft weiter verringern wird. Wieviel global agierende Automobilkonzerne schließlich übrig bleiben werden, vermag wohl niemand mit letzter Sicherheit zu sagen. Fest steht jedoch, dass heute bereits etwa 85 Prozent der Weltautomobilfertigung auf nur noch sechs Konzerne entfallen. Eine Reduzierung auf weniger als fünf oder sechs unabhängige Hersteller und damit eine weitergehende Konsolidierung dürfte letzten Endes aber wohl an den Kartellbehörden scheitern. Weit rigoroser als unter den Automobilherstellern wird nach Einschätzung von Fachleuten der Konsolidierungsprozess in der Zulieferindustrie verlaufen. Prognosen gehen inzwischen davon aus, dass innerhalb eines Jahrzehnts sich das Zuliefergeschäft auf einen kleinen Kreis von global agierenden Firmen konzentrieren wird, deren Zahl nicht einmal zehn Prozent der heutigen Komponenten-Lieferanten ausmacht.

Noch ist nicht entschieden, wer schließlich als Gewinner aus dem globalen Wettbewerb der Automobilbranche hervorgehen wird, zumal einige der Fusionen und Akquisitionen der letzten Jahre längst noch nicht verdaut sind. Dass Unternehmenszusammenschlüsse selten reibungslos und *ohne Risiko verlaufen, zeigt uns die Realität immer wieder. Unterschiede in der Unternehmens-kultur sowie Meinungsverschiedenheiten über die künftige Geschäftspolitik bilden oftmals hohe – teils unüberwindbare – Hürden, um Fusionen oder Akquisitionen zu wahren Erfolgsstories werden zu lassen.*

Abgesehen davon sind Größenvorteile und eine schlanke Fertigung allein noch keine hinrei-chende Voraussetzung für nachhaltigen Erfolg und die Sicherung der eigenen Unabhängigkeit. Dies zeigt sich besonders anschaulich am Beispiel der japanischen Automobilindustrie, deren welt-weite Dominanz noch vor zehn Jahren als unabwendbar galt. In keinem anderen Land wurde die Optimierung von Prozessabläufen so in den Mittelpunkt der Geschäftspolitik gestellt wie in Japan. Trotzdem haben die japanischen Hersteller – sieht man von Toyota und Honda ab – heute allesamt ihre Eigenständigkeit verloren.

Für das Überleben auf dem Weltmarkt sind letzten Endes Geschwindigkeit, Innovationen, Krea-tivität und wettbewerbsfähige Kostenstrukturen die alles entscheidenden Parameter. Die moder-nen Informations- und Kommunikationstechnologien schaffen dabei ganz neue Möglichkeiten der Effizienzsteigerung sowohl bezogen auf die Prozessabläufe über die gesamte Wertschöpfungskette hinweg wie auch auf das Produkt. Besonders im Einkauf, mittels elektronischer Marktplätze, wie auch im Vertrieb durch bahnbrechende neue Konzepte, die darauf abzielen, den Zeitraum zwischen Bestellvorgang und Auslieferung drastisch zu reduzieren, lassen sich noch große Einsparungs-potenziale realisieren. Die virtuelle Vernetzung gestattet zudem, nicht nur die Zeitspanne vom er-sten Design-Entwurf bis zur Serienreife eines neuen Modells, sondern auch die Endmontagezeit ei-nes Fahrzeugs stetig zu verringern und somit schließlich die Reaktionszeiten auf die Anforderun-gen des Marktes insgesamt zu verkürzen. Auch hier sind die Möglichkeiten der Optimierung und des Outsourcing, das heißt der ständigen Verbesserung der weltweiten Arbeitsteilung auf allen Ge-bieten, längst nicht ausgeschöpft und man arbeitet bereits an Konzepten, die weitere deutliche Ver-kürzungen erlauben sollen.

Geschäftserfolg definiert sich immer noch und zuallererst über Kundenzufriedenheit, das heißt über attraktive Fahrzeuge und starke Marken, die den Kunden nicht nur durch das Preis-/Leistungs-verhältnis, die Qualität und Wirtschaftlichkeit überzeugen, sondern ihn auch emotional anspre-chen und damit schließlich dauerhaft binden. Die Emotionalisierung gewinnt dabei eine immer größere Bedeutung und wird deshalb von den Herstellern mit wachsendem Aufwand betrieben, sei es über die klassische Werbung, den Internetauftritt oder die Schaffung ganzer Erlebniswelten, wie beispielsweise die Autostadt von Volkswagen. Das Auto von der Stange ist heute nicht mehr ge-fragt. Wir erleben vielmehr eine wachsende Individualisierung der Nachfrage, die zu einer immer größeren Modellvielfalt führt, vom Roadster über Cabrios, Großraumlimousinen bis zu Sport-Utility-Fahrzeugen. Angesichts dieser Fragmentierung des Marktes sind die Hersteller gefordert, möglichst auch kleinste Nischen zu bedienen und ihre Produkte auch in geringen Losgrößen kostendeckend zu fertigen.

Um den wachsenden Marktanforderungen gerecht werden zu können, unternimmt die Automo-bilbranche größte Anstrengungen in der Forschung und Entwicklung, die ihren Ausdruck in den stetig steigenden Aufwendungen hierfür finden. Von den Gesamtaufwendungen der deutschen Wirtschaft für Forschung und Entwicklung entfallen fast ein Drittel auf die Kraftfahrzeugbranche, die damit ihre Rolle als Schlüsselindustrie sowie wichtiger Technologieträger und Impulsgeber ein-

drucksvoll unterstreicht. Die Entwicklung in Sachsen steht exemplarisch dafür. Volkswagen sorgte hier durch die Vergabe von Forschungs- und Entwicklungsaufträgen an Universitäten und Hochschulen nicht nur für eine Stärkung der lokalen Forschungslandschaft, sondern bereitete gleichzeitig auch den Boden für die Ansiedlung zahlreicher technologieorientierter Unternehmen. Die Volkswagen-Töchter Gedas und IAV oder die FES GmbH, die hier inzwischen mit über 400 Mitarbeitern in der Entwicklung kompletter Fahrzeuge tätig ist, sind nur einige wenige Beispiele dafür.

Die Automobilbranche wird zukunftsweisend bleiben und das Automobil, allen Unkenrufen zum Trotz, der mit Abstand wichtigste Verkehrsträger. Kein anderes Verkehrsmittel gestattet ein solches Maß an individueller Mobilität, die im Zeitalter der Globalisierung mehr denn je zu einem Grundbedürfnis geworden ist. Mit wachsendem Wohlstand wird der Grad der Mobilität auch in den bevölkerungsreichen Regionen Asiens, vor allem in China mit seinen 1,2 Milliarden Menschen, weiter zunehmen. Primäres Ziel muss es deshalb sein, die mit der weltweit steigenden Motorisierungsdichte zusammenhängenden Gefahren und Belastungen durch den technologischen Fortschritt möglichst weitgehend zu neutralisieren. Der Einsatz von Mikroelektronik im Automobil gewinnt deshalb weiter an Bedeutung. Schon bald wird die Elektronik mehr als 30 Prozent der Herstellkosten eines Fahrzeugs ausmachen. Elektronisch gesteuerte Systeme, von den Bremsen über die Lenkung bis zu den Ventilen, intelligente Telematiksysteme zur Optimierung des Verkehrsflusses, bildverarbeitende Sensoren, die den Fahrer mehr und mehr in den verschiedensten Verkehrssituationen unterstützen werden, kraftstoffsparende oder alternative Antriebstechnologien sowie zukunftsweisende Werkstoffe werden die Sicherheit und den Komfort ebenso wie die Umweltverträglichkeit der Fahrzeuge weiter erhöhen und damit auch in Zukunft mobile Freiheit gewährleisten.

Die deutsche Automobilindustrie hat sich insgesamt eine gute Ausgangslage geschaffen – die Absatz- und Finanzzahlen des Geschäftsjahres 2000 bestätigen dies –, um unter den Bedingungen des sich verschärfenden weltweiten Wettbewerbs zu bestehen. Nach den tiefgreifenden Restrukturierungen im ostdeutschen Automobilsektor haben in den letzten Jahren gerade die in diesem Teil Deutschlands entstandenen modernen Fertigungsstätten ihre hohe Leistungs- und Wettbewerbsfähigkeit bewiesen. Dies gilt besonders auch für die Betriebe von Volkswagen Sachsen, die es dank zukunftsweisender Investitionen und höchst motivierter Belegschaften ermöglichten, an die große automobile Tradition dieses Standortes anzuknüpfen. Die Automobilindustrie Sachsens ist heute längst wieder zu einem wichtigen Aushängeschild für Deutschland geworden.

Für die Zukunft wird es darauf ankommen, die technologische Kompetenz Sachsens durch immer engere Netzwerke zwischen Wirtschaft, Hochschulen und anderen Forschungseinrichtungen weiter zu stärken, um im Wettbewerb der Standorte die Wertschöpfung und Beschäftigung zu fördern und damit schließlich auch die Attraktivität sowohl für Investoren als auch die junge Generation zu erhöhen. Zusammen mit der fast sprichwörtlichen Innovationsfreudigkeit der sächsischen Automobilbauer wäre dies zweifellos eine ausgezeichnete Basis, um mit Zuversicht und Optimismus den kommenden 100 Jahren Automobilbau in Sachsen entgegen zu sehen.

Carl Horst Hahn war von 1982 bis 1993 Vorstandsvorsitzender der Volkswagen AG und gehörte anschließend bis 1997 dem Aufsichtsrat des Wolfsburger Unternehmens an. Geboren wurde Hahn 1926 in Chemnitz. Sein Vater war Mitbegründer der Auto Union in Sachsen (1931), deren Produktionshallen Carl Horst Hahn bereits als Fünf-Jähriger besuchen durfte. Nach dem Abitur studierte Hahn, der nebenbei in Chemnitz auch eine Autoschlosserlehre absolvierte, Wirtschaftswissenschaften in Frankreich, England und der Schweiz. 1994 wurde Hahn Ehrenbürger der Stadt Chemnitz, 1998 von Zwickau.

Heutige Geburts-
stationen:
Fließband in
Mosel bei VW ...

Text within the image:
15. Februar 2000 / VW VOLKSWAGEN Sachsen
4.000.000.
VW-Motor aus Chemnitz

... und
Motorenbau
Chemnitz.

Einer von
vielen Zulieferern:
Asglawo
in Freiberg.

Autostraßen:
Hier eine
Verbindung
aus dem
Nachbarland.

Hier lernt man
das Fahren.

Na ja,
ein bisschen
Protzerei muss
sein: Autorasthof
Stollberg.

Auch das ist
Autowirklichkeit:
Ein Transporter
wird geborgen.

Der ganz normale
Wahnsinn:
Die Brückenstraße
in Chemnitz,
16.15 Uhr.

Zukunftsmusik:
Rollende
Landstraßen.

Blick
auf Neues:
Automesse
in Leipzig.

Vision und
Wirklichkeit:
Die gläserne
VW-Fabrik
in Dresden.

Porsche
aus Sachsen –
Produktion bald
in Leipzig.

Damit hat es begonnen:
Nun ist es schöne Museumszeit.

Dank

Unser Geschichtenbuch zur sächsischen Automobil- und Motorradgeschichte hätte nicht entstehen können ohne diejenigen, die uns ihre eigene, ganz persönliche Geschichte erzählt, uns mit Dokumenten, Archivmaterialien oder auf vielfältige andere Art und Weise unterstützt haben.

Käthe Mickwausch erzählte uns die Geschichte ihres Mannes Günther Mickwausch. Christian Steiner half mit seinem unschätzbaren Wissen über DKW und MZ. Dr. Werner Lang gewährte ausführlich Einblick in die Materialsammlung, die er und viele Kollegen über die Zwickauer Automobilgeschichte zusammengetragen haben. Wolfgang Barthel erklärte geduldig, wie der Trabant zu seiner legendären Plastkarosse kam. Frau Simon aus Chemnitz stellte uns den Text ihrer Mutter Hanna Klose-Greger zur Verfügung. Werner Zinke war eine hervorragende Quelle mit seinen Kenntnissen über die technischen Daten alter Autos. Mit Rat und Tat geholfen haben Rolf Neubert aus Wilsdruff, Werner Niebsch aus Olbernhau, Ingo Krauspe und Olaf Roth von der Oltimer-Hobbywerkstatt Mylau, Gunter Grämer aus Waldkirchen, Martin Franitza aus Sulzbach-Rosenberg, Dr. Steffen Zwahr Zwickau, und Prof. Martin Behrens aus Zwickau.

Vor allem um Fotomotive haben sich verdient gemacht: Friedhold Reuter aus Koschütz (mit der MZ ETS 250), Gabriele Henkel (Wanderer W 10), Dr. Stefan Scholz (IFA F 9-Kabriolett mit Gläser-Karosse) aus Chemnitz, Joachim Schlesinger aus Schneeberg (Framo Pick-up), Frank Kotzerke aus Einsiedel (Trabant Kombi 500), Christian Suhr (LKW-Fotos und Lektorat), Dietmar Gruhnert aus Brand-Erbisdorf (Elite-Fotos), Hans-Jürgen Löffler aus Reichenbach (Horch 853 Kabriolett), Dieter Zimmermann aus Langenbernsdorf (DKW SB 500 und Wanderer 750), Georg Reinhard aus Reichenbach (Audi Imperator in der Werkstatt), Marco Brauer vom Oldtimerhof aus Dornburg bei Weimar (Melkus RS 1000), Andreas Birresborn aus Oeversee bei Flensburg für die Trabis, die über die Grenze rollen, Thomas Weinrich und Freunde mit ihren MZ-Motorrädern sowie Erhard Gärtner aus Zittau mit Bildern vom Phänomobil und Phänomen-Lastwagen.

Das Automobilmuseum „August Horch" in Zwickau, Edgar Haschke, Peter Hipke und die Betreuer der Trabant-Ausstellung in Zwickau, das Motorradmuseum Augustusburg, Stadtmuseum Brand-Erbisdorf, das Framo-Automuseum in Frankenberg, das Fahrzeugmuseum Klaffenbach, das Verkehrsmuseum in Dresden, das Volkswagenwerk in Mosel, das Autohaus ASZ Zwickau, Audi in Ingolstadt (vor allem Christina Fuchs in der Abteilung historische Fahrzeuge, die sich um den F 9-Prototyp verdient gemacht hat), Volkswagen AG und Autostadt in Wolfsburg, die Automobilwerke Sachsenring Zwickau und das Autohaus Lorenz in Johanngeorgenstadt halfen ebenfalls bei der Beschaffung von Bildern und Fotomotiven.

Ihnen allen und auch all jenen, die hier nicht ausdrücklich genannt wurden, wollen wir ganz herzlich danken.

Literaturverzeichnis

Natürlich haben die Autoren für dieses Buch auf die Arbeiten vieler Kraftfahrzeugexperten zurückgreifen müssen. Soweit nicht in den Beiträgen ohnehin vermerkt, wurden als Quellen folgende Bücher und Periodika verwendet, die sich auch zum Weiterlesen empfehlen:

Arras, D. J.: Vom sächsischen Kraftfahrwesen. – Sachsen 1000 Jahre deutscher Kultur. – Dresden: Bibliothek des Verkehrsmuseums

Bach, Lange, Rauch: Von DKW bis MZ – Zwei Marken, eine Geschichte. – Stuttgart: Motorbuchverlag, 1992.

Braunbecks Sportlexikon. – Berlin: Gustav Braunbeck's Sport-Lexikon Verlag, 1911 – 1912

Czok, Karl: Geschichte Sachsens. – Weimar: Hermann Böhlhaus Nachfolger,

Dünnebier, Michael: Pilotwagen aus Bannewitz. – Dresden: Verkehrsmuseum

Enzyklopädie des Motorrads. – Augsburg: Bechtermünz Verlag, 1996

Fellmann, Walter: Sachsens letzter König Friedrich August III. – Leipzig: Koehler & Amelang, 1992

Franitza, Martin: Die großen Motorradreisen unseres Jahrhunderts. – Erding: Verlag Martin Franitza, 1988

Gaier, Achim: Nutzfahrzeuge in der DDR. – Stuttgart: Schrader Verlag, 1999

Gaier, Achim: Personenwagen in der DDR. – Stuttgart: Schrader Verlag, 2000

Gödeke, Peter: Schlagzeilen des 20. Jahrhunderts. – Köln: Naumann & Göbel Verlagsgesellschaft, o. Jg. (2000)

Gränz, Paul; Kirchberg, Peter: Ahnen unserer Autos. – 2. Aufl. – Berlin: Transpress Verlag, 1975

Horch, August: Ich baute Autos. – Berlin: Schützen-Verlag Berlin, 1937

Jahrbuch Der Automobil- und Motorboot-Industrie. Berlin: Boll u. Pickardt, 1905

Kirchberg, Peter: Horch – Prestige und Perfektion. Suderburg-Hössingen: Schrader Verlag, 1994

Kubisch, Ulrich: Das Automobil als Lesestoff. – Berlin: Staatsbibliothek zu Berlin, Preußischer Kulturbesitz, 1998

Kubisch, Ulrich: Deutsche Automarken von A bis Z. – Mainz: VF Verlagsgesellschaft Mainz, 1993

Kurze, Peter; Steiner, Christian: Motorräder aus Zschopau. – Kiel: Moby Dick Verlag, 1999

Lay, Maxwell G.: Die Geschichte der Straße. – 2. Aufl. – Frankfurt/M.; New York: Campus Verlag, 1994

Lange, Woldemar: Katalog Motorradmuseum Augustusburg. – Augustusburg, 1989

Lange, Woldemar: Motorräder im Verkehrsmuseum Dresden. – 1985

Lewandowski; Zellner: Der Konzern VW. – o. Jg.

Mathieu, Axel Oskar: Vomag – Die fast vergessene Automobilmarke. – Berlin: Edition Diesel Quenn, o. Jg.

Michaelis, W.: Der Chaffeur-Beruf. Berlin: Risels Deutsche Centrale für Militärwissenschaft, 1907

Mirsching, Gerhard: Automobil-Karosserien aus Dresden. – Edition Reintzsch, 1996

Oswald, Werner: Kraftfahrzeuge der DDR. – Stuttgart: Motorbuch Verlag, 1998

Pönisch, Jürgen: 100 Jahre Horch-Automobile. – Zwickau: Automobilmuseum „August Horch", 2000

Rauch, Siegfried: DKW – Die Geschichte einer Weltmarke. – Stuttgart: Motorbuch Verlag, 1988

Röcke, Matthias: Die Trabi-Story – Der Dauerbrenner aus Zwickau. – Königswinter: Heel Verlag, 1998

Roediger Wolfgang: Hundert Jahre Automobil. – Leipzig; Jena; Berlin: Urania Verlag, 1990

Schrader, Halwart; Norbye, Jan P.: Lastwagen international. – Suderburg-Hösseringen: Schrader Verlag, 1992

Schröder, Wolfgang: AWO, MZ, Trabant und Wartburg. – Bremen: Bogenschütz-Verlag Bremen, 1995

Temming, Rolf L.: Autos – 100 Jahre Automobil in Wort und Bild. – Klagenfurt: Kaiser Verlag, 1986

Trapp, Thomas: Neander. – Schindellegi: Heel AG, 1996

Wille, Hermann Heinz: PS auf allen Straßen

Wilson, Hugo: Das Lexikon vom Motorrad. – Stuttgart: Motorbuch Verlag, 1996

Wood, Jonathan: VW-Käfer. – Königswinter: Heel Verlag, 1996

Zechlin, Max: Automobil-Kritik. – Berlin: Mitteleuropäischer Motorwagen-Verein, 1905

Diverse Veröffentlichungen aus dem Archiv des Verkehrsmuseums Dresden
Diverse Akten, Stadtmuseum Brand-Erbisdorf

Periodika:
Tageszeitungen „Freie Presse", „Bild"; Zeitschriften „Illustrierter Motorsport", „Du und dein Trabant", „Super-Trabi"

Motorjahr 1956/57. – Berlin: Verlag die Wissenschaft, 1957

Der Deutsche Straßenverkehr. – Berlin: Transpress-Verlag

Sächsische Heimatblätter, 01/02 1967

Das Steuer: Betriebszeitung des VEB Kraftfahrzeugwerk „Ernst Grube" Werdau. – Sondernummer

Sächsische Ingenieurrundschau, Zeitschrift des ingenieurtechnischen Verbandes KDT e.V. für Sachsen, Jg. 1994

Bildverzeichnis

Archiv Freie Presse: Seiten 29, 36, 78 links, 94, 99, 100, 102 unten, 115, 124–126, 179

Archiv Dietel, Clauss: Seiten 71, 96, 132 unten, 141–144, 162

Archiv Steiner, Christian: Seiten 38, 78 rechts, 80, 81, 108, 109, 156, 158, 159 unten, 160, 172

Bernstein Farbenfotografie: Seite 128 oben

Birresborn, Andreas: Seite 181

Auto Union: Seiten 41 oben, 93

AKG Pressebild: Seite 42

Dahl, Ulf: Schutzumschlag Titel- und Rückseite, Seiten 3, 10, 11, 21, 32, 33, 41 unten, 45, 46, 47, 48, 50, 51 oben, 52, 53, 54, 56, 57, 61, 62, 63, 64, 65, 66, 68, 70, 72, 75, 89, 92, 105, 111, 119, 127, 128 unten, 136, 140, 147, 148, 153, 165, 171, 191

Ebert, Wolfgang: Seite 178

Fritzsche, Ingrid: Seite 133

Gärtner Erhard: Seiten 67 unten,

Globus-Press Köln: Seite 207

Grunert Dietmar: Seiten 49, 85, 86

Heinke, Matthias: Seiten 79, 152, 199 links

IVB: Seite 175

Jedlicka, Klaus: Seiten 196, 197

Klis, Rainer: Seite 186

Kraus, Jens: Seiten 83, 84, 123, 149

Mann, Uwe: Seite 228

Mercedes Benz: Seite 24

Mickwausch, Käthe: Seite 97

Motorradmuseum Augustusburg: Seiten 135, 146 unten

Reichel, Hendrik: Seiten 18,19 (Repro)

Rasmussen GmbH: Seite 130

Schmidt, Wolfgang: Seiten 4–9, 55, 88, 116, 168, 169, 176, 177, 184, 185, 193, 198, 200, 201, 202, 204, 216–227

Seidel, Andreas: Seite 102 oben

Stiftung Auto-Museum Wolfsburg: Seite 95 (Repro)

VW Wolfsburg: Seite 73, 74

Suhr, Christian: Seiten 6, 67 oben, 69, 131, 132 oben,

Thieme, Wolfgang: Seiten 58, 59

Verkehrsmuseum Dresden: Seite 27

Walther, Klaus: Seite 113

Zwarg, Matthias: Seite 173

Für einige Bilder waren die Urheber trotz Bemühungen nicht aufzufinden. Berechtigte Ansprüche werden selbstverständlich vom Verlag honoriert.